図解サイエンス

化学の不思議がわかる本

満田深雪監修

成美堂出版

化学の不思議がわかる本

目次

本書の使い方 6

第1章 家電の化学 7

テレビ　液晶とプラズマによって進化を遂げた(→P.8)

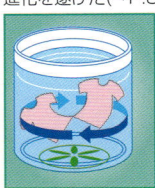
洗濯機　洗い方にもさまざまな種類がある(→P.14)

テレビを進化させた液晶とプラズマの秘密 8
映画やゲームを光で記録するDVDのメカニズム 10
白熱灯・蛍光灯・有機EL──照明の種類とその違い 12
汚れを落とす洗濯機と洗剤のメカニズム 14
1台で冷暖房の二役をこなすエアコンのしくみ 16
地球環境にやさしいノンフロン冷蔵庫を求めて 18
電子レンジで食品があたたまるしくみ 20
ナノテクノロジーが切り開く未来の世界 22

第2章 生活と食品の化学 23

鉛筆と色鉛筆の成分とつくり方とは? 24
インクのいろいろ──その使い道や使い勝手は? 26
電気がないのに光る蛍光物質の秘密 28
いろいろなものをくっつける接着剤のメカニズム 30
わずか0.05mmの厚さに4層も重なっているセロハンテープ 32
おしっこを漏らさない紙おむつの秘密 34
使い捨てカイロが長時間適度なあたたかさを保てる理由 36
なぜ陶器や磁器に比べてガラス器は割れやすいのか? 38
似て非なる2つの物質──塩と砂糖の徹底比較 40

接着剤　接着力の秘密は液体と固体との角度にある(→P.30)

紙おむつ　おしっこを漏らさない高分子吸収体(→P.34)

食文化を支える名脇役──調味料 ………………………………… 42
生卵とゆで卵を比べてわかるタンパク質の性質 ………………… 44
野菜や果物──そこに含まれるすばらしき栄養素たち ………… 46
肉と魚、その栄養素とおいしい食べ方の違い …………………… 48
玄米・白米・もち米──どこが、どう違う? ……………………… 50
牛乳から、ヨーグルトやチーズができる秘密 …………………… 52
からだの機能を整えるさまざまな清涼飲料水 …………………… 54
アルコール飲料は微生物からの贈り物 …………………………… 56
中世までは薬だったコーヒーとその効用 ………………………… 58
チューインガムの健康効果を探る ………………………………… 60
"百薬の長"にも、"毒"にもなるアルコール ……………………… 62

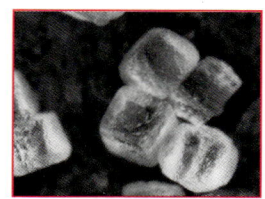
塩と砂糖　味同様に違いがある
その分子構造(→P.40)

ガラス器
「かたい液体」
ガラスの結晶
構造(→P.38)

卵　あたためるとタンパク質が変化する(→P.44)

コーヒー　あの苦味に隠された意外な薬効(→P.58)

第3章　からだの化学 ……………………………… 63

食中毒が起こる原因とそのメカニズム ……………………… 64
興奮とやる気を高める物質──アドレナリンの正体 ……… 66
短距離ランナーと長距離ランナー──その筋肉の違い …… 68
多彩な力を持ち、からだに必須なアミノ酸の正体 ………… 70
現代人に必須の"薬"──その秘密を探る …………………… 72
タンパク質は、すべての生命活動のみなもと ……………… 74
人を悩ませる免疫反応──花粉症の秘密を探る …………… 76
がんと抗がん剤のしくみ ……………………………………… 78
高血圧症・高脂血症・糖尿病──生活習慣病とは ………… 80
タバコの煙は、なぜ、からだに悪影響を及ぼすのか ……… 82
人間の命と健康を守る医薬品の設計と開発 ………………… 84
現代人に人気の健康アイテム　サプリメント ……………… 86

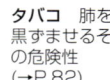
タバコ　肺を黒ずませるその危険性(→P.82)

アドレナリン　闘争と逃走のホルモン(→P.66)

第4章 ビジネスとエネルギーの化学 87

集積回路 半導体の特性が活かされている（→P.88）

- 電気を通す・通さない——半導体のメカニズム 88
- 日本人のお家芸——軽薄短小技術を凝縮した携帯電話 90
- 大容量のデータ通信を可能にした大規模集積回路——超LSI 92
- 自動車のパーツを支える化学の成果——FRP 94
- スピーディーな改札を実現した磁気乗車券とIC乗車券 96
- 現代社会を動かす発電技術いろいろ 98
- 未来のエネルギーを担う新エネルギーとは？ 100
- 歴史とともに進化してきた電池のしくみ徹底解剖 102
- 期待の新エネルギー——燃料電池の正体 104
- 世界のエネルギーを担ってきた石油と天然ガス 106
- 今も昔も、化学の歴史は錬金術……か？ 108

発電技術 私達の生活を支える火力発電所（→P.98）

第5章 スポーツと遊び、おしゃれの化学 109

- ゴルフに投入される最先端の化学の成果 110
- 人を魚に近づける競泳用水着の素材 112
- 明日のアスリートを支える高機能スポーツシューズ 114
- 夜空に輝く大輪の花　花火のしくみ 116
- ダイヤモンド——そのかたさの秘密 118
- 香りの正体と嗅ぎ分けるしくみ 120
- 日焼けの正体——皮膚の中で起こること 122
- 個性いろいろ　天然繊維と化学繊維 124
- アイロンをかけなくて済む形状記憶シャツの秘密 126
- 顔やからだの皮膚を美しく健康に保つ化粧品 128
- 眼鏡・コンタクトレンズと、目が見えるしくみ 130
- 靴やバッグの素材——天然皮革と人工皮革 132
- 心身が爽快になるレジャーの代名詞　温泉を化学する 134

花火 華やかな夏の夜を演出する炎色反応（→P.116）

スポーツシューズ 機能や素材を追求したシューズ（→P.114）

第6章 環境と災害の化学 …… 135

炭 無数の孔に隠された秘密
(→P.150)

酸性雨 無惨に立ち枯れした木々(→P.142)

- 光化学スモッグのしくみと対策(1) **大気汚染物質の正体** …… 136
- 光化学スモッグのしくみと対策(2) **大気汚染が悪化する理由** …… 138
- 破壊が進むオゾン層——オゾンホールの正体 …… 140
- 人体に悪影響を与える酸性雨とその被害 …… 142
- リサイクルされるＰＥＴボトルのゆくえ …… 144
- 腐らないプラスチックと腐るプラスチック …… 146
- 環境保全に有効な食物連鎖と環境浄化 …… 148
- 備長炭や竹炭で、水や空気がきれいになるしくみ …… 150
- 創造と破壊を生み出す両刃の剣——ダイナマイト …… 152
- ダイオキシン・サリン・青酸カリ——**猛毒を有する化学物質** …… 154
- ビルの耐震・免震構造とコンクリートの秘密 …… 156
- 人の生命と財産を奪う、恐ろしい火災 …… 158
- エコツーリズムを知っていますか？ …… 160

第7章 自然と宇宙の化学 …… 161

- ダイナミックに噴火する火山の秘密を探る …… 162
- 地球に生物を誕生させた化学的な条件とは？ …… 164
- 空や海が青く見える——色の不思議なメカニズム …… 166
- 森の中に潜む隠された力とは …… 168
- 地球の営みが生み出した岩石、鍾乳洞の神秘 …… 170
- 宇宙の誕生と星の死——チリが物語る宇宙の歴史 …… 172
- 夜空の星が光って見える理由 …… 174
- 田中耕一さんに続け!! …… 176
- 用語解説 …… 177
- 元素の周期表 …… 186
- 索引 …… 188
- 参考文献一覧 …… 191

森の力 森に漂う物質がもたらす効能(→P.168)

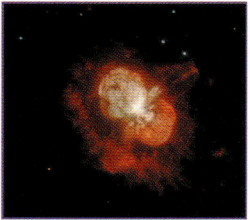

宇宙 星の残骸から地球が生まれた(→P.172)

本書の使い方

本書では、家電や食品から、ビジネス、スポーツ、環境、自然などまで、日常に関わるさまざまな化学的な事柄について、そのしくみや特徴などをわかりやすく解説した。難しい表現はできるだけ避け、図や写真を多く利用して、誰でも楽しめる構成とした。そのため、化学とは異なる分野の現象も取り上げている。

● **タイトルとリード文**
各テーマでもっとも気になること、知りたいことをタイトルに表現した。リード文では、ここで取り上げたテーマの概略を示した。

● **解説文**
化学的現象の概要やポイントなどを、2〜4のブロックに分け、読みやすく、わかりやすい表現で解説した。

● **インデックス**
テーマごとに色分けして検索性を高め、ページ内で取り上げたキーワードを表示。

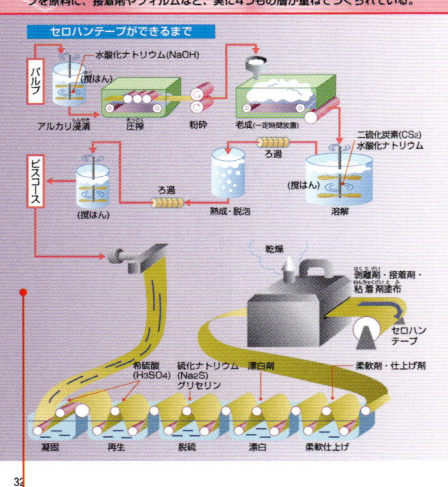

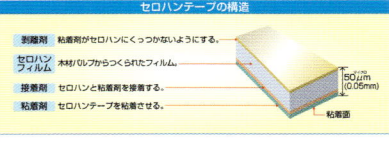

● **図・写真**
化学的現象についての興味・関心が高まるよう、ダイナミックかつカラフルな図・写真をメインに表示。解説図や模式図、チャート図、比較表、電子顕微鏡写真など、各テーマの内容をより楽しく見せるビジュアル表現を重視した。

● **用語解説**
本文中では詳しく解説できない難解な用語には、青い色をつけて用語の語尾に＊を付し、巻末の用語解説でまとめて解説した。

● **コラム**
各テーマに関わるユニークな情報や豆知識などをコラムで紹介した。

第 1 章
家電の化学

テレビを進化させた液晶とプラズマの秘密

高度経済成長期の「三種の神器」は、カー・クーラー・カラーテレビ。そして現在、デジタル家電の「新三種の神器」は、デジタルカメラ・DVDレコーダー・薄型テレビである。薄型テレビの代表選手、液晶テレビとプラズマテレビの秘密を探る。

液晶テレビ

液晶テレビ

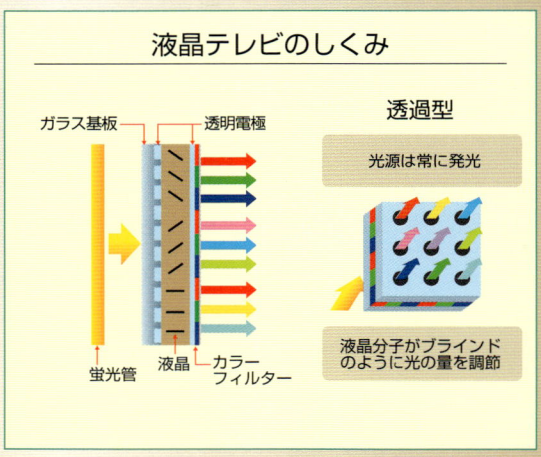

写真提供：シャープ株式会社

プラズマテレビ

プラズマテレビ

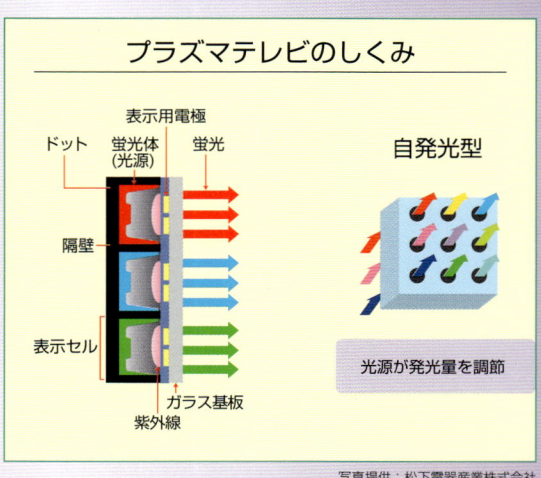

写真提供：松下電器産業株式会社

第1章 家電の化学「テレビ」

ブラウン管テレビのしくみ

これまで主流だったブラウン管テレビは、カラー表示に必要な光の3原色*である赤・緑・青の電子ビームを使って、映像を描き出す。電子ビームを放つ3本の電子銃は、ブラウン管という真空のガラス管の中に入れられており、その前面には蛍光塗料が塗られている。電子ビームは、3原色を規則的に配した蛍光面の左上から右下まで、順々に電子ビームを放って画面を発光させ、映像としている。

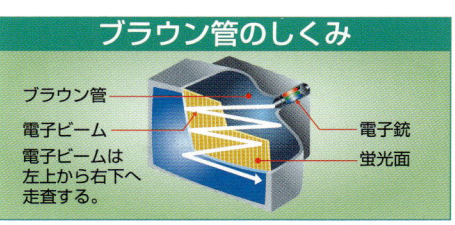

ブラウン管のしくみ

これは走査と呼ばれる、ブラウン管テレビの映像方式である。しかし、電子銃と蛍光面との間に一定の距離が必要であるため、薄くすることができない。

液晶テレビとプラズマテレビの違い

液晶テレビは、液晶が封入されたパネルの背面に白色の蛍光管(バックライト)を置き、その光が液晶を透過し、カラーフィルターを通って映像を表示する。液晶とは液状の結晶で、電圧の加減によって並び方が変化するため、すり抜ける光の量をコントロールできる。カラーフィルターは、赤・緑・青の四角形パターンが規則正しく配されたガラスで、光がこのフィルターを通り抜け、カラーの映像が表示される。

プラズマテレビでは、2枚のガラス基板と壁で密閉された部分に、1画素ごとに赤・緑・青を一つの単位とした表示セルと呼ばれる極小の蛍光体が設置され、さらに、プラズマ*を発生させるキセノン(Xe)とネオン(Ne)の混合ガスが封入されている。ここに、上下に取りつけられた電極から200~300Vの高電圧を加えると、プラズマ放電を起こして紫外線が発生し、表示セルが発光する。この発光をコントロールすることで、映像が描き出されるのである。

液晶テレビとプラズマテレビは、ブラウン管テレビと違って一つの画面全体が一気に表示される。これを面発光方式といい、軽量で薄型のテレビを実現するのに適している。

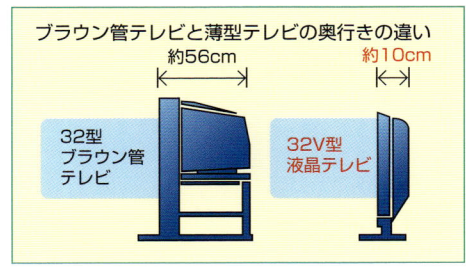

ブラウン管テレビと薄型テレビの奥行きの違い

テレビの種類による性能の差

	ブラウン管	液晶	プラズマ
解像度	△	◎	◎
色再現性	◎	○	◎
視野角	◎	△	◎
明るさ	◎	○	○
大画面	×	○	◎
省電力	○	◎	△

◎大変よい ○よい △よいとはいえない ×悪い

■ブラウン管テレビと薄型テレビのサイズ表記

ブラウン管テレビのサイズは、ブラウン管のテレビ枠に隠れた部分までの対角線のインチ数を計測している。だが、薄型テレビのサイズは、実際に見えている画面を計測している。これをビジュアルサイズといい、頭文字の「V」をとって「32V型」などと表記されている。

映画やゲームを光で記録する DVDのメカニズム

映画や音楽などの記録メディアとして、今や欠かせない存在となったDVD(デジタル多用途ディスク digital versatile disk)。その素材及び記録方法には、化学の技術や知恵がぎっしりと詰め込まれている。

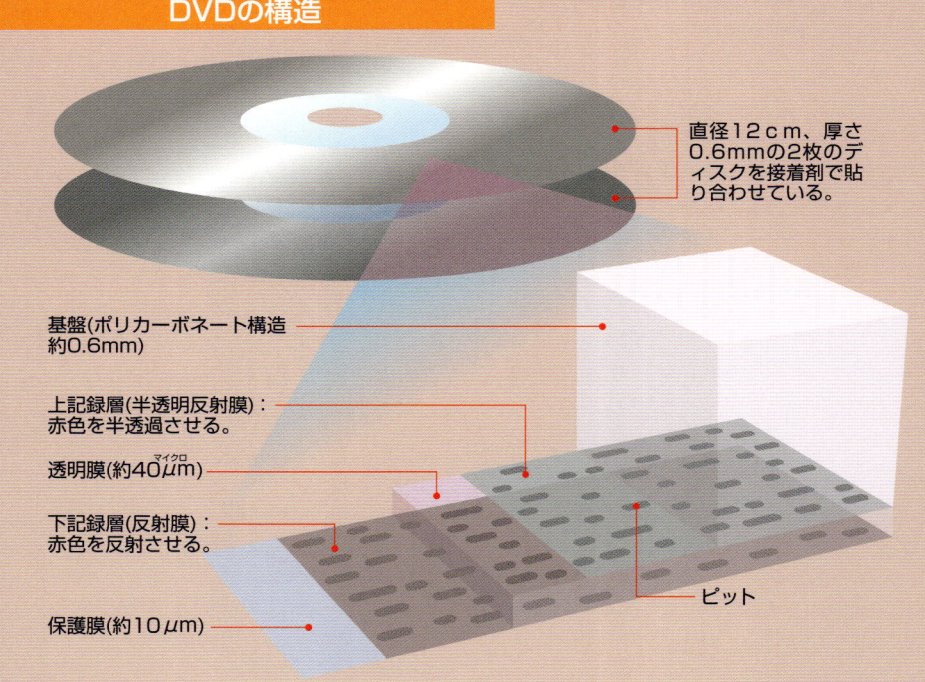

DVDの構造

- 直径12cm、厚さ0.6mmの2枚のディスクを接着剤で貼り合わせている。
- 基盤(ポリカーボネート構造 約0.6mm)
- 上記録層(半透明反射膜):赤色を半透過させる。
- 透明膜(約40μm)
- 下記録層(反射膜):赤色を反射させる。
- 保護膜(約10μm)
- ピット

● 情報を記録する層の構造

DVDの特徴は、記録できる情報量の豊富さに加え、そのコンパクトさである。ビデオテープの厚さ27mmに対して、DVDはわずか1.2mm。その構造は、わずかな厚さの記録層を、プラスチックの一種である厚さ0.6mmのポリカーボネートが保護するものとなっている。

DVDの本体である記録層は、最新の半導体*材料に用いられるゲルマニウム(Ge)・アンチモン(Sb)・テルル(Te)などの混合物からできており、レーザーにあたると結晶構造が変化するという、光学的に特殊な性質を持つ。DVDは、この性質を利用した記録媒体である。

第1章 家電の化学「DVD」

情報を記録し、取り出すしくみ

DVDでは、650nmの波長を持つ赤色レーザー光が、映像や音楽の情報を0と1の二分法のデジタル信号に置き換えて記録している。

このデジタル情報を、強いエネルギーを持った非常に細い(毛髪の1／100くらい)光のペン(赤色のレーザー光)で記録層にあてると、情報が記録できる。すなわち、赤色のレーザー光があたると、レーザーの高熱によって、格子状で反射率が高い結晶状態に乱れが生じ、反射率の小さいアモルファス(非結晶)の状態に変化することで、情報が記録されるのである。

この記録マークはピットと呼ばれ、わずか400nm(0.0004mm)の厚さである。このピットが、DVDの表面に敷き詰められており、その数は数十億にも及ぶ。ここに状態変化をさせない程度に弱い光のペンをあてることで、反射に差を生じさせ、再び信号化させて、デジタル情報として認識するのである。

また、ピットは、中程度のパワーのレーザー光を照射すると、再び結晶化される。すなわち、情報が消えてしまう。データの書き換えはこのように行われており、10万回以上も書き換えることができる。

なお、主に記録型のDVDには、記録層が2枚存在し、再生専用型の約2倍の記憶容量を持つ。レーザー光は、上の層への情報の書き込みが終わると、下の層に書き込む。

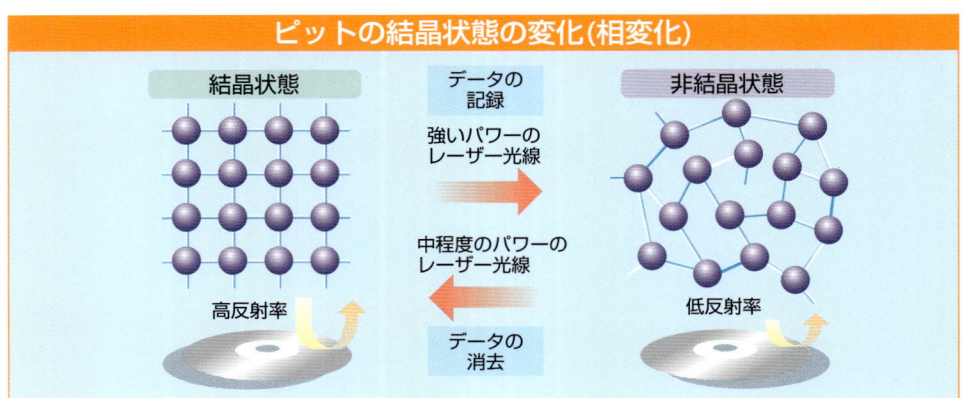

ピットの結晶状態の変化(相変化)

DVDの種類

再生専用型	
DVD－R	互換性が高く、ほとんどのDVD-ROM、DVDプレーヤーでの再生が可能。
DVD＋R	1回だけ記録できる。パソコン用として普及。
記録型	
DVD－RW	ほとんどのDVDプレーヤーで再生でき、VR(ビデオ レコーディング)モードでビデオの編集も可能。書き換え可能回数：1000回
DVD＋RW	書き込み速度やフォーマット化の時間が短い。書き換え可能回数：1000回
DVD－RAM	アクセスが速く、フロッピーやMO(光磁気ディスク)と同じ感覚で使用可能。ビデオの編集やパソコン用に向いている。DVD-RAM対応プレーヤーのみ再生可能。書き換え可能回数：10万回

※R=recordable、RW＝re writable、RAM＝random access memoryの略。

白熱灯・蛍光灯・有機EL──照明の種類とその違い

現在、民生用消費電力の約20％は、照明用として消費されている。これまでの照明は、電気エネルギーを光エネルギーに変換して利用してきたが、最近では、発光ダイオード*(LED)を応用した照明が開発され、省エネルギー化が期待されている。

白熱灯と蛍光灯のしくみ

白熱灯

フィラメントに電流を流すと、導体の電気抵抗によって加熱されて電磁波*が放出され、その一部が発光する。

蛍光灯

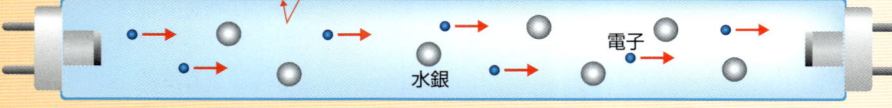

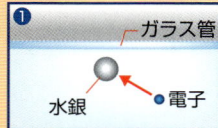
電子が水銀に衝突する。

水銀から紫外線が出る。

蛍光物質が可視光線を出す。

放電によって電子が飛び出し、水銀と衝突して紫外線が放出される。この紫外線を、蛍光物質が可視光線に変えて光る。

● これまでの照明──白熱灯と蛍光灯

電流が流れにくいフィラメントの中に電流を流そうとすると、その抵抗によって熱が生じる。400℃を超えると徐々に赤くなり、橙・黄を経て、最終的には白色光を発するようになる。この熱による発光を熱放射といい、白熱灯は、この熱放射を利用している。白熱灯を発明したトーマス＝エジソンは、フィラメントの熱に耐えられる材料選びに苦心した末、実験段階で京都から取り寄せた竹の繊維をフィラメントに用いた。現在は、融点が3382℃のタングステン(W)を用いているが、使用するにつれて次第に劣化し、断線し

てしまう。また、ほとんどの電気エネルギーを熱エネルギーとして奪われてしまうため、効率が悪いことも欠点といえる。

蛍光灯は、放電とともに蛍光管内に電子が飛び出し、水銀原子(Hg)と衝突して紫外線を放出する。この紫外線が、蛍光管の内側に塗られている蛍光物質に吸収され、可視光線に変換されることによって照明として利用される。蛍光灯における水銀と電子のように、エネルギーを分子や原子が吸収して高エネルギー状態(励起状態)になり、光を放出する現象をルミネセンス*(luminescence)という。

白熱灯と蛍光灯の比較

	明るさ	明かりのやわらかさ	点灯の早さ	寿命	省エネ度
白熱灯	×	○	○	×	×
蛍光灯	○	×	×※1	○	○
備考	同じ電力量でも、蛍光灯の方が4〜5倍明るい。	落ち着いて過ごしたいときは、白熱灯が好まれる。	インバーター式※2の場合、点灯の早さは白熱灯と同じ。	蛍光灯の方が5〜6倍長持ちする。	蛍光灯の方が使用電力量が少なく、寿命も長い。

※1 点灯管式の場合。放電する前に点灯管を点灯するなど、準備が必要なため時間がかかる。
※2 インバーター式は交流の周波数を高くしているため、すぐに点灯する。

● 未来の照明——有機EL

ルミネセンスの際、電子によって高エネルギー状態となった分子が、もとの基底状態に戻るときにも発光現象が起こる。これを、エレクトロルミネセンス(EL：electro-luminescence)という。エレクトロルミネセンスは、発光層が2つの電極に挟まれたサンドイッチ状の構造をしており、発光層にジアミン類やアントラセンなどの蛍光性がある有機化合物を用いていることから、有機ELと呼ばれている。

有機ELは発光ダイオード*(LED：light emitting diode)の一種で、赤・緑・青の順に発明され、光の3原色*が揃ってフルカラー表示が可能となった。その後、波長が短い近紫外線と3原色の蛍光体を組み合わせた白色発光ダイオードが開発され、照明に適する特性が実現された。その特性としては、小型で明るく、電球の約1/8、蛍光灯の約1/2と消費電力量が少ない。また、寿命が長く、衝撃にも耐えられるうえ、蛍光灯における水銀のような有害物質を必要としないなど利点は多い。現在は、ノートパソコンなどで液晶のバックライトとして使用されている。ただ、発光効率や劣化抑制など多くの不明点や不具合を解明する必要があり、一般に普及するには、しばらく時間を要すると考えられている。

有機ELは面発光するため、紙のように薄く、柔軟性のあるディスプレイが可能で、旧来の照明概念を大きく変えるのではないかと期待されている。

有機ELのしくみ

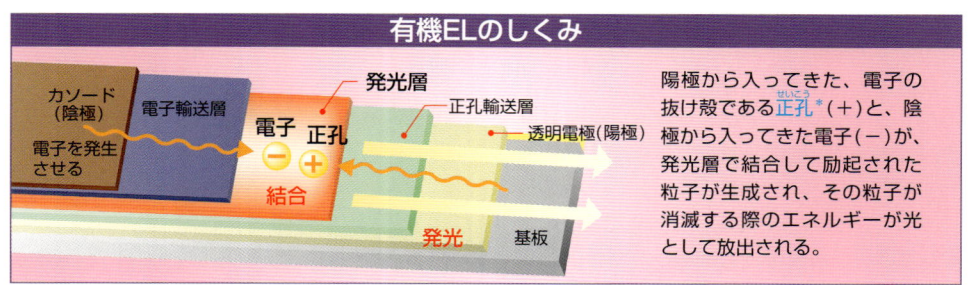

陽極から入ってきた、電子の抜け殻である正孔*(＋)と、陰極から入ってきた電子(−)が、発光層で結合して励起された粒子が生成され、その粒子が消滅する際のエネルギーが光として放出される。

汚れを落とす洗濯機と洗剤のメカニズム

神武景気と呼ばれた1950年代半ば、家電製品が普及し始めた。洗濯機・テレビ・冷蔵庫は、「新三種の神器」ともてはやされ、中でも洗濯機は、手洗いという、冷たくて煩わしい洗濯労働から解放されるとして、主婦たちの垂涎の的となった。

洗濯機の種類とそれぞれの洗い方

ドラム式洗濯機
水が少なくて済むのが特徴。ヨーロッパの家庭をはじめ、業務用洗濯機として日本でも一般的であるが、日本の家庭ではあまり普及していなかった。

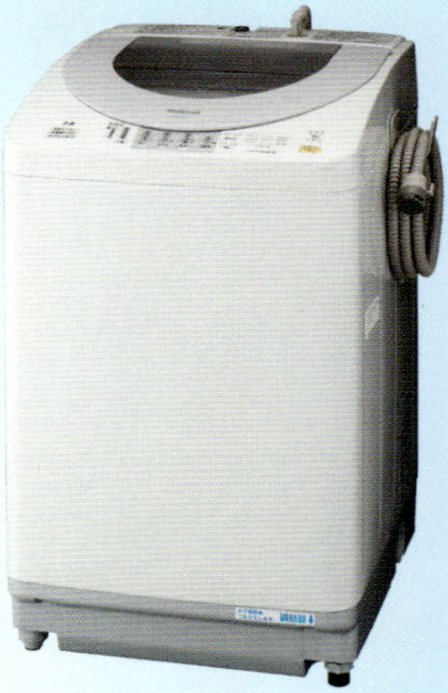

全自動式洗濯機
洗い・すすぎ・脱水が続けてできる。日本の一般家庭でもっとも多く普及しているタイプで、渦巻き式や遠心方式などがある。

たたき洗い
小さな孔がたくさんあいた円筒が回転する。円筒からは板が突出し、この板が洗濯物を持ち上げ、落下するときの勢いでたたき洗いする。

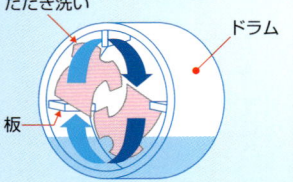

水流で押し洗い・もみ洗い

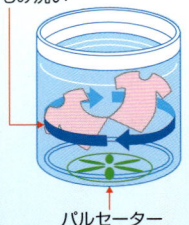

◎渦巻き式
パルセーターが回転して渦巻き水流を起こし、洗濯物をもみ洗いして汚れを落とす。渦巻きに上下の水の動きを加えて、汚れ落ちをよくしたものもある。

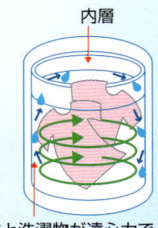

◎遠心方式
内層が勢いよく回転するとともに、洗濯物と水も内層に張りつくように回転する。その際、水は遠心力で洗濯物の繊維と繊維の間を通過して、汚れを落とす。

水と洗濯物が遠心力で内層に張りつく水は繊維の間を通過する

写真提供：松下電器産業株式会社

● 騒音を抑制するしくみ

洗濯機では、水流を起こしたり、撹はんしたりするのにモーターを使っているため、振動が起きる。特に脱水時には、衣類がかたよって振動がひどくなる。その振動は外側をカバーしている鋼板にも伝わって、騒音になってしまう。騒音をあらわす単位は、デシベル*(dB)であるが、かつて、洗濯機のモーターが回る音や脱水音は50dBを越えていた。

振動を抑えるために最初に考えられたのが、1988年に洗濯機の胴体に採用された制振鋼板であった。制振鋼板は、2枚の鋼板の間に特殊な高分子材料シート(樹脂シート)

をはさむことで、音波を吸収し、伝えなくする構造である。これによって、振動を減衰させることが可能になった。さらに、インバーターモーターで回転速度を変化させたり、電磁ブレーキを採用したり、洗濯槽をモーターと直結したりなど、いろいろな工夫が加えられ、30〜40dBという、深夜の洗濯でも上の階や下の階、隣りの住民たちを気にせずに済む振動レベルに抑えることができるようになった。

機能満載の洗濯機

雨の多い日本の気候や、家事の省力化という観点からは、乾燥機能のついた洗濯機が便利である。現在では、この乾燥機能のほか、チタン(Ti)のナノ粒子を用いたフィルターによる消臭機能、漂白剤を用いない電解漂白機能、スチームで汚れを浮かして洗浄するスチーム洗浄機能など、その機能はどんどん多様化している。今後、洗濯機のさらなる進化には、環境を汚染する合成洗剤や、使用する水や電力を少なく、かつ、環境にやさしい機能

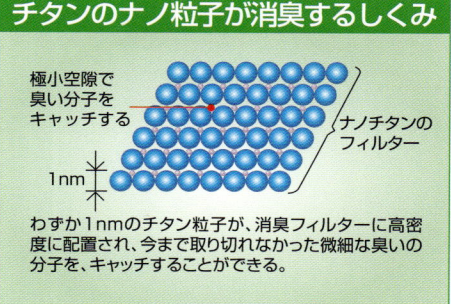

チタンのナノ粒子が消臭するしくみ

極小空隙で臭い分子をキャッチする

ナノチタンのフィルター

1nm

わずか1nmのチタン粒子が、消臭フィルターに高密度に配置され、今まで取り切れなかった微細な臭いの分子を、キャッチすることができる。

の付加、さらに一段と省力化を進める、といったことが求められている。

界面活性剤──洗剤のしくみ

油汚れを落とすのに欠かせないのが洗剤である。現在は合成洗剤が主流だが、かつては粉石けんが、そして石けんがない時代には、米ぬかなどが用いられていた。米ぬかには天然の界面活性剤*が含まれていたのである。

界面活性剤は、水になじむ部分(親水基)と油になじむ部分(疎水基または親油基)を一つの分子内に備えている。そのため、本来なら混ざらないような水と油を引きつける働きがある。こうした両面性を備えた界面活性剤が、衣類についた汚れを取り囲み、衣類から引き剥がして、水中に分散させるのである。

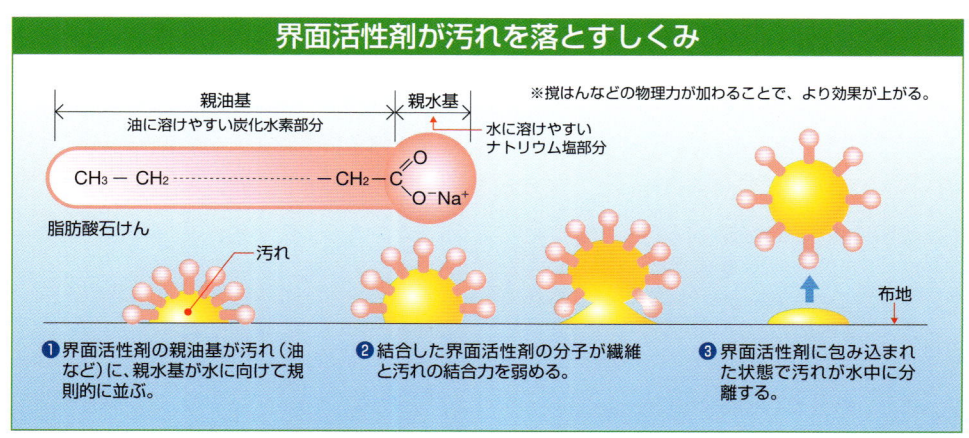

界面活性剤が汚れを落とすしくみ

親油基 — 油に溶けやすい炭化水素部分
親水基 — 水に溶けやすいナトリウム塩部分

$CH_3-CH_2\text{--------}CH_2-C\begin{smallmatrix}O\\O^-Na^+\end{smallmatrix}$

脂肪酸石けん

※撹はんなどの物理力が加わることで、より効果が上がる。

汚れ　布地

❶ 界面活性剤の親油基が汚れ(油など)に、親水基が水に向けて規則的に並ぶ。

❷ 結合した界面活性剤の分子が繊維と汚れの結合力を弱める。

❸ 界面活性剤に包み込まれた状態で汚れが水中に分離する。

1台で冷暖房の二役をこなすエアコンのしくみ

夏は冷房、冬は暖房と、1台で二役をこなすエアコン。このエアコン、夏の暑い空気を冷房に利用し、冬の冷たい空気を暖房に利用して、熱効率を上げているという。まるで、私達の頭をクラクラさせてしまうかのようなしくみとは？

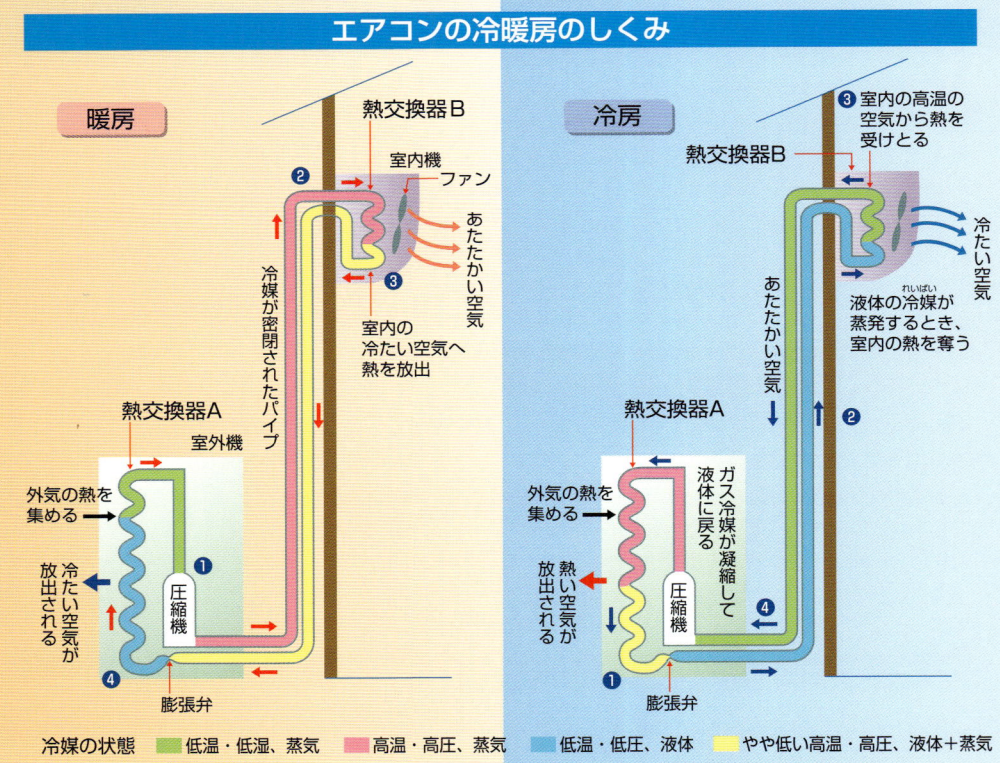

❶ 冷媒は、室外機中の圧縮機で圧力をかけられ、高温・高圧の気体となって、熱交換器Bへ。
❷ 気体は、熱交換器Bで室内の冷たい空気へ熱を放出し、室内をあたためる。
❸ 気体は室内の空気によって徐々に冷却され、適当な温度まで下がった液体状態で室外機へ。
❹ 冷媒は、膨張弁を通過する際、急激な断熱膨張によって熱を奪われ、熱交換器Aへ。

❶ 気体状態の冷媒は、室外機の熱交換器Aで、周囲の空気によってわずかに冷やされる。
❷ 膨張弁で断熱膨張によって急激に熱を奪われ、低温・低圧状態となり、熱交換器Bへ。
❸ 冷媒は、室内の高温の空気から熱を受けとり、室内を冷却する。
❹ 冷媒は熱交換器Bを出て、圧縮機へ戻り、高熱・高温の気体状態となる。

第1章 家電の化学「エアコン」

● 暖房と冷房の二役をこなす秘密——ヒートポンプ

　自転車の空気入れのホースの先を塞いだままピストンを上下させると、中の空気の温度が次第に上昇していく。これは、気体が圧縮されたことで、気体分子同士が「おしくらまんじゅう」をしたように、温度が上がるためである。逆に、膨張すると、気体分子同士にすき間ができるために、温度が下がる(断熱膨張*)。1台で暖房と冷房の二役をこなす家庭用エアコンでは、この原理が応用され、圧縮機・熱交換器・冷媒・膨張弁からなるヒートポンプというシステムが採用されている。

● 物質の状態変化と熱の出入り

　暑い夏の日に打ち水をすると、涼しく感じる。また、消毒用にアルコールを皮膚につけると、冷たく感じる。これは、液体が蒸発するときに、周囲から多量の熱を奪うからである(気化熱)。このように、物質は、その状態を変化させるとき、熱の出入りを伴っている。冷媒は、体積が圧縮されているときは液体であり、気体になるとき周囲の熱を奪うという性質がある。

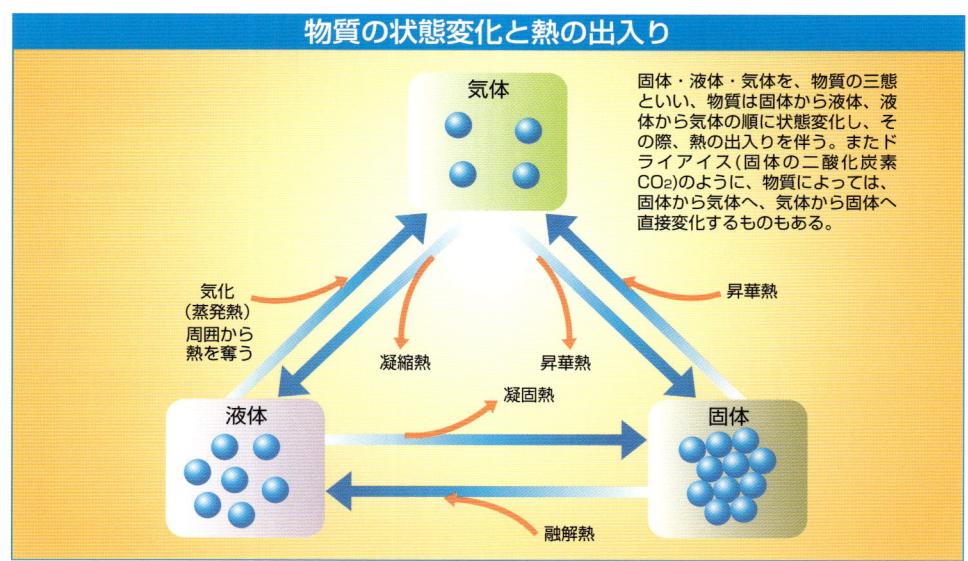

物質の状態変化と熱の出入り

固体・液体・気体を、物質の三態といい、物質は固体から液体、液体から気体の順に状態変化し、その際、熱の出入りを伴う。またドライアイス(固体の二酸化炭素CO_2)のように、物質によっては、固体から気体へ、気体から固体へ直接変化するものもある。

■エアコンの進化

　冬には暖房として、夏には冷房として、今では生活に欠かせない家電製品となっているエアコンであるが、その誕生は1960年前後である。当時は「クーラー」という名称で、冷房機能しかなかった。冷暖房兼用機能のエアコンが生まれたのは、1972年頃である。その後、室外機が小型化し、さらに空気清浄機能や、酸素を供給する機能など、多機能化が進んでいる。

地球環境にやさしい
ノンフロン冷蔵庫を求めて

私達の食生活に欠かせない存在である冷蔵庫。近年、冷媒として使われているフロン*がオゾン層を破壊するとして、それに代わる物質の開発と活用方法の工夫とが求められている。

冷蔵庫内を冷やす冷媒の変化

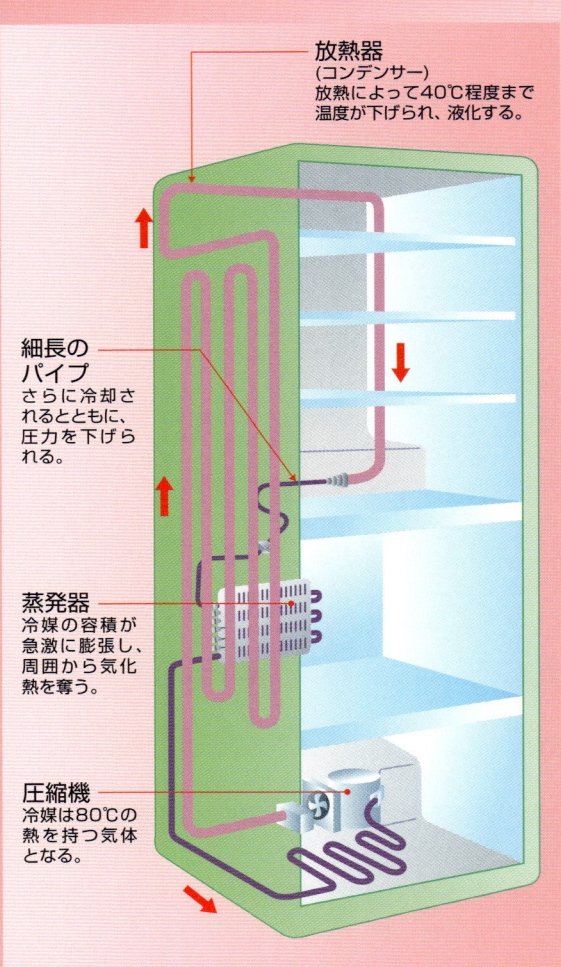

放熱器
(コンデンサー)
放熱によって40℃程度まで温度が下げられ、液化する。

細長のパイプ
さらに冷却されるとともに、圧力を下げられる。

蒸発器
冷媒の容積が急激に膨張し、周囲から気化熱を奪う。

圧縮機
冷媒は80℃の熱を持つ気体となる。

冷媒に用いられる物質

冷媒とは、冷蔵庫やエアコンの機内を循環して、圧縮による液化・放熱・気化・吸熱を繰り返し、冷却する媒体として用いられる物質のことを指す。主として、次のような物質が用いられている。

●フロン

炭素(C)・塩素(Cℓ)・フッ素(F)からなる化合物の総称。特定フロンと呼ばれ、燃えにくく、毒性が低く、化学的にも安定で、低コストで生産ができるため、「奇跡の化学物質」として、エアコンや冷蔵庫の冷媒、スプレーの噴射剤などとして大量生産された。ただし、オゾン層を破壊する。

代表的なフロン
クロロフルオロカーボン(CFC)
CCl_2FCClF_2

●代替フロン

フロンと同様あるいは類似の性質を持ち、フロン類の代替品として開発が進められているフロン類似品である。その特徴は、塩素を含まないこと、分子内に水素(H)を有し、成層圏に達する前に消滅しやすいこと、毒性がないことが挙げられる。しかし、温室効果が指摘されている。

代表的な代替フロン
ハイドロクロロフルオロカーボン(HCFC)
ハイドロフルオロカーボン(HFC)

●自然冷媒

フロンのように、人工的につくり出した物質ではなく自然界に元々ある物質で冷媒としての性質を持つ炭化水素類。自然界に大量に存在し、オゾン破壊係数がゼロであるのはもちろん、代替フロンと違って地球温暖化係数も低い。

代表的な自然冷媒
イソブタン

第1章 家電の化学「冷蔵庫」

● 冷蔵庫内を冷却させる、物質の状態変化

　熱せられた物体の表面に水があると、その水は物体から熱を奪いながらどんどん蒸発する。また、その水蒸気が冷えた外気に触れると、熱を捨てて液体の水に戻る。このように、液体と気体との間で状態変化を続けながら、熱を保持したり、排出したりする物質を冷媒、液体が気化する際にその周囲から奪われる熱を気化熱という。冷蔵庫では、庫内の配管で冷媒が状態変化を繰り返しながら、庫内の熱を外へ運び、内部を冷却する。

　冷媒は、まず圧縮機を通り、80℃程度まで加熱される。加熱された冷媒は、冷蔵庫の裏側にある放熱器で放熱し、40℃程度まで温度が下がると、液体となる。液化した冷媒は細長いパイプを通るうちにさらに圧力が下げられ、冷却される。そして、狭い管を出て空間のある蒸発器に送られると、急激に容積が膨張して気化し、その気化熱によって冷蔵庫内全体から熱を奪い、温度を下げるのである。こうして冷媒が循環することで、冷蔵庫内はいつでも冷たく保たれている。逆に冷蔵庫の後ろは、庫内の熱を外へ放出しているために熱くなっている。

● フロンに代わる冷媒を求めて

　冷媒には、常温に近い温度で気化し、その気化熱によって熱を奪う性質が必要である。その条件に合うガスがフロン(クロロフルオロカーボン)である。ところが、フロンに含まれる塩素(Cℓ)が上空のオゾン層を破壊したり、地球を温暖化させるなどの悪影響が指摘されるようになった。そこで、1995年のモントリオール議定書において、フロンの全廃が国際的に合意されたが、まだフロンへの依存は解消されていない。

　代替フロンとしては、ハイドロフルオロカーボン(hydro fluoro carbon：CH_2FCF_3)の使用が増加しているが、強力な温室効果が指摘されており、さらなる研究成果として、炭化水素系の物質であるイソブタン(C_4H_{10})が登場し、普及し始めている。

便利さか、安全性か——日本とヨーロッパの冷蔵庫の違い

ノンフロン冷蔵庫の先端を走るヨーロッパに比べ、日本ではまだ十分に普及しているとはいえない。その一因として、ヨーロッパと日本における冷蔵方式の違いがある。イソブタンは可燃性があり、霜取りを行うヒーターなどの着火する要素が多い日本の冷蔵庫で使用するには、安全性・信頼性の確保が必要である。

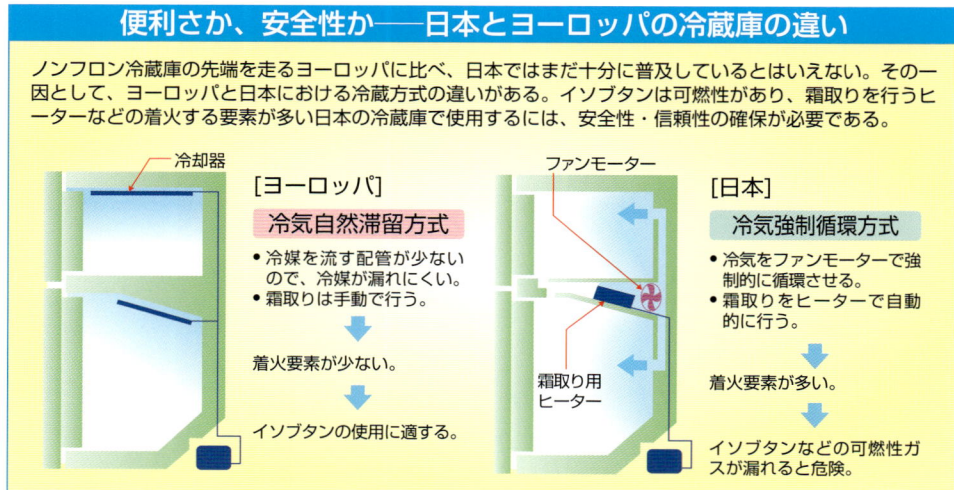

電子レンジで食品があたたまるしくみ

調理の加熱には、間接加熱と直接加熱がある。電子レンジは、食品に直接熱を与える直接加熱。火を使わずに直接食物を熱することができるのは、マイクロ波という目に見えない電磁波*のためである。

電子レンジのしくみ

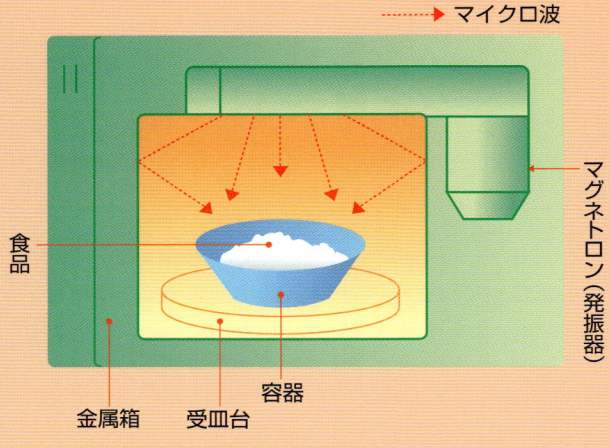

電子レンジは、金属でできた箱の中を、マグネトロンと呼ばれる発振器から発生したマイクロ波が飛び回り、食品を加熱している。

電子レンジは、1950年代、米軍事レーダー会社の技師が、レーダーの技術を加熱調理用に転用するというアイディアを得たことがきっかけとなって発明された。その後、オーブン機能を有する、食品のビタミンCの酸化を防ぐなど、さまざまな技術が開発されて、電子レンジはどんどん進化している。

写真・資料提供：株式会社シャープ

マグネトロン（発振器）

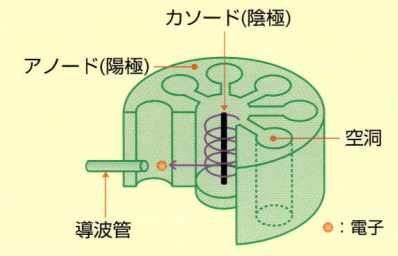

マグネトロンは、磁石によってつくられた真空管である。カソードに電気を流すことで発生した電子に、磁力が作用して、電磁波が発生する。

陰極から飛び出した電子は、陽極に向かいながら磁力の影響を受け、くるくると周回する。このとき、電磁波が発生する。

第1章 家電の化学
「電子レンジ」

● マイクロ波の性質

　電磁波は、電気と磁気を帯びた目に見えない波の一種で、1秒間に生じるこの波の数を周波数と呼び、ヘルツ(Hz)という単位であらわす。周波数が多いほど大きな力を持ち、マイクロ波の場合は2450MHz、すなわち24億5000万の波が生じている。マグネトロンで発生したマイクロ波はレンジ内へ放出されると、壁にはねかえりながら四方を飛び回り、食物に降り注ぐ。

● 電磁波が水分子の摩擦を起こす

　マイクロ波は空気やガラスなどはすり抜けるが、金属にあたるとはねかえされてしまう。そして、水にあたると、水の分子に吸収され、水分子は振動し、摩擦し合う。電子レンジがモノをあたためる原理は、この性質を利用しているため、水気のない食品はあたためにくい。

　食物に含まれている水分子(H_2O)は、電子量が酸素側と水素側とで偏りがあり、それぞれ少しだけ−と＋を帯びた状態にある。この状態を極性といい、簡単に通電してしまうなど、電気の影響を受けやすい。ここに電子レンジのマイクロ波があたると、交流のように＋と−がマイクロ波の周波数と同じ1秒間に24億5000万回入れかわる。こうして分子同士が激しく摩擦し合うことによって熱エネルギーが生まれ、食品があたためられる。

● 上手に使えば栄養分をこわさない

　電子レンジでつくった料理は健康によくないという印象があるが、実は、加熱のしすぎがこの誤解の原因である。例えば、肉は75℃以上になると肉汁が出てかたくなってしまう。加熱時間に気をつければ、鍋などで料理するより時間が短く、ビタミンC＊などの酸化を防げるため、栄養をより豊富に摂取できる。

電磁波の種類

種類		周波数(Hz)	利用例
放射線	γ線（ガンマ）	3×10^{18}	医療
	X線（エックス）	3×10^{16}	材料検査・エックス線写真
光	紫外線	3×10^{15}	殺菌灯
	可視光線	3×10^{13}	光学機器
	赤外線	3×10^{12}	赤外線ヒーター
電波（マイクロ波）	サブミリ波	3×10^{11}	光通信システム
	ミリ波(EHF)	3×10^{10}	レーダー
	センチ波(SHF)	3×10^{9}	電子レンジ、携帯電話
	極超短波(UHF)	3×10^{8}	警察・消防通信、テレビ通信
電磁界	超短波(VHF)	3×10^{7}	FM放送、テレビ放送
	短波(HF)	3×10^{6}	アマチュア無線
	中波(MF)	3×10^{5}	AM放送
	長波(LF)	3×10^{4}	海上無線、IHクッキングヒーター
	超長波(VLF)	3×10^{3}	長距離通信
	超低周波(ELF)	5×10	送配電線、家庭電化製品

※周波数、波長は各種類における既数値を示す。

水分子の電子軌道（模式図）

酸素は外側の電子が2つ不足し、それを水素原子から2つ奪う形で共有している。酸素原子と水素原子の間では常に電子がやりとりされている。

水分子　−側
酸素原子
水素原子
＋側

ナノテクノロジーが切り開く未来の世界

10億分の1mの世界

最近、よく耳にするようになったナノテクノロジー*。直訳すると、「ナノメートル*(nm)を扱う技術」で、ナノメートルは"10億分の1m"を意味する。分子の大きさは約0.5nmだから、ナノテクノロジーは、分子や原子という、極微の世界を扱った技術ということになる。

原子や分子に直接働きかけられるようになると、これまでとはまったく違った製品開発を実現できる可能性がある。例えば、紙のように薄い大型フラットテレビや腕時計タイプの高速・高性能パソコン、副作用のない薬、ダイヤモンドよりもかたい物質……などなど。そんな夢のような製品が、ナノテクノロジーによって実現されることが期待されている。

現在、ナノテクノロジーには、原子や分子の設計から素材をつくり上げるボトムアップ型と、大きな原材料を小さく分解し、観察するトップダウン型という2つのアプローチ法があり、あらゆる科学技術分野、とりわけ物質の性質を扱う化学には欠かせない技術となっている。ここでは、ナノテクノロジーを象徴する物質、カーボンナノチューブ*を紹介しよう。

ナノテクノロジーの象徴——カーボンナノチューブ

カーボンナノチューブは、10nmほどの太さのチューブ状の物質である。ダイヤモンドや黒鉛(グラファイト)と同じく炭素(C)からできているが、原子の結合の仕方が異なり、いくら曲げても折れないしなやかさを持つ。

ダイヤモンドは、一般には電気を通さない絶縁体であるが、カーボンナノチューブの場合、ねじれ具合やチューブの太さによって、半導体*にも導体にもなる。半導体のナノチューブを、ケイ素(Si)に代わる集積回路*(IC)の原料とすれば、現在の1000倍もの演算速度を持つコンピュータが実現可能になるという。また、導体の場合、一般的な銅線の電流量(100万A$^※$/cm^2)よりも、はるかに多くの電気(10億A/cm^2)が流せる。

他にも、環境にクリーンな未来のエネルギー源と期待されながら、保管が難しいとされていた水素(H$_2$)を、カーボンナノチューブに保管できることがわかり、エネルギー問題の解決も期待されている。

ちなみに、カーボンナノチューブを発見したのは日本人で、NECの企業研究者である飯島澄男氏である。このことにもみられるように、ナノテクノロジーは、小型化・高性能化を追求し、世界の家電をリードしてきた日本のメーカーの得意とする分野である。この分野で、日本人研究者がどれだけの役割を果たし、未来の世界を形づくっていくのか、大いに期待されるところである。

※Aは電流の単位を表すアンペアの略号。

カーボンナノチューブ(左)とグラファイト(右)

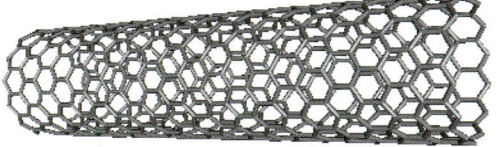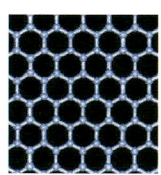

10nm

カーボンナノチューブの形はグラファイトによく似ている。グラファイトは、炭素原子が網目状・平面状に結合した膜が重なった形をしており、この膜を筒状に丸めたものが、カーボンナノチューブの形状である。

画像提供:「有機化学美術館」ホームページ

第2章
生活と食品の化学

鉛筆と色鉛筆の成分とつくり方とは？

鉛筆と色鉛筆は、その色だけではなく、消しゴムで消しやすいか消しにくいかの違いがある。その差は、芯に含まれている成分によって生じているもので、つくり方そのものも異なっている。

鉛筆の芯のつくり方

❶ 材料を混ぜる
黒鉛と粘土に水を加えて混ぜる。

❷ 加工する
混ぜ合わせた材料を、芯の太さと同じ大きさの穴から押し出し、長さを揃えながら1本1本切断する。

❸ 焼く
芯を乾燥させた後に、1000～1200℃の熱で焼く。

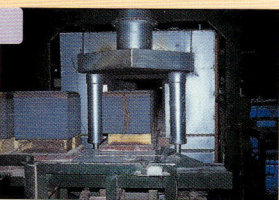

❹ 油を加える
油の中に入れ、油を染み込ませ、滑らかに書けるようにする。

写真提供：株式会社トンボ鉛筆

鉛筆と色鉛筆のつくり方

鉛筆は、黒鉛(グラファイト C)と粘土とを混ぜ、1000～1200℃の高温で焼いてかためたものが芯になっている。黒鉛と粘土の比率によって、その濃さやかたさを調節している。

一方、色鉛筆の芯は、色のもととなる顔料*、書き心地をよくするための滑石(タルク)、滑りをよくするためのろう(蝋)を混ぜ合わせ、50℃ほどの室内で乾燥させ、のりでかためたもの。鉛筆と違って、焼きかためるという工程がない分、芯がやわらかくなっている。もとの原料になる顔料の色から、さまざまな色のものがつくられている。

顔料に用いられる化学物質

色	化学物質
白	塩基性炭酸塩($CaCO_3$)・酸化亜鉛(ZnO)・酸化チタン(TiO_2)など
赤	硫化水銀(HgS)・アリザリンレーキなど
黄	硫化カドミウム(CdS)・クロム酸鉛($PbCrO_4$)など
青	酸化コバルト(Co_3O_4)・ヘキサシアノ鉄酸カリウム($K_3[Fe(CN)_6]$)
黒	炭素(C)微粉末

第2章 生活と食品の化学 「鉛筆と色鉛筆」

● 文字や絵が書けるしくみ

　鉛筆の芯は、紙に書いたとき、紙との摩擦によってわずかに砕ける。紙には、小さな孔が無数にあいており、この孔の中に、細かく砕かれた黒鉛と粘土が入り込むことにより、文字や絵を書くことができる。ただし、鉛筆は孔にあまり入り込まず、接着力も強くないので、消しゴムで簡単に消すことができる。

　一方、色鉛筆の芯は、もともとやわらかいうえに、ろうが孔にしっかりと入り込み、接着している。そのため、消しゴムでこすっても薄くなるだけで、完全に消えることがないのである。

　鉛筆が六角形なのは、持ちやすさと、転がりを防ぐ役割がある。一方、色鉛筆が丸いのは、芯が鉛筆よりも太くてやわらかいため、折れにくいように芯の周りを同じ厚さの木で支えることにしたのである。

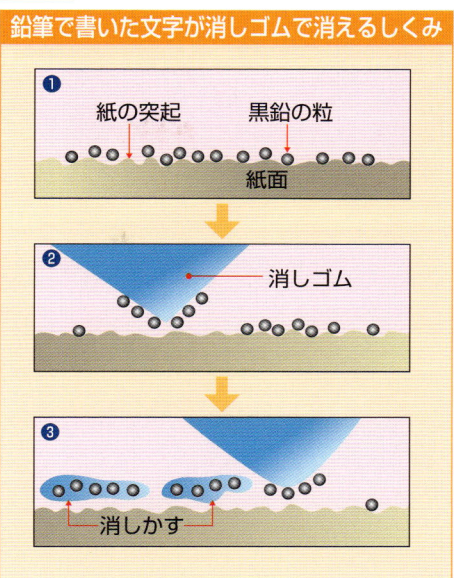

鉛筆で書いた文字が消しゴムで消えるしくみ
❶ 紙の突起／黒鉛の粒／紙面
❷ 消しゴム
❸ 消しかす

鉛筆の歴史

1560年代	イギリスの鉱山で黒鉛が発見される。細かく切断し、握りの部分を糸で巻いたり、板で挟んだりして、筆記具として使用(世界で最初の鉛筆)。
1760年代	ドイツで黒鉛の粉末と硫黄(S)を混ぜて溶かし、棒状にかためた鉛筆がつくられる。
1795年	フランスで、ニコラス=コンテが硫黄の代わりに粘土を混ぜ、焼きかためて芯をつくる。また、混合の比率によって芯のかたさが変化することを発見、現代の鉛筆が誕生する。

■シャープペンシルの秘密

　シャープペンシルの替芯は、鉛筆で用いられる粘土の代わりに、プラスチックが使用されており、普通の芯よりもよく練り合わせられている。そのため、粘土(と黒鉛による)の芯よりも強度があり、細い芯でも折れにくい。

　シャープペンシルは、1838年に米国のキーランが「エバーシャープ(Eversharp)」の名で製造販売し、日本では1915年に早川金属工業(現在のシャープ株式会社)が販売した。当初は、"和服には向かない"と不評だったが、欧米で大ヒットしたことから日本でも普及した。シャープペンシルは中高生を中心に幅広い人気を集め、今では文房具の定番となるほど私達の生活に溶け込んでいる。

インクのいろいろ——その使い道や使い勝手は？

私達が日常的に使っているボールペンやマジックペンは、インクの種類によって油性ペン・水性ペンなどに分類される。ペンの中身に用いているインクが親油性か、親水性かによって、書き心地や発色・定着性などに影響する。

インクの種類と特徴

水性顔料

着色剤の粒が水に溶けていない。

水性染料

着色剤が水に溶けている。

油性染料

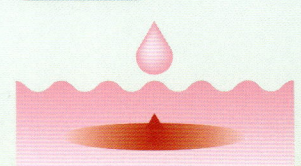

着色剤が油に溶けている。

種類 特徴	水性(溶剤のほとんどが水)		油性(溶剤のほとんどがアルコール系)
	水性顔料	水性染料	油性染料
書きやすさ	◯	◎	◯
発色	◯	◯	◯
にじみがない	◯	△	◎
裏うつりしない	◯	◯	◎
耐候性(耐水性・耐光性)	◎	※	◎

◎とてもよい　◯よい　△あまりよくない
※色によって差がある。

● インクなどの種類によって異なるペンの種類

ボールペンやマジックペンは、材料と構造によって、❶インク(溶剤)による分類　❷着色剤による分類　❸ペンの機構による分類の3つに分けられる。この3つを組み合わせることによって、油性染料マーカーや水性顔料ボールペンなどがつくられている。

油性ペン・水性ペンなどは、使われているインクが、水を主体としたものか、溶剤を主体としたものかで、組み合わせる着色剤が異なることから、つけられる名称である。

第2章 生活と食品の化学「インク」

水性インク・油性インク・中性インク

万年筆などに用いられる水性インクは、インクの粘性が低いため、紙への吸い込みが速く、書き味はさらっとしているが、水がなかなか蒸発しにくいというデメリットがある。コーティングしていない、水が浸透しやすい紙などには、書きやすい。また、線は太めで、すばやく書いてもくっきり出るが、にじみにくさや裏うつりしにくさは、やや劣る。

マジックペンなどに用いられる油性インクは、インクの粘性が高いため、紙への吸い込みが遅い。線が細い、細かい字でもはっきり書け、にじみや裏うつりのなさにも優れるが、紙に吸収しきれないインクが小さな粒状になって残る場合もある。

ボールペンなどに使われる中性インクは、チキソトロピーという特別なゲルの性質を利用している。チキソトロピーとは、高粘度溶液であるゼリー状のゲルに、振動などの力が加わると液状のゾルに変化し、放置すると再び高粘度化(ゲル化)する現象である。このインクは、ペンの中では高粘性を持って安定しているが、書くときにペン先に筆圧がかかってボールが回転すると、粘度が下がって水性インクのような状態となる。さらに、紙への浸透時に再びゲルへと変化し、紙の繊維間に固定され、にじむことなく筆記できる。中性インクは、水性インクのくっきりさと油性インクのはっきりさを合わせ持つ線が書ける。

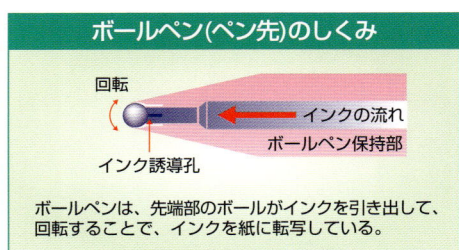

ボールペン(ペン先)のしくみ

ボールペンは、先端部のボールがインクを引き出して、回転することで、インクを紙に転写している。

染料系インクと顔料系インクの違い

パソコンのプリンター用インクなどには、染料系インクと顔料系インクと表記されているが、この違いは何だろうか。ペンに例えると、染料系は水性インクであり、顔料系は油性インクに分類される。染料系は発色がよく、画質に優れ、顔料系はにじまず、耐水性・耐光性などの耐候性に優れる。

染料がインクに溶けている染料系は、用紙に染み込んで発色する。インクを重ね合わせて、細かな色合いが表現できるため、写真などを高画質で印刷する場合に利用される。しかし、耐候性が弱く、また、普通紙への印刷ではにじみやすい弱点がある。

一方、顔料系インクは耐候性に優れ、長期の保存に向いている。しかし、溶剤への溶解や分散性があまりよくないため、インクジェット方式のプリンターなどを使って均一に紙へ載せるには、インクの改良以外に噴射速度の制御など、ハード面での開発が不可欠である。顔料系インクは、インクの粒子が紙の表面に残る特徴があり、また、インクと水とが混ざりにくいため、印刷したものが水に濡れてもにじみが抑えられる。屋外へ掲示するポスターなどへの印刷用に向いているが、最初から光沢紙へ印刷すると、表面をこすった時剥げてしまうため、紙の改良が課題になる。

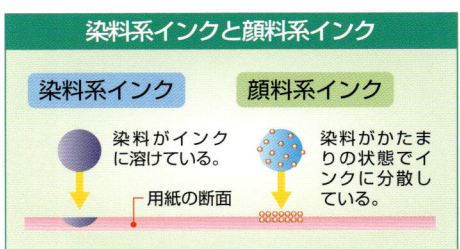

染料系インクと顔料系インク

染料系インク：染料がインクに溶けている。
顔料系インク：染料がかたまりの状態でインクに分散している。

電気がないのに光る蛍光物質の秘密

目覚まし時計などの文字盤の数字は、夜、部屋の電気を消してからしばらくの間は光って見える。その秘密は、エネルギーを吸収して光として放出する物質の特性にあり、その光り方は、蛍光と燐光（りんこう）という2つの種類がある。

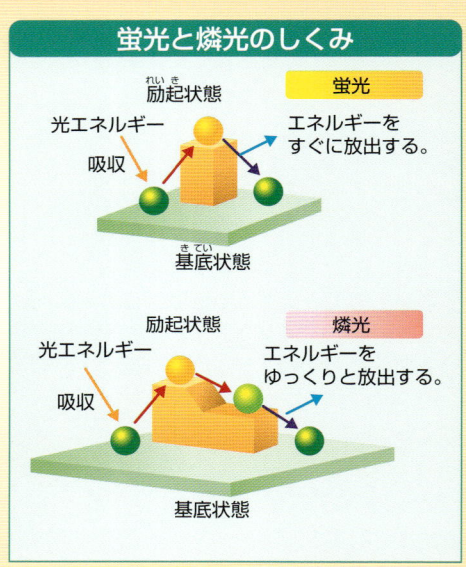

蛍光物質を含む鉱物
通常の可視光線をあてた状態。 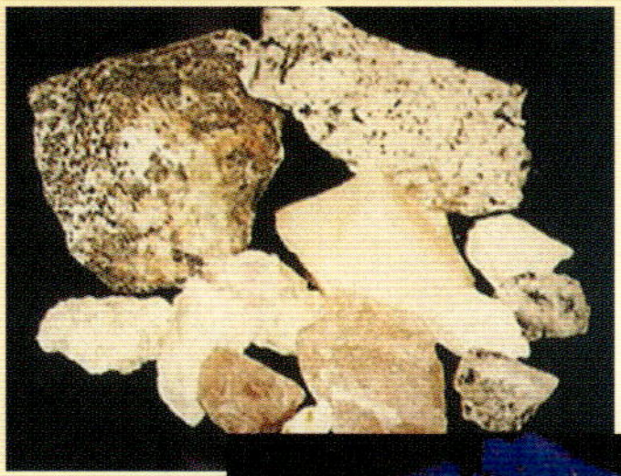
紫外線をあてた状態。 

蛍光と燐光のしくみ
蛍光：光エネルギー吸収 → 励起状態 → エネルギーをすぐに放出する。→ 基底状態

燐光：光エネルギー吸収 → 励起状態 → エネルギーをゆっくりと放出する。→ 基底状態

● 蛍光物質とは？

物質は、光や電気・熱・X線・化学反応などによるエネルギーを吸収すると、次の3通りのしかたで吸収したエネルギーを放出する。
❶光として放出する。
❷熱として放出する。
❸化学反応によって別の化合物になる。

このうち、エネルギーを光として放出する現象をルミネセンス*という。

目覚まし時計の文字盤や夜行ジャケットなどの帯に用いられている塗料には、フルオレセイン（$C_{20}H_{12}O_5$）やアクリジンオレンジ（$C_{17}H_{19}CℓN_3Zn$）などが使われている。これらの物質は、紫外線のエネルギーを吸収すると、電子が活性化（励起）し、元の安定な状態（基底状態）に戻るときに、吸収したエネルギーを光として放出する。このような物質を蛍光物質といい、共役（きょうやく）二重結合やベンゼン環を含む芳香族（ほうこうぞく）*分子を持つ物質に多く見られ、吸光強度も蛍光強度も強いという性質がある。蛍光灯の内部には、蛍光体が塗られているが、これも、蛍光管内で発生した紫外線を可視光線に変換している。

第2章 生活と食品の化学
「蛍光」

蛍光物質の化学構造とその特徴

フルオレセイン

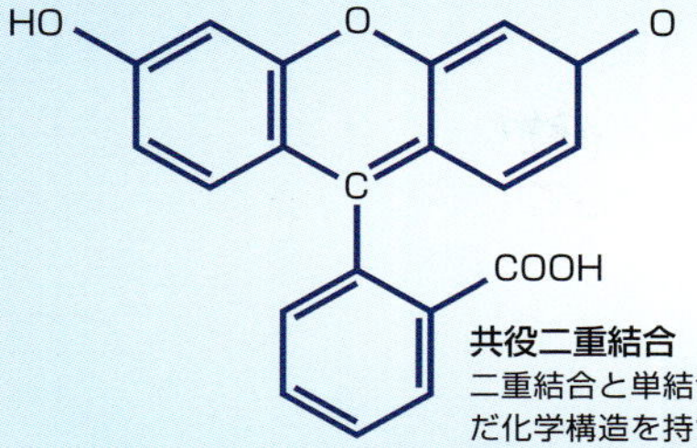

アクリジンオレンジ

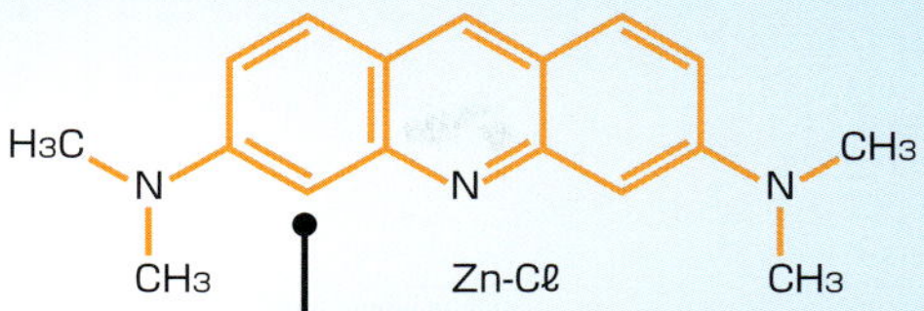

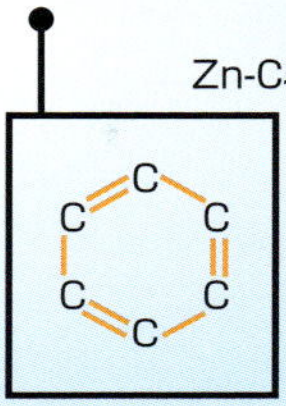

共役二重結合
二重結合と単結合が交互に並んだ化学構造を持つ物質。共役二重結合が連続すればするほど、その物質は可視光を吸収しやすくなり、色を持つようになる。

ベンゼン環
芳香族とは、分子内に正六角形のベンゼン環（"亀の甲"）を含む有機化合物である。

● 蛍光と燐光(りんこう)の違い

　吸収したエネルギーを光として放出する光り方は、蛍光と燐光とに分けられる。蛍光では、紫外線を照射されている間のみ発光するのに対して、燐光は、照射をやめた後もしばらくの間は発光している。

　蛍光では、励起状態が不安定であり、エネルギーを吸収してもすぐに基底状態に戻ってしまう。それに対し、燐光の場合は、励起状態は比較的安定しており、ゆっくりとエネルギーを放出する。そのため、光の照射が止まっても発光できるのである。燐光を発する天然鉱石に、蛍石(フローライト)がある。

■ホタルはなぜ光る？

　"蛍光"といっても、ホタルが光るしくみとはまったく異なり、ホタルの光は生体内における化学反応によるものである。ホタルの体内にはルシフェリンという物質があり、ルシフェラーゼという酵素のなかだちによって酸化反応が起こっている。反応中間体から二酸化炭素(CO_2)が放出し、オキシルシフェリンになると励起状態となり、分解して基底状態に戻る際に、光が放出されるのである。なお、ホタルイカをはじめ、発光器を持つ生物は他にも存在する。

ホタルの発光のしくみ

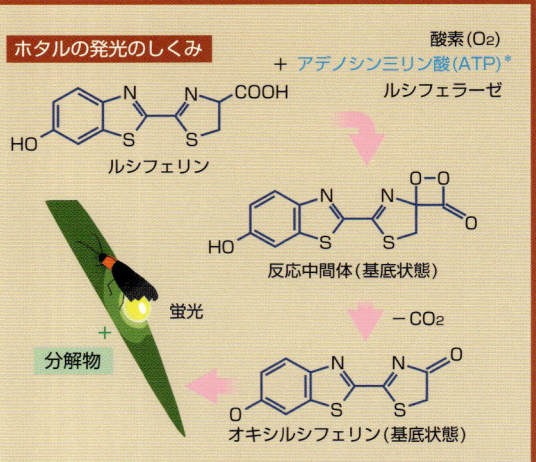

酸素(O_2)
＋ アデノシン三リン酸(ATP)*
ルシフェラーゼ

ルシフェリン

反応中間体(基底状態)

$-CO_2$

オキシルシフェリン(基底状態)

いろいろなものをくっつける接着剤のメカニズム

　日用大工では、木材とプラスチックなど、異なる材質のものを貼り合わせたり、組み合わせたりするときに接着剤の存在は欠かせない。接着は物理的な作用と化学的な作用との複合により行われ、接着するものの表面状態が重要である。

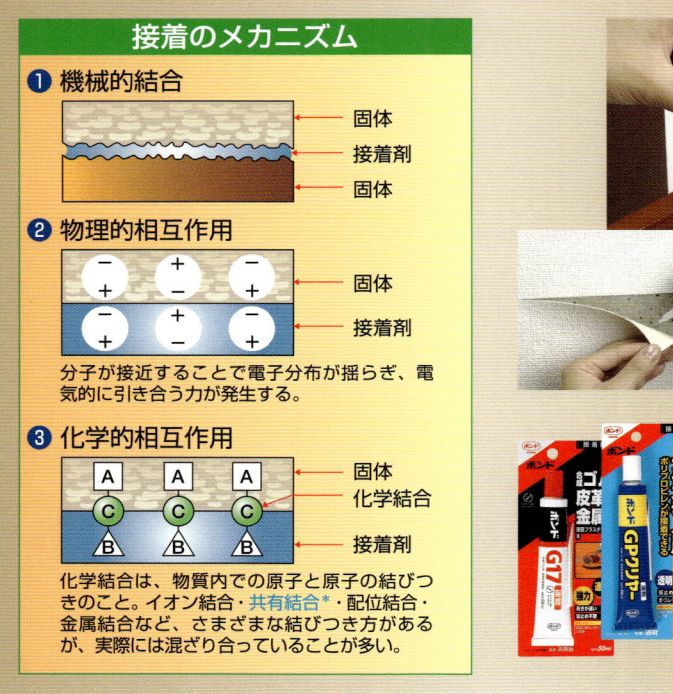

接着のメカニズム

❶ 機械的結合
　固体／接着剤／固体

❷ 物理的相互作用
　固体／接着剤
　分子が接近することで電子分布が揺らぎ、電気的に引き合う力が発生する。

❸ 化学的相互作用
　固体／化学結合／接着剤
　化学結合は、物質内での原子と原子の結びつきのこと。イオン結合・共有結合*・配位結合・金属結合など、さまざまな結びつき方があるが、実際には混ざり合っていることが多い。

写真提供：コニシ株式会社

● 接着のしくみ

　接着剤を使い、隣り合うものをくっつける基本的なメカニズムは、❶機械的結合　❷物理的相互作用　❸化学的相互作用　の3つが考えられている。接着剤は、最初は液体の状態であるが、徐々に溶媒（水や溶剤など）が蒸発して乾燥し、化学反応を起こしてかたまっていき、隣り合うもの同士を結びつける。

　接着するものの表面が、他の有機物やほこりなどで汚れていると接着力が弱くなってしまう。そのため、接着面はきれいにし、接着剤という液体にぬれやすくしておくことが大切である。撥水加工した傘や撥水スプレーをかけた服・靴は雨水をはじいたり、水にぬれにくくなるが、接着では、これとはまったく逆の"ぬれやすい"表面状態にする必要がある。

第2章 生活と食品の化学
「接着剤」

● ぬれやすさ＝接着しやすさ

右の図は、液体と固体が接触するときの状態をあらわしたもので、接触角$θ$とは、液体の滴り（液滴）の表面が、固体の表面に接触してできる角度を示している。通常、完全に撥水している（まったくぬれていない）場合は、接触角$θ$が180°となる(a)。接触角$θ$が90°より大きい場合、液滴より空気の方が固体表面に優先的に接触しているため、ぬれにくく、接着しにくい(b)。接触角$θ$が90°以下の場合は、空気より液滴の方が固体表面に優先的に接しているため、ぬれやすく、接着しやすい(c)。つまり、接触角$θ$が小さい（よくぬれている）ほど固体に接する面積が大きくなり、接着しやすくなるのだ。

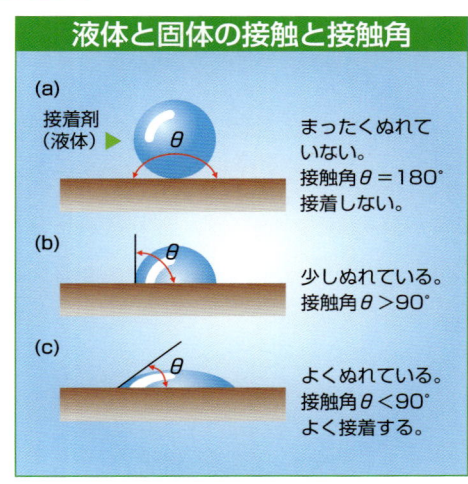

液体と固体の接触と接触角

(a) 接着剤（液体）▶　まったくぬれていない。接触角$θ$＝180°　接着しない。

(b) 少しぬれている。接触角$θ$＞90°

(c) よくぬれている。接触角$θ$＜90°　よく接着する。

市販の接着剤の種類

接着剤は、業務用まで含めると500種類以上あり、日々、開発が進められている。ボンド・セメダイン・アロンアルフアなどは、商品名がそのまま接着剤の代名詞になっている。

種類	特徴	接着できるもの
ヤマト糊	自然にやさしい天然素材、デンプンを原料とした糊。工業用を除き、ノンホルマリン、無香料となっている。	紙
木工用 ボンド	原料は、酢酸ビニル樹脂のエマルジョン。水で薄めて使うことができる。水や熱には弱い。	木・紙・布　など
ボンド G17	ゴム系接着剤と呼ばれ、合成ゴムを溶剤に溶かしてつくられる。黄色く、ゴムのように粘りがある。	木・布・ゴム・皮革・金属・プラスチック　など
セメダインC	合成樹脂や合成ゴムなどを、有機溶剤に溶かしてつくられる。シンナー(溶剤)臭がする。	紙・木　など
アロンアルフア	瞬間接着剤と呼ばれ、接着スピードが速い。	紙・木・ゴム・金属・プラスチック　など

わずか0.05mmの厚さに4層も重なっているセロハンテープ

仕事の事務用品や、子どもの工作用具として、セロハンテープは、私達の日常生活にすっかり溶け込んでいる。セロハンテープは、普通の紙と同様に木材パルプを原料に、接着剤やフィルムなど、実に4つもの層が重ねてつくられている。

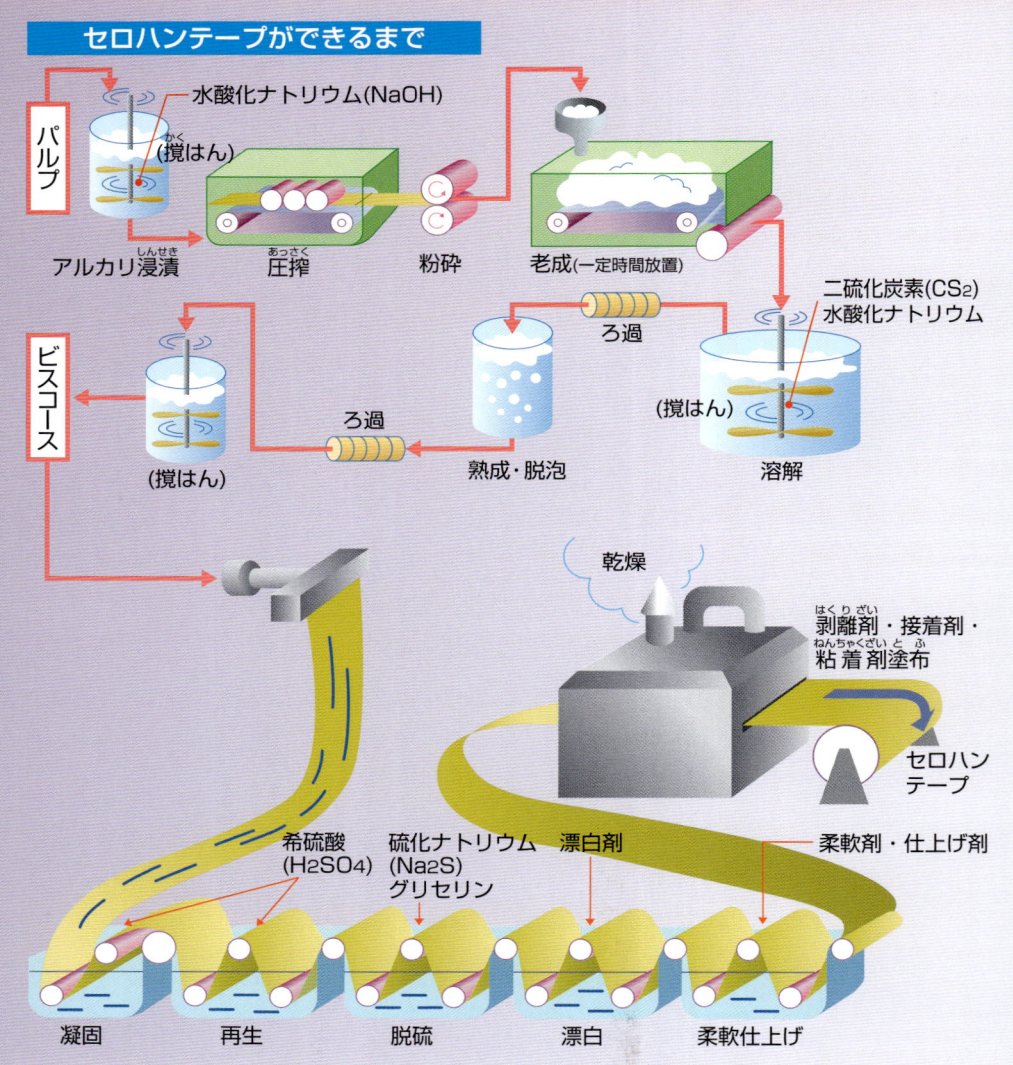

「セロハンテープ」

● セロハンフィルムの製作

まず、普通の紙をつくる木材パルプ(チップ)の繊維を一度溶かし、水酸化ナトリウム(苛性ソーダ NaOH)に入れて、おかゆのようにどろどろにしてから圧搾し、さらに細かく切り刻む。これをしばらく放置して老成させる。こうすると、パルプの繊維が切れて溶けやすくなり、完成後のセロハンの強さが適度になる。これに、二硫化炭素(CS_2)と水酸化ナトリウムを加え、泡やごみを取り除くことで、粘り強いセロハン原液(ビスコース)ができる。

この原液に、圧搾・粉砕・老成・水洗・脱硫・漂白・乾燥などの各種の工程を通じて、硫化ナトリウム(硫化ソーダ Na_2S)・グリセリン*などを加えると、セロハンフィルムができ上がる。

こうしてでき上がったフィルムに、粘着剤などを塗布し、大きな筒に巻き取って幅8mm、12mmなどに切断したものが、私達が使っているセロハンテープである。

● セロハンテープの構成

セロハンテープの最上層には剥離剤が塗られている。これは、シリコン樹脂やシリコン油からできており、テープが互いにくっついてしまうのを避けるために塗られている。剥離剤の下がセロハンフィルムで、その下に接着剤を用いて、粘着剤とセロハンフィルムとを接着させている。粘着剤は、ゴムの木から採取した天然ゴムを、ヘキサン(C_6H_{14})やトルエン($C_6H_5CH_3$)という溶剤に溶かしてつくられる。このように、セロハンテープは、合計で4層からなっており、セロハンフィルムから、剥離剤・粘着剤に至るまで、化学製品のかたまりであるといえる。

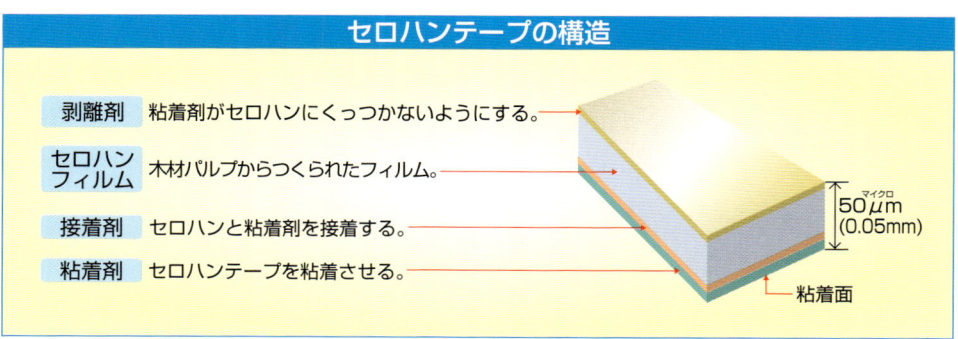

セロハンテープの構造

剥離剤	粘着剤がセロハンにくっつかないようにする。
セロハンフィルム	木材パルプからつくられたフィルム。
接着剤	セロハンと粘着剤を接着する。
粘着剤	セロハンテープを粘着させる。

50μm(マイクロ)(0.05mm)
粘着面

■ セロハンテープの歴史と「セロテープ」

無色透明できれいな洋紙の一種・セロハンフィルムが発明されたのは、今から約100年前。そして1930年代には、セロハン粘着テープがアメリカで発売された。日本では株式会社ニチバン(旧称　日絆薬品株式会社)から1947年に「セロテープ」の商品名で発売が開始された。広く普及しているこの名称は、同社の商標登録であり、一般的な名称は「セロハンテープ」である。

おしっこを漏らさない紙おむつの秘密

働くお母さんの増加や高齢化社会といった社会状況を背景に、乳幼児用や介護用の紙おむつはどんどん進化している。おしっこを吸収する紙おむつの中には、繊維のすき間におしっこを閉じ込めて離さない高分子*の吸収体が入っている。

紙おむつの構造

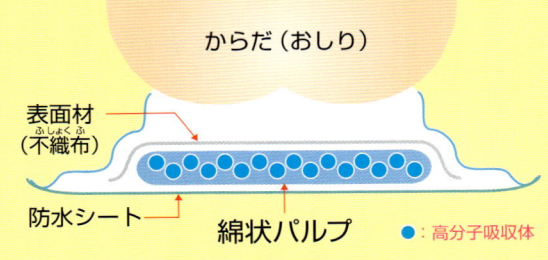

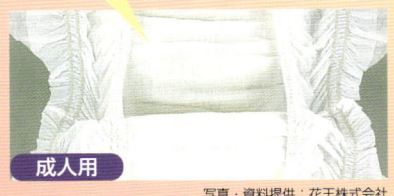

写真・資料提供：花王株式会社

紙おむつの歴史

年	出来事
1940年代	スウェーデンで考案される
1950年頃	紙おむつ誕生
1962年	布おむつの中に敷くライナー発売
	クレープ紙を重ねたフラット型誕生
1963年	肌に触れる部分に不織布、外側に防水シートを使った紙おむつ発売
	粉砕パルプ100%の製品が誕生
1974年	乳児用のテープ型紙おむつ発売
1977年	乳幼児用の高分子吸水材を採用した紙おむつ発売。吸収性能が向上した結果、1日の使用枚数が7.7枚から5.5枚に
1983年	成人用のテープ型紙おむつ発売
1984年	大人用の高分子吸水材採用紙おむつ発売。1回の排尿を1枚の紙おむつで吸収できるようになり、布おむつの性能を凌ぐ
1990年	おむつ離れトレーニングパンツ発売
1991年	パンツ型の紙おむつ発売

第2章 生活と食品の化学 「紙おむつ」

● 人間のおしっこの量はどのくらい？

　人間は、体重の60〜70％が水でできている。60kgの成人なら約36kg、赤ちゃんは成人よりも水分が多く(約70％)、5kgなら約3.5kgが水分である。体内の水は、栄養を運んだり、老廃物をからだの外に排出する役割を果たしている。

　成人の場合、1日にからだの中を循環する水の量は約150ℓで、そのうち1％の1.5ℓほどが排出されている。赤ちゃんはこれほど多くはないが、水分代謝を調節する腎臓などの内臓機能が十分発達していないため、1日に何度もおしっこをする。もちろん、これは母乳やミルクの量、離乳食や食事の量、汗のかき方などでも多少変化するが、5kgの赤ちゃんは、体重の10％もの量の水を毎日排出している。

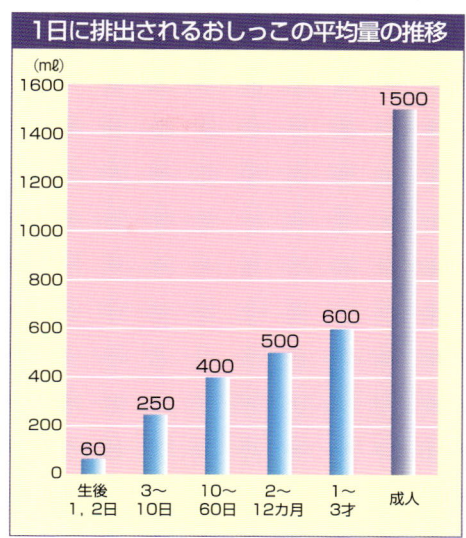

● 紙おむつにおしっこを閉じ込めるしくみ

　紙おむつがたくさんのおしっこをおむつの中に閉じ込めることができるのは、紙おむつの中に、紙おむつそのものの重さの500〜1000倍にあたる水分を吸収できる高分子吸収体が使われているからである。高分子は、非常に多くの原子が手をつなぎ合っている分子で、水分を吸収した紙おむつは、高分子の繊維の間に水分を閉じ込め、分子同士の電気的な結合力によって引きつけている。いったん引きつけられると、ちょっとやそっとの力では、分子から水分が離れることはない。

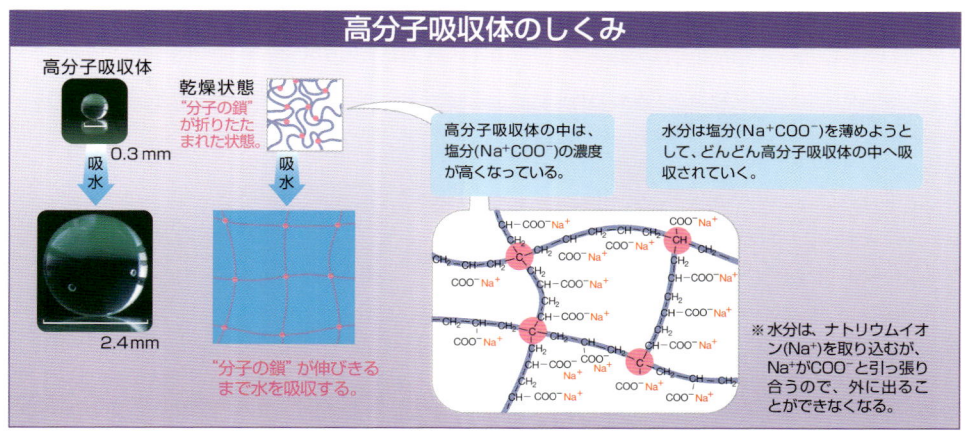

写真・資料提供：花王株式会社

使い捨てカイロが長時間適度なあたたかさを保てる理由

たき火の炎に直接さわるとやけどをしてしまうが、使い捨てカイロは、ぬくぬくと適度にあたたかい。たき火の炎もカイロも、空気中の酸素を使って燃えているのは同じ。違うのは、燃焼を調節する触媒があるか、ないかなのだ。

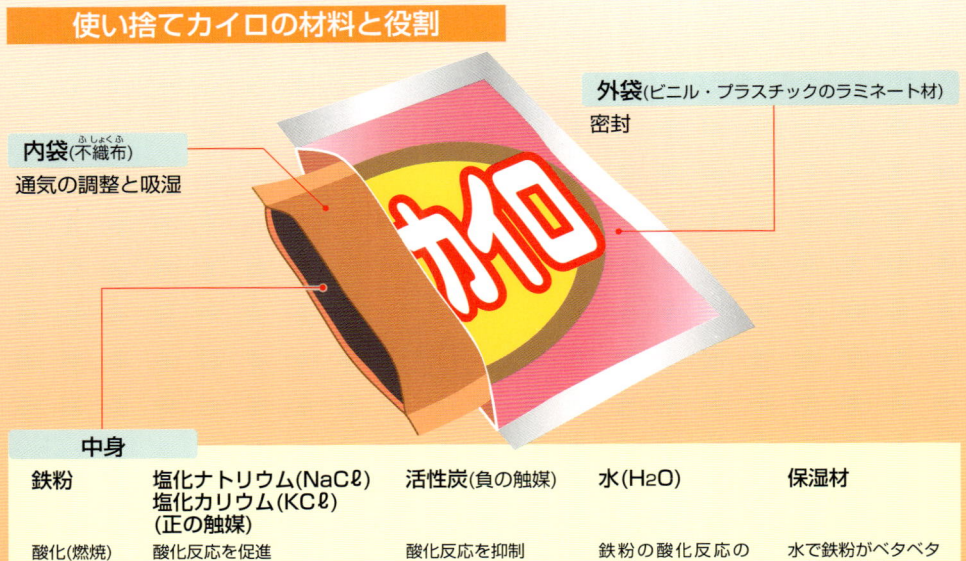

使い捨てカイロの材料と役割

内袋(不織布)	外袋(ビニル・プラスチックのラミネート材)
通気の調整と吸湿	密封

中身

鉄粉	塩化ナトリウム(NaCl) 塩化カリウム(KCl) (正の触媒)	活性炭(負の触媒)	水(H_2O)	保湿材
酸化(燃焼)	酸化反応を促進	酸化反応を抑制	鉄粉の酸化反応の抑制	水で鉄粉がベタベタするのを防ぐ

● 使い捨てカイロの中身は

　使い捨てカイロの主な材料は、鉄粉(砂鉄)や活性炭、塩化ナトリウム(NaCl)・塩化カリウム(KCl)などの食塩、水(H_2O)・保湿材。ものが燃えるということは、ものと酸素(O_2)とが結びつくことであり、鉄(Fe)も空気中の酸素と結びついて燃える(酸化反応)。この性質を利用しているのが使い捨てカイロで、密閉した外袋を開けると、カイロの中の鉄粉と空気中の酸素とが化合し、酸化反応が始まる。そのとき塩化ナトリウムや塩化カリウムが反応を促進する触媒の役割を果たすため、カイロは開封後すぐにあたたかくなるのである。

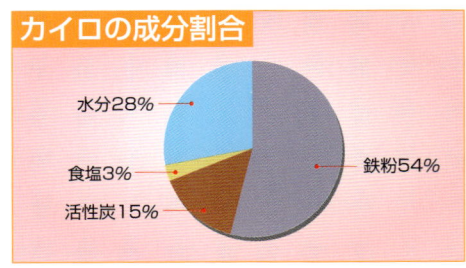

カイロの成分割合

- 水分28%
- 食塩3%
- 活性炭15%
- 鉄粉54%

役割が違う、2つの触媒

炊事中にガスコンロの火が天ぷら油に燃え移り、激しく燃え上がってしまったときは、手近にあるタオルを水にぬらして鍋にかけるとよい。こうすると、ぬれタオルが酸素と油とを遮断して、火を消すことができる。

使い捨てカイロが熱くなりすぎないのもこれと同じ原理で、活性炭が酸化反応を遅らせる働きをしている。活性炭の断面を拡大すると、大きな孔（あな）の奥に無数の細かい孔があいている。これらの孔に余分な酸素が入り込んで酸素量が調節され、また、孔の表面の水分によって燃焼も抑制されるため、カイロの温度は50℃程度に保たれている。活性炭の孔構造がなければ、鉄粉は勢いよく酸化して、やけどをするほどの高温になってしまう。

触媒には、反応を進める"正（プラス）の触媒"と、反応を抑える"負（マイナス）の触媒"とがあり、使い捨てカイロの場合は、塩化ナトリウムや塩化カリウムが正、活性炭が負の役割を果たしている。

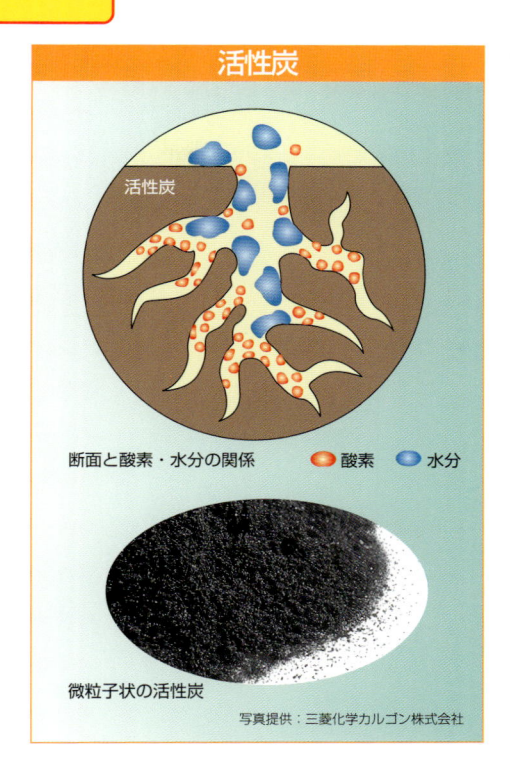

活性炭

断面と酸素・水分の関係　●酸素　●水分

微粒子状の活性炭

写真提供：三菱化学カルゴン株式会社

使い捨てカイロの材料と役割

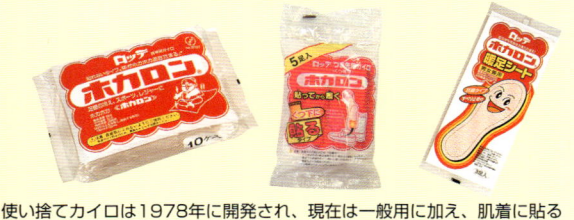

使い捨てカイロは1978年に開発され、現在は一般用に加え、肌着に貼るものや、靴の中に入れるものなど、さまざまなタイプが市販されている。

写真提供：ロッテ電子工業株式会社

■あたたまる弁当と酒のしくみ

使い捨てカイロの鉄粉と同様に、発熱する性質を持つ化学物質に酸化カルシウム（CaO）がある。水を加えると、激しい発熱をともなって水酸化カルシウム（$Ca(OH)_2$）になるため、ひもを引くとあたたまる弁当や、逆さまにしてピンを抜くと熱燗（あつかん）にできる酒の容器なども開発されている。

なぜ陶器や磁器に比べてガラス器は割れやすいのか？

陶磁器やガラス器は、古くから生活必需品として用いられる一方、美術品としても評価され、広く流通している。一般に陶磁器は、比較的丈夫である。一方ガラスは、陶磁器に比べると衝撃に弱い。その違いは、分子の状態にある。

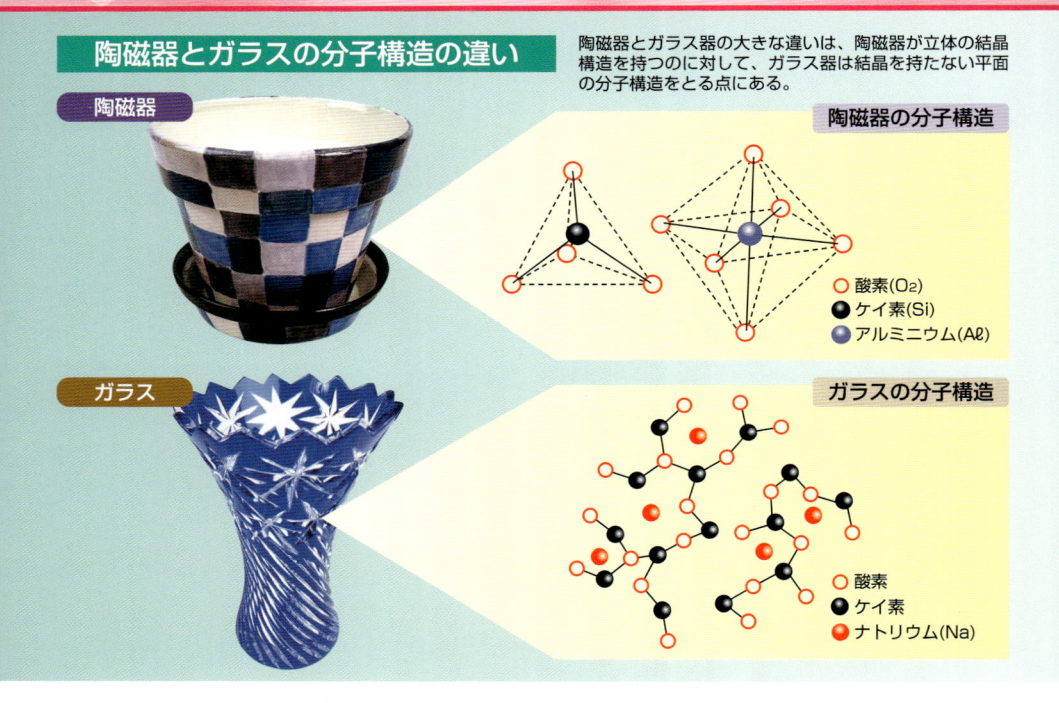

陶磁器とガラスの分子構造の違い

陶磁器とガラス器の大きな違いは、陶磁器が立体の結晶構造を持つのに対して、ガラス器は結晶を持たない平面の分子構造をとる点にある。

陶磁器

陶磁器の分子構造
- 酸素(O_2)
- ケイ素(Si)
- アルミニウム(Aℓ)

ガラス

ガラスの分子構造
- 酸素
- ケイ素
- ナトリウム(Na)

● 陶磁器の素材と性質

陶器は、粘土質の原料に石英や長石をブレンドし、水を加えた後にロクロなどで形を整えてから乾燥させ、表面を滑らかに仕上げるために釉薬(うわぐすり)を塗り、800～1200℃前後で焼成する。強度は比較的小さく、叩くとボワ～ンと濁った音がする。

磁器は、粘土質の原料に陶石を加え、1300～1450℃で焼き締める。素地は白色で吸水性がなく、光が透けて見える。強度があり、叩くとカーンと金属音がする。

粘土の主要な構成化学成分は、二酸化ケイ素(SiO_2)、酸化アルミニウム(アルミナ $Aℓ_2O_3$)、三酸化鉄(Fe_2O_3)、酸化鉄(FeO)、酸化マグネシウム(MgO)、酸化ナトリウム(Na_2O)などである。これは地殻を構成する化学成分と同じで、これに水分(H_2O)が加わっている。

第2章 生活と食品の化学「陶磁器とガラス器」

陶磁器やガラスの原料となる鉱物

粘土
水を含むと粘性を持つ土の総称。レンガやセメントの原料でもある。

石英（せきえい）
二酸化ケイ素を持つ鉱石全般を指す。石英のうち、特に透明度が高いものを水晶という。

陶石（とうせき）
鉄分が少なく、焼くと白色となる。高温で焼くと結晶構造が解ける（磁器化）。

長石（ちょうせき）
地殻中、もっとも存在量が多く、ほとんどの岩石に含まれている。

写真提供：岐阜県生涯教育センター

● ガラスの素材と性質

　ガラスの主成分も二酸化ケイ素である。1400℃以上の高温の炉で石英を溶融し、ガラスの耐久性向上のためにソーダ灰（炭酸ナトリウム Na_2CO_3）と混合させ、ひずみが生じないように徐々に冷却する。結晶構造は、溶融の段階ですべてほどけ、冷却してもひずみが生じない。このような状態をアモルファス（非結晶）といい、分子の結びつきはゆるやかな網目状になり、厚みがなく、割れやすい。むしろ、結晶が生じると冷却時にひずみが入り、少しの衝撃でさらに割れやすくなってしまうため、結晶を生じさせないことがガラスづくりのコツである。

● 陶磁器の丈夫さの秘密

　粘土の構造には、ケイ素を中心に酸素（O_2）が並んだケイ酸（SiO_3）の四面体と、アルミニウム（Aℓ）を中心に酸素と水素（H）が形成する水酸化アルミニウム（$Aℓ(OH)_3$）の六面体の2つがある。ケイ酸四面体はケイ酸同士で、水酸化アルミニウムはその下で、それぞれ層をなす。粘土はケイ酸四面体と水酸化アルミニウム六面体の複合体ということができる。このような基本構造を持つ粘土鉱物が焼結されると、四面体あるいは六面体のしっかりした構造が再構成され、割れにくくなるのである。

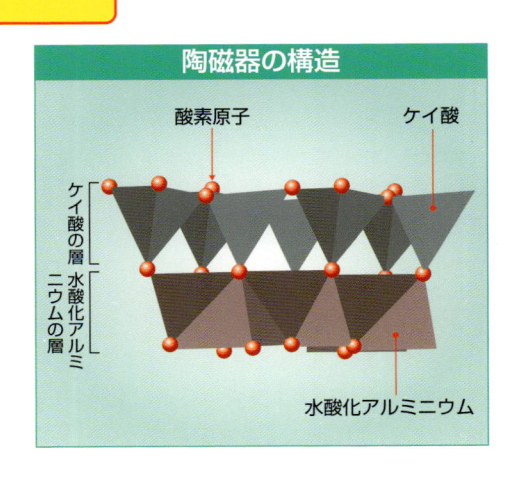

陶磁器の構造

酸素原子　ケイ酸
ケイ酸の層
水酸化アルミニウムの層
水酸化アルミニウム

似て非なる2つの物質——
塩と砂糖の徹底比較

塩と砂糖は調味料として、料理に欠かせないものであるが、白くて粒状の状態がよく似ていて、一見しただけでは、見分けがつかない。しかし、味はしょっぱいと甘いの正反対、もちろん、成分もつくり方もまったく異なる。

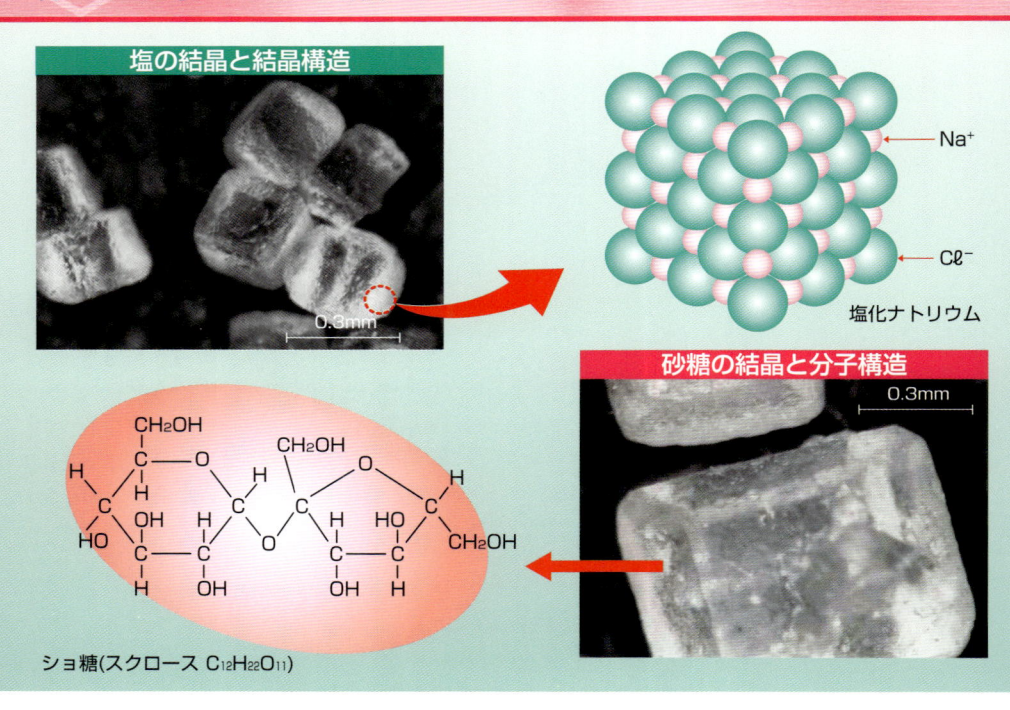

塩の結晶と結晶構造

0.3mm

塩化ナトリウム
← Na^+
← Cl^-

砂糖の結晶と分子構造

0.3mm

ショ糖（スクロース $C_{12}H_{22}O_{11}$）

● 塩の成分とそのつくり方

塩の主成分は約96％の塩化ナトリウム（NaCl）と約3％の水分（H_2O）、及びさまざまな不純物1％を含んでいる。海水中に溶け込んでいたり、鉱床(岩塩)として存在している。食用・工業用として、人間の生活にとって不可欠の物質である。

一般に、家庭で使用するものは食塩といい、現在は塩田による製塩でなく、工業的に生産している。塩は、ナトリウムイオン（Na^+）と塩化物イオン（Cl^-）とからできていて、この2つのイオンが規則正しく交互に並んで、結晶構造となっている。

イオンとは、プラスまたはマイナスの電荷を持つ原子（H^+やCl^-など）または原子団（NH_4^+またはOH^-など）で、プラス電荷とマイナス電荷は結合する性質があるので、ナトリウムイオンと塩化物イオンとが結びついて結晶をつくり、塩となっている。

第2章 生活と食品の化学「塩と砂糖」

● 砂糖の成分とそのつくり方

砂糖はショ糖（スクロース $C_{12}H_{22}O_{11}$）の通称で、多くの植物中に存在するが、主な原料はサトウキビとサトウダイコンである。体内では、酵素によって分解されてブドウ糖（グルコース）と果糖（フルクトース）になる。

サトウキビはイネ科の熱帯性植物で、糖料作物として生産量が最大である。茎の搾り汁から砂糖を精製する。サトウダイコンは、テンサイやビート・甜菜などとも呼ばれ、塊根の搾り汁から砂糖を精製する。

砂糖は、他にトウモロコシの変種のサトウモロコシの茎や、サトウヤシの花のつぼみから蜜を採取し、糖蜜をつくって砂糖に精製するなど、糖分を豊富に含む植物からもつくられている。

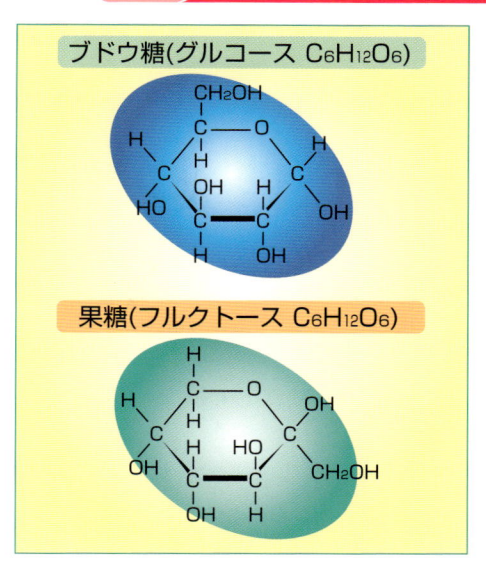

ブドウ糖（グルコース $C_6H_{12}O_6$）

果糖（フルクトース $C_6H_{12}O_6$）

塩と砂糖が水に溶けるしくみ

(a) 塩化ナトリウムの溶解
食塩のNa^+は水分子のOH^-と、Cl^-はH^+と引き合ってばらばらになって溶ける。

NaClの結晶

● Na^+ ● Cl^- ● H_2O

(b) ショ糖（スクロース）の溶解
分解されないまま溶ける。

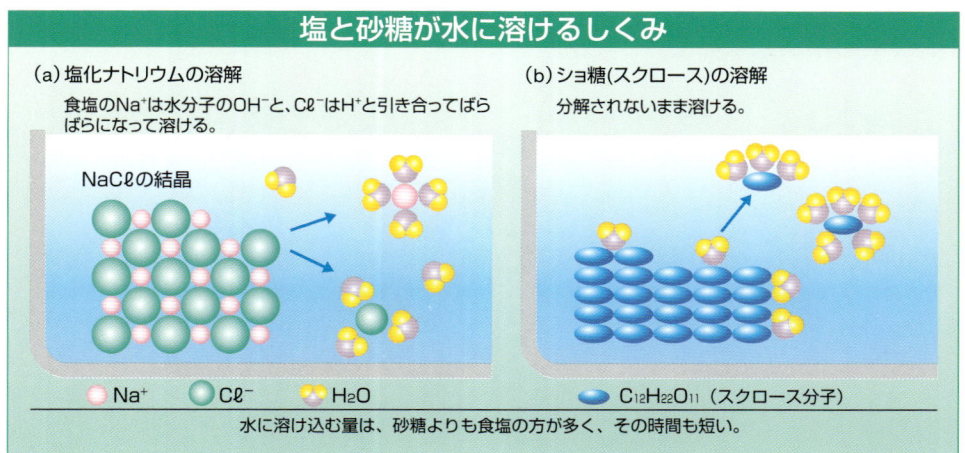

● $C_{12}H_{22}O_{11}$（スクロース分子）

水に溶け込む量は、砂糖よりも食塩の方が多く、その時間も短い。

■銘柄塩の製造

食塩は、生命維持のためには人や動物にとって不可欠な物質であるが、タバコとともに勝手につくることは法律で禁じられていた。しかし、1997年以降は誰でも自由につくることができるようになった。
日本では岩塩（山塩・石塩とも呼ばれる）が少なかったため、古来から海水中に約2.8％含まれる塩分を利用して、海水を塩田で乾燥させ、塩分が高濃度に付着した砂を採取して煮詰めてつくられていた。このような塩田による製塩は、手間ひまがかかり、それだけコストも割高になる。しかし、微妙に含まれる不純物が、かえって旨味を引き出すことから、昨今は割高にもかかわらず、各地で"○○の塩"と銘打ったご当地の特産品として販売されている。

食文化を支える名脇役
──調味料

　日本では、古来からの食文化に加え、明治以降は西欧や中国から各種の料理を積極的に移入し、独自の味つけを凝らしてきた。そこでは、素材の吟味に加え、独自の味つけのための調味料もさまざまな種類のものが工夫され、用いられている。

化学調味料ができるまで(発酵法によるグルタミン酸ナトリウムの生産)

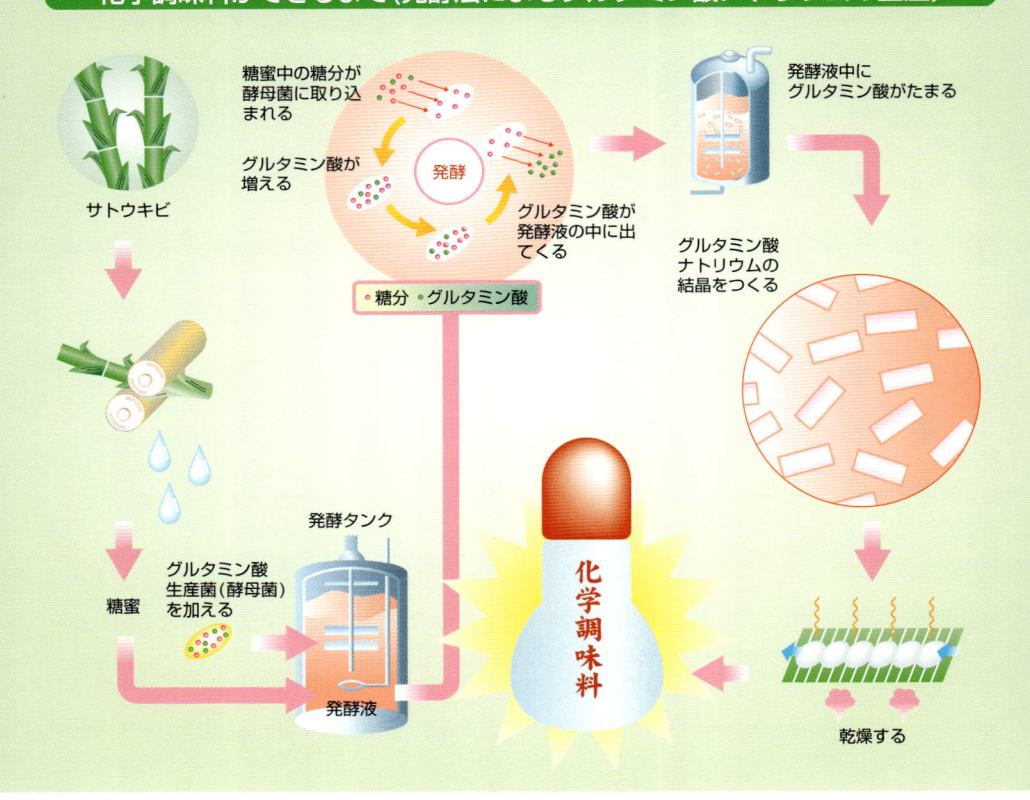

- サトウキビ
- 糖蜜
- グルタミン酸生産菌(酵母菌)を加える
- 発酵タンク
- 発酵液
- 糖蜜中の糖分が酵母菌に取り込まれる
- グルタミン酸が増える
- グルタミン酸が発酵液の中に出てくる
- 発酵
- 糖分 ・ グルタミン酸
- 発酵液中にグルタミン酸がたまる
- グルタミン酸ナトリウムの結晶をつくる
- 乾燥する
- 化学調味料

● 調味料の種類

　調味料には、砂糖・食塩・食酢などの基本調味料の他、天然の原材料から抽出・精製した天然調味料、グルタミン酸ナトリウム(MSG)・イノシン酸ナトリウム(IMP)・グアニル酸ナトリウム(GMP)などの化学調味料、化学調味料を混合した複合調味料、醤油・味噌などの発酵調味料、配合調味料、だしの素をはじめとする風味調味料などがある。

第2章 生活と食品の化学「調味料」

● 原材料の成分を活かした天然調味料

　天然調味料は、原材料からの成分を抽出する方法により直接熱水で溶出させて濃縮したエキス系調味料と、酸や酵素により加水分解したアミノ酸系調味料とに区分される。原材料としては、畜肉類・魚介類・野菜類の他、脱脂大豆・小麦グルテン・トウモロコシグルテンなどが使われている。

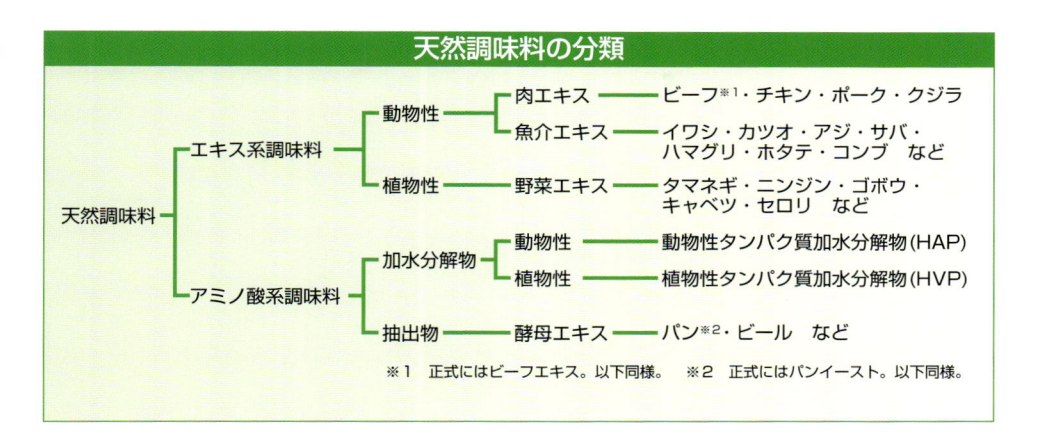

天然調味料の分類

大分類	中分類	小分類	エキス種類	例
天然調味料	エキス系調味料	動物性	肉エキス	ビーフ※1・チキン・ポーク・クジラ
			魚介エキス	イワシ・カツオ・アジ・サバ・ハマグリ・ホタテ・コンブ　など
		植物性	野菜エキス	タマネギ・ニンジン・ゴボウ・キャベツ・セロリ　など
	アミノ酸系調味料	加水分解物	動物性	動物性タンパク質加水分解物 (HAP)
			植物性	植物性タンパク質加水分解物 (HVP)
		抽出物	酵母エキス	パン※2・ビール　など

※1　正式にはビーフエキス。以下同様。　　※2　正式にはパンイースト。以下同様。

● 化学調味料に含まれる成分と製法

　化学調味料は、うま味調味料とも呼ばれ、鰹節・昆布・干し椎茸などのうま味成分である、アミノ酸系のグルタミン酸ナトリウム、核酸系のイノシン酸ナトリウム・グアニル酸ナトリウム、有機酸系のコハク酸ナトリウムなどが含まれている。

　グルタミン酸ナトリウムは、糖蜜やデンプンなどを原料として、酵母などの微生物による発酵で製造され、イノシン酸ナトリウムやグアニル酸ナトリウムは、酵母の核酸分解酵素を作用させる核酸分解法、微生物による発酵法で製造される。これらは、単独よりも混合することで味に相乗効果が出ることから、グルタミン酸ナトリウムにイノシン酸ナトリウムやグアニル酸ナトリウムを加えた複合調味料が商品化されている。

さまざまな化学調味料

化学調味料（うま味調味料）				
	単一調味料	アミノ酸系調味料	グルタミン酸ナトリウム グルタミン酸-γ-エチルアミド	主に業務用として使用される
		核酸系調味料	イノシン酸ナトリウム グアニル酸ナトリウム	
		有機酸系調味料	コハク酸ナトリウム	
	複合調味料 （核酸系とアミノ酸系調味料の混合）	低核酸系複合調味料	核酸系調味料 1〜2.5%配合物	味の素
		高核酸系複合調味料	核酸系調味料 6〜12%配合物	ハイミー・いの一番　など

生卵とゆで卵を比べてわかるタンパク質の性質

生卵をゆでると、かたまってゆで卵になる。これは、私達が日常的に見ている典型的な化学反応である。ゆで卵は、卵の成分であるタンパク質の構造が、加熱することによって別の構造に変わってしまうことでできる。

熱を加えられた卵の変化

沸騰した熱湯に入れられた生卵は、下のように変化して、ゆで卵となる。

4分後
卵白がかたまり始めるが、卵黄はまだやわらかい。

6分後
卵白はほぼかたまっているが、卵黄の中心はまだやわらかい半熟状態。

8分後
卵白も卵黄も完全にかたまる。

卵の白身
卵白は、ドロドロの濃厚卵白とサラサラの水様卵白に分けられる。時間の経過にともなって濃厚卵白から水様卵白へ変化し、鮮度が落ちれば落ちるほど水っぽくなる。卵白の正体は水とタンパク質である。

写真・資料提供：全国鶏卵消費促進協議会

● 化学変化を利用した食材の調理

台所では、食べ物をおいしく食べるため、焼く・煮る・蒸す・ゆでるといった調理が日常的に行われている。調理することで、生の食材とは違う食感や味を楽しむことができる。

この食感や味の変化には、化学反応が関わっている。焼く・煮る・蒸す・ゆでるは、調理方法は異なるが、熱を加えるということは共通している。肉も魚も卵も熱を加えるとかたくなるが、これは調理による化学的な変化である。これらの食材は、主な成分としてタンパク質を含んでおり、タンパク質には熱が加わるとかたまるという性質がある。こうした変化はタンパク質の変性*または熱凝固と呼ばれ、この化学的な変化を利用した調理例の一つがゆで卵である。生卵の透明な卵白は、ゆでることでその成分であるタンパク質に変化が起こり、白くかたまるのである。

第2章 生活と食品の化学「生卵とゆで卵」

鶏卵に含まれる必須アミノ酸

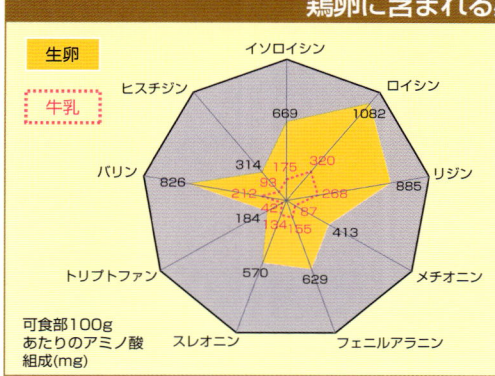

凡例：生卵／牛乳

イソロイシン 669／—
ロイシン 1082／320
リジン 885／268
メチオニン 413／155
フェニルアラニン 629／134
スレオニン 570／184
トリプトファン 213／87
バリン 826／127
ヒスチジン 314／175／99

可食部100gあたりのアミノ酸組成(mg)

タンパク質の栄養価は、含まれるアミノ酸の種類とそのバランスによって決まる。特に、体内では合成できない必須アミノ酸の摂取が大切だが、必須アミノ酸は一種類でも不足すると、その少ない量を基準にタンパク質がつくられる性質がある。卵はもっともタンパク質の栄養価が高い食品といわれ、必須アミノ酸が豊富かつバランスよく含まれている。

資料：改訂 日本食品アミノ酸組成表

● 卵にみるタンパク質の変化

タンパク質をつくるアミノ酸の鎖は、複雑に折りたたまれた立体的な構造をしており、この構造がタンパク質の性質を決めている。水と混ざりやすい生卵のタンパク質は、水となじみやすい性質を持つアミノ酸が表面に多く、ところどころを化学結合というひもで固定し、球状の構造を保っている。しかし、生卵をゆでて熱を加えると、この構造を維持していたひもが切れてしまい、タンパク質の鎖がほどけて再び新しい形で折りたたまれる。

このとき、内部に集まっていた、水となじみにくいアミノ酸が表面に多く出てしまうため、水に溶ける性質がなくなり、沈殿したり、かたまったりしてしまう。これが、生卵からゆで卵への化学変化なのである。また、卵白と卵黄では成分が違うので、かたまる温度や時間に違いがでてくる。この違いをうまく利用すれば、黄身は半熟で白身がゼリー状の半熟卵ができる。

卵の熱凝固性（ぎょうこ）の違いを利用した温泉卵

卵を熱すると、卵白は58℃でかたまり始め、80℃で完全にかたまる。加熱による変性の開始から完全にかたまるまで、約20℃の温度の幅がある。一方、卵黄は64℃でかたまり始め、70℃で完全にかたまる。卵白よりも高温で変性が始まり、より低温で完全にかたまるという卵黄の性質を利用して、温泉卵(半熟卵)がつくられる。

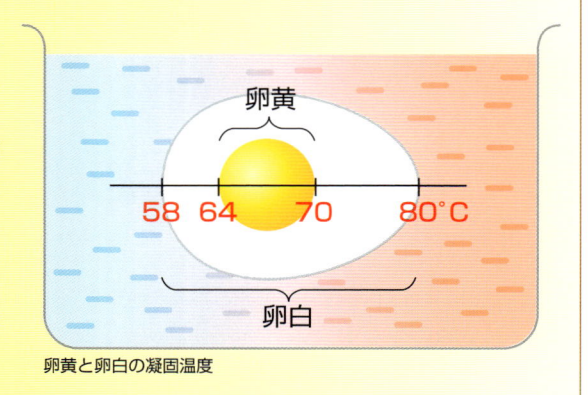

卵黄 58 64 70 80℃ 卵白

卵黄と卵白の凝固温度

野菜や果物——そこに含まれるすばらしき栄養素たち

野菜や果物には、生体に有用なビタミンやミネラルが豊富に含まれていることは、古くから知られていたが、最近では、野菜や果物に含まれる植物化学成分であるカロテノイド色素*などのファイトケミカル*が、注目されつつある。

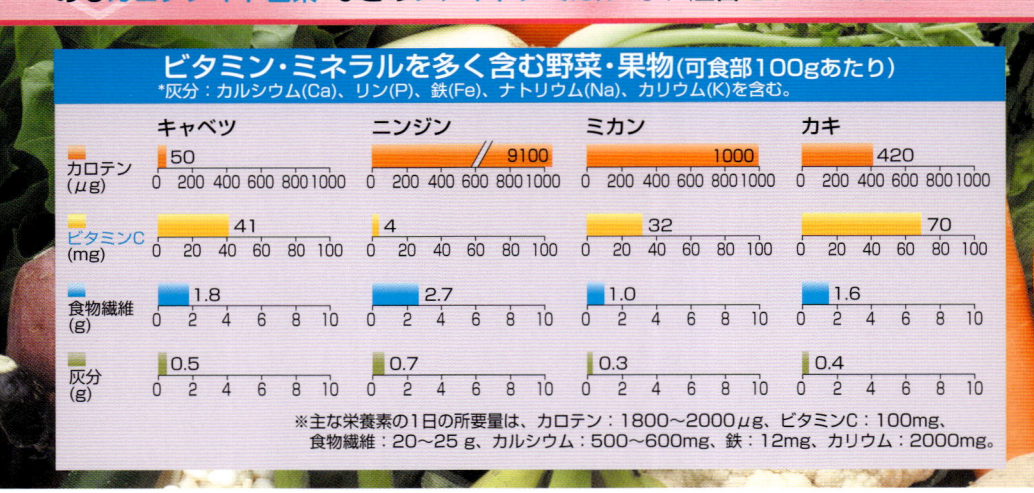

ビタミン・ミネラルを多く含む野菜・果物（可食部100gあたり）
*灰分：カルシウム(Ca)、リン(P)、鉄(Fe)、ナトリウム(Na)、カリウム(K)を含む。

	キャベツ	ニンジン	ミカン	カキ
カロテン(μg)	50	9100	1000	420
ビタミンC (mg)	41	4	32	70
食物繊維 (g)	1.8	2.7	1.0	1.6
灰分 (g)	0.5	0.7	0.3	0.4

※主な栄養素の1日の所要量は、カロテン：1800〜2000μg、ビタミンC：100mg、食物繊維：20〜25g、カルシウム：500〜600mg、鉄：12mg、カリウム：2000mg。

● 野菜のビタミン・ミネラル

私達のからだを構成する化合物は、水を除くと主にタンパク質と脂肪である。食品はこれらを主成分として含んでいるが、その他にも、エネルギー源となる炭水化物や、生命の維持には欠かせないビタミンやミネラルを含む。これらの物質を5大栄養素という。ビタミンやミネラルをバランスよく摂取するのに最適な食品が、野菜や果物である。

例えば、ニンジンやトマト・ホウレンソウなどの緑黄色野菜は、ビタミンB_2・C・Eなどを豊富に含む。また、野菜や果物のミネラル成分の組成は、他の食品と異なって、カリウム(K)が多く、一般にリン(P)、硫黄(S)が少ない。カリウムが不足すると高血圧症となったり、それが進行したりする。

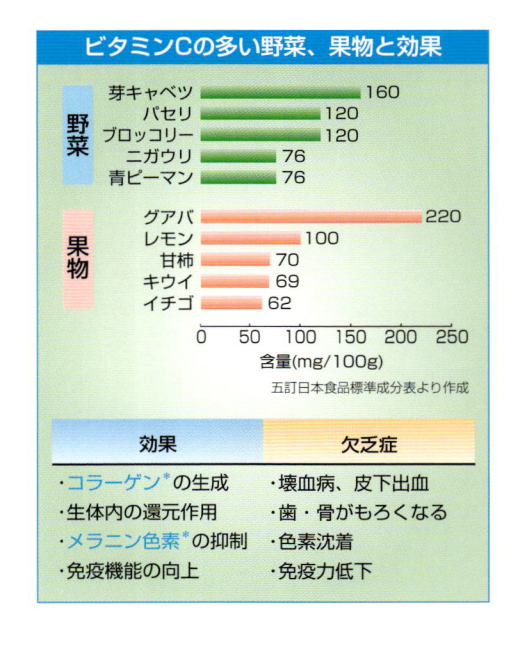

ビタミンCの多い野菜、果物と効果

野菜
- 芽キャベツ 160
- パセリ 120
- ブロッコリー 120
- ニガウリ 76
- 青ピーマン 76

果物
- グアバ 220
- レモン 100
- 甘柿 70
- キウイ 69
- イチゴ 62

含量(mg/100g)
五訂日本食品標準成分表より作成

効果	欠乏症
・コラーゲン*の生成	・壊血病、皮下出血
・生体内の還元作用	・歯・骨がもろくなる
・メラニン色素*の抑制	・色素沈着
・免疫機能の向上	・免疫力低下

第2章 生活と食品の化学
「野菜や果物」

● 第6の栄養素──食物繊維とは？

　食物繊維とは、人の消化酵素で消化されない成分のことをいう。今まであまり重要視されてこなかったが、最近になって、さまざまな効能があることが判明し、第6の栄養素*として注目を集めている。

　食物繊維には、セルロース*などの水に溶けない不溶性食物繊維と、ペクチンなどの水に溶ける水溶性食物繊維とがある。不溶性食物繊維は、大腸内で膨潤して腸を刺激し、便通を促進して大腸がんを予防する効果がある。水溶性食物繊維は、グルコースなどの吸収を抑制し、血糖値が上昇するのを抑制したり、糖尿病の予防、血液中のコレステロール値を下げるなどの作用がある。

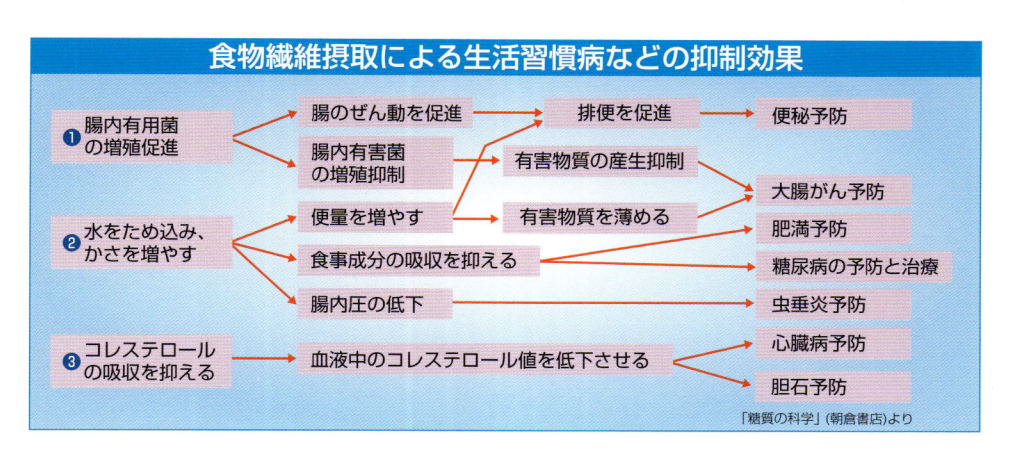

食物繊維摂取による生活習慣病などの抑制効果

❶ 腸内有用菌の増殖促進
　→ 腸のぜん動を促進 → 排便を促進 → 便秘予防
　→ 腸内有害菌の増殖抑制 → 有害物質の産生抑制 → 大腸がん予防

❷ 水をため込み、かさを増やす
　→ 便量を増やす → 有害物質を薄める → 肥満予防
　→ 食事成分の吸収を抑える → 糖尿病の予防と治療
　→ 腸内圧の低下 → 虫垂炎予防

❸ コレステロールの吸収を抑える
　→ 血液中のコレステロール値を低下させる → 心臓病予防 / 胆石予防

「糖質の科学」（朝倉書店）より

● 最近注目されているファイトケミカルとは？

　ファイトケミカルとは、栄養素以外の成分を意味し、野菜や果物に豊富に含まれることから、ギリシャ語で野菜を意味する"phyto"を名に冠している。

　ファイトケミカルの例としては、野菜に含まれているカロテノイド色素や、ポリフェノール類*があり、がんや心疾患・老化などの原因となる活性酸素*を消去する強い抗酸化作用、免疫増強作用などが認められている。

主なファイトケミカルとその効果

成分名	含まれる野菜・果物	主な効果
アリルサルファイド	ニンニク・タマネギ・ネギ	コレステロールの低下
アントシアニン	ブルーベリー	視力回復
イソフラボン	大豆	骨粗鬆症の予防
リコピン	トマト・スイカ	がん・心臓病・高血圧の予防
リモネン	柑橘系果物	脂肪の蓄積を抑制
α-カロテン	ニンジン・茶	活性酸素の抑制
β-カロテン	緑葉野菜・ニンジン・オレンジ	ビタミンAに変化して粘膜を強化

肉と魚、その栄養素とおいしい食べ方の違い

私達の食生活に欠かせない肉と魚。栄養素の違いは脂肪にあり、どちらの脂肪を多く摂るかによって体内での働き方が異なる。また、おいしく食べられる時期にも差があり、魚は新鮮さが一番であるが、肉は熟成によってうま味が増す。

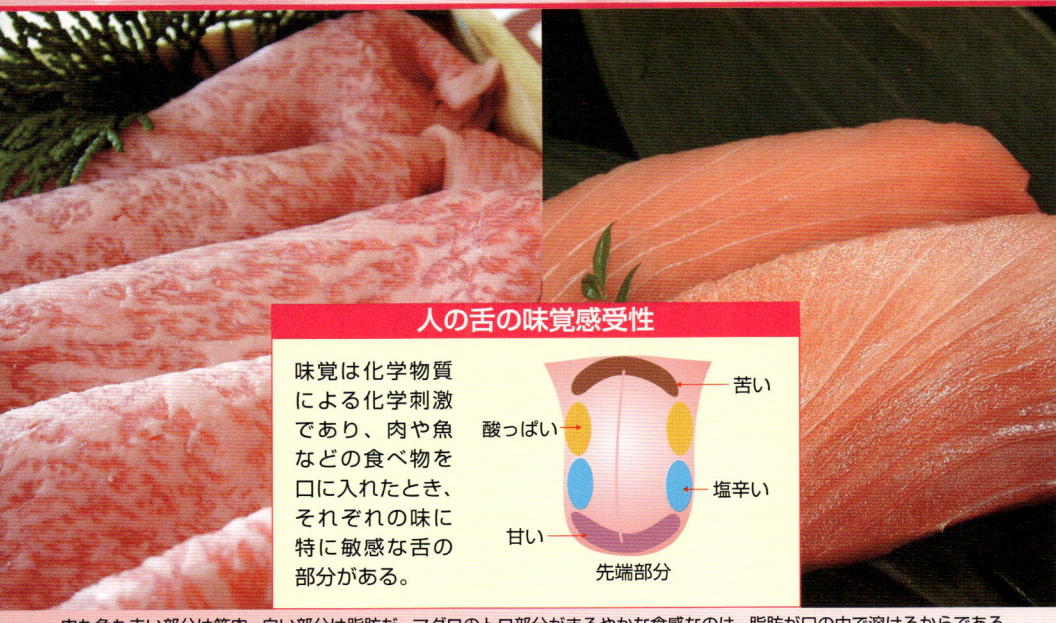

人の舌の味覚感受性

味覚は化学物質による化学刺激であり、肉や魚などの食べ物を口に入れたとき、それぞれの味に特に敏感な舌の部分がある。

- 苦い
- 酸っぱい
- 塩辛い
- 甘い
- 先端部分

肉も魚も赤い部分は筋肉、白い部分は脂肪だ。マグロのトロ部分がまろやかな食感なのは、脂肪が口の中で溶けるからである。

写真提供：有限会社イーヤンドゥ　株式会社魚丸商店

● 肉食中心だと、血がドロドロになる理由

　肉も魚もタンパク質・脂肪・ビタミン・ミネラルなどの栄養素を含むが、決定的に違うのは"脂肪の質"である。脂肪の質は脂肪酸の種類で決まり、牛・豚・鶏など、肉の脂肪には飽和脂肪酸が多く、魚の脂肪には不飽和脂肪酸*が多く含まれている。

　飽和脂肪酸は、体内に脂肪としてたまりやすい性質があるため、肉ばかり食べていると血液がドロドロになり、高脂血症や動脈硬化などを起こしやすい。一方、不飽和脂肪酸のうち、ドコサヘキサエン酸(DHA)*やエイコサペンタエン酸(EPA)*には、血液中の悪玉コレステロールや中性脂肪を減らし、血液をかたまりにくくして血栓ができるのを防ぐ、いわゆる血液をサラサラにする作用がある。つまり、同じ量の脂肪を摂るとしても、肉を多く食べるか、魚を多く食べるかによって、体内での働き方が随分違ってくるのだ。

第2章 生活と食品の化学「肉と魚」

飽和脂肪酸と不飽和脂肪酸

脂肪酸

飽和脂肪酸
肉の脂、
バターなど

不飽和脂肪酸
魚の油、
植物油など

脂肪酸は、飽和脂肪酸と不飽和脂肪酸に分けられる。飽和脂肪酸は、炭素原子同士が一重結合（C－C）しており、結合の手を離すことができない飽和状態。一方、不飽和脂肪酸は、二重結合（C＝C）や三重結合（C≡C）があり、結合の手を離す余裕がある不飽和状態である。脂肪の溶け始める温度（融点）は、飽和脂肪酸が多いほど高い。そのため、肉料理が冷めると脂のかたまりができる。

サンマ

イワシ

サンマやイワシなどの青魚の油には、DHAやEPAが特に多く含まれ、旬の時期ほど含有量が多くなる。DHAを多く摂取すると、記憶学習能力が向上し、視力回復にも有効なことが、国内外の学者による動物実験などで実証されている。

● 肉と魚のおいしい食べごろ

　動物を解体した直後の食肉は、かたくてうま味が少ない。動物の筋肉は、死ぬとかたくなる性質（死後硬直）があるためである。ところが、死後硬直が終わると、今度は肉の中の酵素が肉の成分であるタンパク質を分解していく現象（自己消化）が起こる。これにより、肉がやわらかくなると同時に、うま味成分であるアミノ酸が増えておいしくなる。これが肉の熟成のしくみであり、お店で売られている肉は、熟成させた後の食べごろの肉なのだ。

　一方、魚は鮮度が命。魚にも死後硬直はあるが、その時間が短く、肉ほどかたくならないため、活き造りにして刺身で食べてもおいしい。また、魚は、筋組織がやわらかく、水分も多く、自己消化が活発で鮮度の低下が早い。

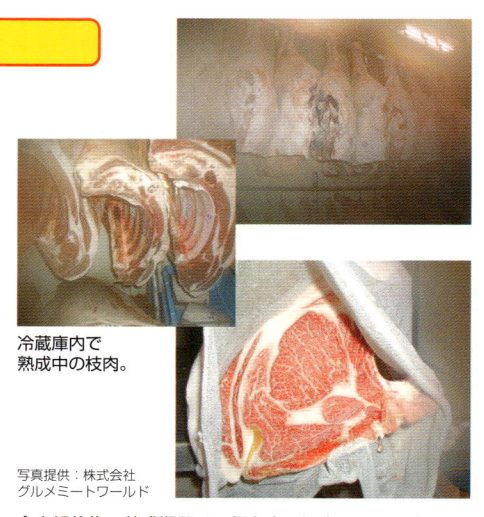

冷蔵庫内で
熟成中の枝肉。

写真提供：株式会社
グルメミートワールド

食肉解体後の熟成期間は、保存中の温度によって変わる。通常の冷蔵保存では牛肉で7～14日、豚肉で3～5日程度といわれている。腐敗させず、おいしい肉をつくるには、熟成させる温度と期間の管理が重要になる。

玄米・白米・もち米——どこが、どう違う？

米はわが国の主食で、生産量の90％以上が炊飯によって食べられている。米はイネの種実であり、原産地はインドから中国南部である。主成分はデンプンで、エネルギー源として優れており、食味が淡泊なため、常食に適している。

アミロースの分子構造

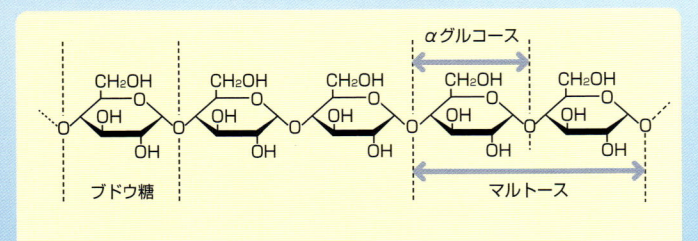

ブドウ糖　マルトース　αグルコース

アミロペクチンの分子構造

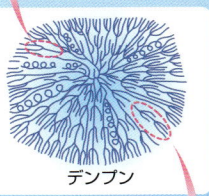

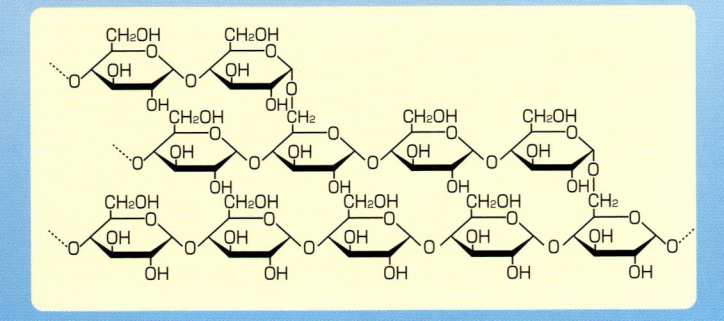

アミロース
100〜300個のブドウ糖が、直鎖状につながった多糖類。粘りが少ない。

デンプン

アミロペクチン
直鎖状のブドウ糖鎖のところどころに、20〜25個のブドウ糖が枝分かれしてついた多糖類。粘りが強い。

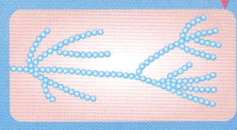

● 米の主成分はデンプン

　米の主成分は、水分を除くと約90％が炭水化物である。その主体はデンプンで、デンプンはアミロースとアミロペクチンの2つの成分から構成される高分子化合物*である。アミロースは、αグルコースのC_1とC_4に結合する、−OH同士の間で脱水縮合*した構造をしている。一方、アミロペクチンは、αグルコース、アミロースと同じ結合の他に、枝分かれした部分ではC_1とC_6の間でも縮合した構造をしている。

　α-D-グルコースの連鎖のらせん構造は水に溶けにくく、ヨウ素分子と包接化合物*をつくる。ヨウ素デンプン反応により、アミロースは青色、アミロペクチンは赤紫色になる。

第2章 生活と食品の化学 「米」

● 玄米と(精)白米

　米はもみ米で収穫されるが、もみがらを除いたものが玄米である。一般に、玄米は食味や消化が劣るため、搗精により糠層と胚芽を除き、(精)白米として一般に利用する。糠層を除き、胚芽を残したものが胚芽米である。胚乳：胚芽：糠の重量比は92：3：5である。

米の搗精度(精白率※)		
玄米	100%	
胚芽精米	約93%	糠層を除き、胚芽を残した米
半搗米(五分搗米)	約96%	糠層が50%程度除去された米
七分搗米(七分搗米)	約94%	糠層が70%程度除去された米
精白米(十分搗米)	約92%	糠層が完全に除去された米

※糠層・胚芽の剥離程度を搗精度または精白率という。

● うるち(粳)米ともち(餅)米

　普通、主食にするのはうるち米である。うるち米ともち米の違いは、デンプンにある。うるち米はアミロースが20〜30%、アミロペクチンが70〜80%で、米粒は半透明で、すりガラス様である。それに対し、もち米はアミロペクチンが98〜100%と、アミロースをほとんど含まない。米粒はうるち米より丸みがあり、乳白色である。肉眼で簡単に判別できる。

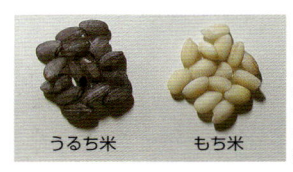

うるち米ともち米をヨードチンキに浸すと、うるち米は紫黒色、もち米は褐色になる。これは、アミロース含量の違いによる。

● コシヒカリがおいしいわけ

　コシヒカリなどのおいしいといわれる米には、アミロペクチンが多く含まれている。アミロース含量の多い米は、水を含みにくく、かたい傾向にあり、アミロペクチンが多い米は、水を含みやすいので、炊くと膨らみ、やわらかく、粘りが強い。自動炊飯器の普及と米の炊き具合がマッチして、コシヒカリが脚光を浴びている。日本人は、ネバネバした食感を好む傾向がある。

● ジャポニカ米とインディカ米

　イネの品種は、大きく、ずんぐりした形の日本型と、細長い形のインド型に大別され、ジャポニカ米・インディカ米として消費されている。日本型とインド型は粒形が異なる他、デンプンのアミロペクチン含量にも違いがある。日本型はアミロペクチン含量が多く、米飯は粘り、やわらかいのに対し、インド型はアミロペクチン含量が少ないため、米飯は粘りがなく、パサパサしている。日本型は炊飯、インド型はピラフと、料理の適性があるのはこのためである。

日本型とインド型の違い(粒形による分類)				炊飯	
イネの型	栽培地	粒形(長さ/幅)	アミロペクチン含量(%)	吸水速度	炊飯速度
日本型	日本・韓国、中国北部など(温帯地域)	1.7〜1.8	77〜83	速い	速い
インド型	インド・ベトナム・タイなど、東南アジア、南米北部(熱帯地域)	2〜3	69〜73	遅い	遅い

牛乳から、ヨーグルトやチーズができる秘密

牛乳から、ヨーグルトやチーズができる秘密は、微生物が起こす発酵と<u>タンパク質の変性</u>*と呼ばれる現象にある。その鍵を握るのが、乳酸菌という万能選手であり、牛乳の成分である乳糖とタンパク質なのだ。

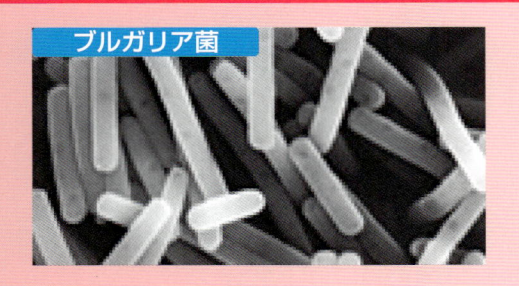

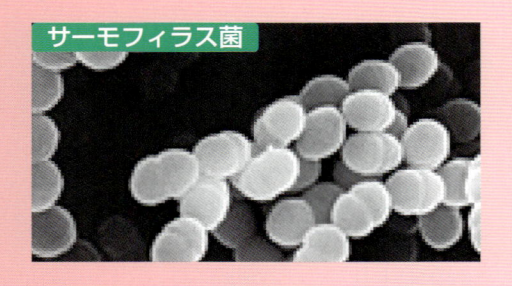

ブルガリア菌

サーモフィラス菌

乳酸菌は、フランスの科学者パスツールにより1857年に発見された。乳酸菌とは、糖類を分解して増殖し、乳酸をつくり出す細菌の総称である。ヨーグルトづくりには、ブルガリア菌やサーモフィラス菌などが使われる。

チーズは、牛乳だけでなく、ヒツジやヤギの乳を原料とするものもある。いずれも、まずフレッシュチーズ(熟成させる前の、生乳から生まれたばかりの真っ白なチーズ)をつくり、かびや細菌などを利用して発酵・熟成させる。こうして、さまざまな味わいのチーズができあがる。

写真提供:明治乳業株式会社　財団法人蔵王酪農センター

● 自然にできた発酵による保存食

牛乳をそのまま数日間放置すると、悪臭を放ち腐敗してしまう。これは、牛乳に侵入してきた空気中の悪い微生物のしわざである。一方、別の微生物の侵入により、人にとって有益な物質ができる場合がある。こちらは、発酵と呼ばれる。ヨーグルトやチーズは、乳を原料とした発酵食品である。

紀元前のはるか昔、草原の遊牧民は、家畜化したヤギ・ヒツジ・ウシの乳を食用するようになった。家畜の乳を搾り、しばらく放っておいたら、ぶよぶよしたものができた。家畜の乳房や乳首のまわりには、乳酸菌という微生物が多くすみついており、搾った乳にも乳酸菌が多く混入し、増殖していたのである。乳酸菌は、乳酸をつくり出す(発酵)ことで、腐敗をもたらす悪い微生物の増殖を抑え、しばらくの間、乳の腐敗を防ぐこととなった。こうして、偶然にできた家畜の乳を原料とした発酵食品を、人類は美味だと感じ、保存食として利用したのである。

第2章 生活と食品の化学
「ヨーグルトとチーズ」

● ヨーグルトとチーズができる秘密

　ヨーグルトとチーズづくりの鍵となる牛乳の成分は、乳糖(ラクトース)と乳タンパク質のカゼインである。牛乳に乳酸菌を加えると乳糖を栄養分として増殖し、乳酸発酵が起き、乳酸という酸をつくり出す。すると、牛乳中のタンパク質と酸が反応し、ぶよぶよとかたまってヨーグルトになる。タンパク質には、酸と反応してかたまる性質があり、これが、ヨーグルトやチーズができる秘密なのである。牛乳に乳酸菌を加えた後、さらに乳をしっかりかためるためにレンネット(酵素)を加えると、液体部分(ホエー)と固形部分(カード)とに分かれる。そして、ホエーを除いたものが、フレッシュチーズと呼ばれるチーズの原型である。これを、乳酸菌やかびを利用して、発酵・熟成させたものが、ゴーダ、チェダー、カマンベールなど、乳酸菌やかびが生きたままのナチュラルチーズである。一方、複数のナチュラルチーズを混ぜ、加熱して溶かし、乳酸菌や酵素の働きを止めたものがプロセスチーズである。

イリア=メチニコフ博士
(1845〜1916)

ロシア生まれの生物学者であるメチニコフ博士は、ブルガリア地方に長寿者が多いのは、常食されているヨーグルトの効用であるという説を発表した(1907年)。これをきっかけに、ヨーグルトは世界中に広まった。

　レンネットは、凝乳酵素、あるいはレンニン・キモシンとも呼ばれ、カゼインをカルシウムの存在下で凝固させるチーズづくりに欠かせない酵素である。もともとは、仔牛の4番目の胃から分泌されるものを用いていたが、1962年に微生物学者である有馬啓らは、かびの一種がキモシンと同じ作用を持つ酵素をつくることを発見し、今日では、この微生物が由来の凝乳酵素が利用されている。

ナチュラルチーズの分類

かたさ	タイプ	特徴	主な製品
軟質	フレッシュタイプ(熟成させないチーズ)	乳固形分を凝固させ、水分を抜いただけのもの。白色でやわらかく、おだやかな風味と軽い酸味がある。	カッテージ、クリーム、モッツァレラ など
軟質	白かびタイプ(かびによる熟成)	白かびを表面に繁殖させ、外側からチーズを熟成させたもの。内部は、熟成が進むにつれてやわらかくなり、風味も増す。	カマンベール、ブリードゥー モー、サン タンドレ など
軟質	ウォッシュタイプ(細菌による熟成)	表面に細菌を植えつけて熟成させたもの。細菌が繁殖すると粘り気を出すので、外皮を塩水や酒で洗うことから、ウォッシュタイプと呼ばれる。	ポン レヴェック、リヴァロ、マンスティール など
半硬質	青かびタイプ(かびによる熟成)	チーズの内部に青かびを繁殖させ、内部から熟成を進めたもので、ブルーチーズと呼ばれる。塩分が多く、独特のこくのある風味がある。	ロックフォール、ゴルゴンゾーラ、スティルトン など
半硬質	細菌による熟成	プロセスチーズよりややかたく、硬質チーズより中身がしっとりとしてやわらかい。熟成も2〜8か月と長期間で、保存性が高い。	ゴーダ、マリボー、サムソー など
硬質	細菌による熟成	圧力をかけて水分を除き、3か月〜1年程度熟成したもの。深い味わいとこくがあり、熟成中に"チーズアイ"と呼ばれる気孔をつくるものもある。	エメンタール、チェダー、エダム など
硬質	細菌による熟成	1〜2年以上も熟成させるもっともかたいチーズ。長期間にわたる保存が可能で、すりおろして粉チーズとして使用されることが多い。	パルミジャーノ レッジャーノ、ロマノ・スプリンツ など

からだの機能を整える さまざまな清涼飲料水

仕事中や運動中など、日常のいろいろな場面で私達の喉を潤わせている清涼飲料水。エネルギー補給と健康維持に効果のあるスポーツ飲料やお茶類など、現在、たくさんの清涼飲料水が市場に並び、新製品も次々と開発・販売されている。

スポーツ飲料の原材料

果糖、塩化ナトリウム、L-カルニチン、オルニチン、香料、クエン酸、クエン酸ナトリウム、アミノ酸(アスパラギン酸ナトリウム、アルギニン、グルタミンナトリウム、アラニン、リジン、バリン、ロイシン、イソロイシン)など

市販されているスポーツ飲料

スポーツ飲料には、ナトリウム(Na)、カリウム(K)、カルシウム(Ca)などの栄養成分が含まれ、発汗によって失われた水分とエネルギーを補うことができる。

写真提供：アサヒ飲料株式会社

アイソトニック飲料とハイポトニック飲料

スポーツ飲料には、浸透圧が体液に近いアイソトニック飲料と、体液より低いハイポトニック飲料とがある。アイソトニック飲料は、運動前に飲むと糖の吸収を早め、エネルギーの補給に適している。一方、ハイポトニック飲料は、長時間の運動時や運動後に、水分が速やかに補給され、水分と栄養とが吸収されやすい。

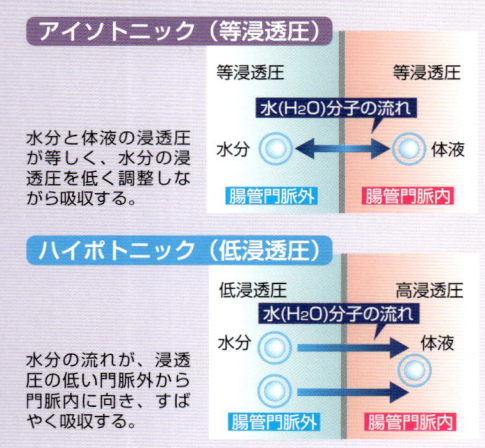

アイソトニック（等浸透圧）

水分と体液の浸透圧が等しく、水分の浸透圧を低く調整しながら吸収する。

等浸透圧　等浸透圧
水(H₂O)分子の流れ
水分　体液
腸管門脈外　腸管門脈内

ハイポトニック（低浸透圧）

水分の流れが、浸透圧の低い門脈外から門脈内に向き、すばやく吸収する。

低浸透圧　高浸透圧
水(H₂O)分子の流れ
水分　体液
腸管門脈外　腸管門脈内

● 清涼飲料水とスポーツ飲料

清涼飲料水とは、乳酸菌飲料・乳及び乳製品を除く、アルコール*成分1％未満の飲料のことをいう。現在、清涼飲料水で売り上げが伸びているのが、スポーツ飲料やお茶類で、飲むとからだによい影響を及ぼす機能性があることから、機能性飲料とも呼ばれている。

スポーツ飲料は、大量の発汗などによって失われる水分や、スポーツにより失われやすいカリウムイオン(K^+)・ナトリウムイオン(Na^+)などの電解液*や、マグネシウム(Mg)やカルシウム(Ca)などのミネラル分を含んでおり、これらを効率よく補給するのに便利である。また、病気のときも熱や下痢で失われる水分・ミネラルの補給に役立つ。最近のスポーツ飲料は、さらに、エネルギー源・吸収速度・疲労回復を考え、果糖・クエン酸*・アルギニンや分岐鎖アミノ酸(BCAA：branched chain amino acids)などが添加されたものが多い。

第2章 生活と食品の化学
「清涼飲料水」

● アミノ酸入りスポーツ飲料

　アミノ酸の中でもBCAAが注目されている。からだを構成するタンパク質の体内での合成には20種類のアミノ酸が必要であるが、筋肉で分解してエネルギーとして使われるアミノ酸は6種類で、そのうちの3種類(ロイシン・イソロイシン・バリン)がBCAAである。

　運動時などのエネルギー源は糖分と脂肪であるが、アミノ酸も用いられ、BCAAを摂取した後で運動すると、貯蓄型エネルギー源であるグルコースの消費が節約され、疲れにくく、持久力を維持できる。さらに、筋肉痛や筋肉疲労を防ぐ効果がある。特に、筋肉の回復にはロイシンが有効であることがわかっている。また、BCAAが不足していると、脂肪をうまく燃焼させることができない。

　BCAAは、人の健康なからだづくりの基本である、体内での栄養分の代謝回路(クエン酸回路)を潤滑に回し、エネルギー生産に大きく貢献している。

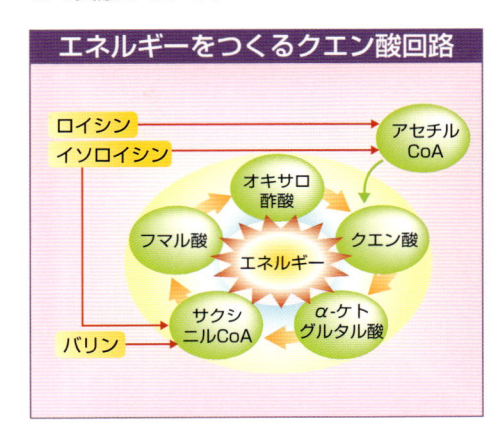

エネルギーをつくるクエン酸回路

ロイシン → アセチルCoA
イソロイシン → アセチルCoA
オキサロ酢酸
フマル酸
エネルギー
クエン酸
サクシニルCoA
α-ケトグルタル酸
バリン → サクシニルCoA

● カテキンの多い緑茶

　お茶は昔から薬用としても珍重され、茶葉にはカテキン類・テアニン・カフェイン・ビタミンC*・食物繊維・各種ミネラルなど多くの有効成分が含まれており、さまざまな効能が知られている。特に注目されている成分がカテキン類で、抗酸化作用がある。医学の進歩によって人の寿命は延びているが、加齢にしたがって神経細胞が壊され、認知症やパーキンソン病などといった難病が増えている。人の脳は、水分を除くと約半分が脂質であり、カテキンには、酸化に弱い脳の細胞を守り、神経細胞死を防ぐ効果が期待されている。

　その他、カテキンは風邪の原因であるウイルスの感染・増殖を防ぐ効果もある。カテキンの抗菌作用は食中毒菌*にも効果があり、発がん物質を無毒化する作用や抑制する効果も知られている。

茶カテキンの分子構造

エピカテキン　エピカテキンガレート　エピガロカテキン　エピガロカテキンガレート

茶カテキンには8種類のカテキン類があり、そのうち、上記の主要な4種を総称してカテキンと呼ぶ。エピカテキンとエピガロカテキンは渋味が弱く、エピカテキンガレートとエピガロカテキンガレートは渋味が強い。

アルコール飲料は微生物からの贈り物

　アルコール飲料は、はるか昔、偶然できたものだった。ブドウにすみついた酵母菌が自然に繁殖し、ブドウ果汁がワインという不思議な液体に変わった。これが、酒の起源である。酒は、酵母菌から人類へ贈られた素晴らしい贈り物なのだ。

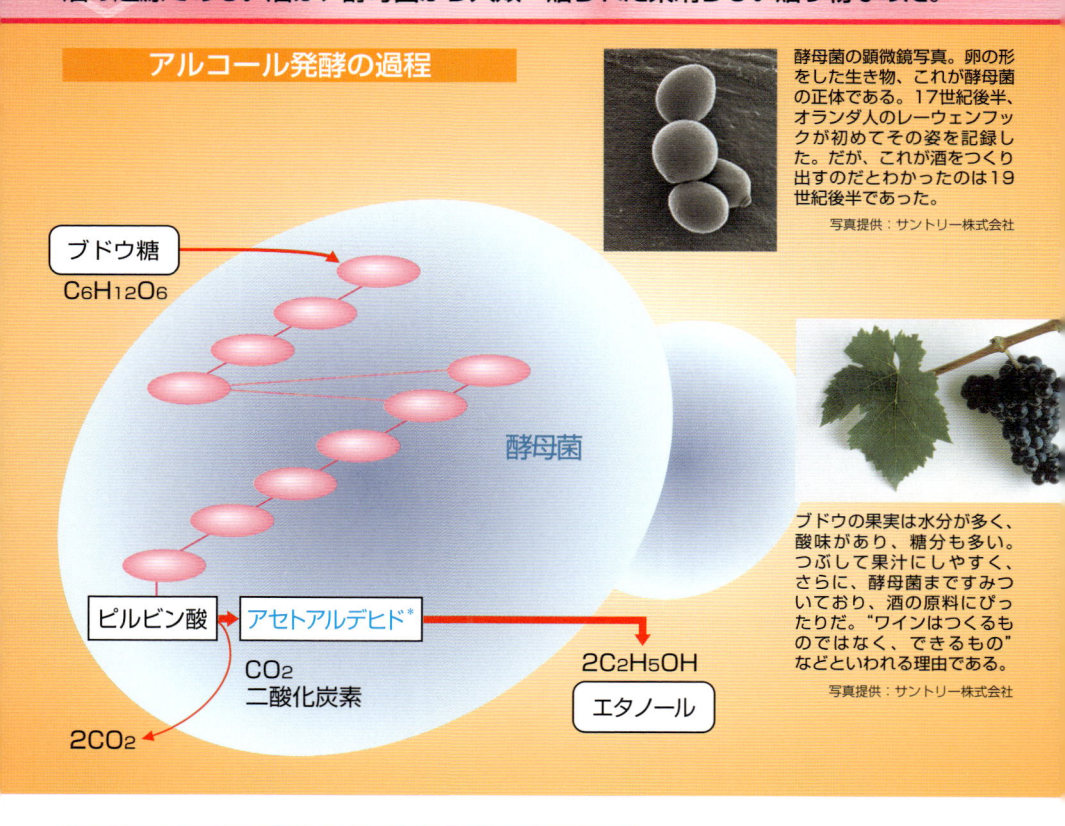

アルコール発酵の過程

酵母菌の顕微鏡写真。卵の形をした生き物、これが酵母菌の正体である。17世紀後半、オランダ人のレーウェンフックが初めてその姿を記録した。だが、これが酒をつくり出すのだとわかったのは19世紀後半であった。

写真提供：サントリー株式会社

ブドウ糖
$C_6H_{12}O_6$

酵母菌

ピルビン酸 → アセトアルデヒド*

CO_2
二酸化炭素

$2CO_2$

$2C_2H_5OH$
エタノール

ブドウの果実は水分が多く、酸味があり、糖分も多い。つぶして果汁にしやすく、さらに、酵母菌まですみついており、酒の原料にぴったりだ。"ワインはつくるものではなく、できるもの"などといわれる理由である。

写真提供：サントリー株式会社

● アルコールづくりの主役——酵母菌

　酒の歴史は古く、紀元前にまでさかのぼる。微生物の存在を知らなかった古代人でもワインをつくることができたのだ。その理由は、ブドウに酵母菌がすみついていたからである。保存していたブドウ果汁が、ひとりでに泡を出し、ワインに変わってしまったと思われる。このとき、ブドウ果汁の中では酵母菌が繁殖し、糖をアルコールと炭酸ガスに変えるアルコール発酵という現象が起こっていたのだ。酸素が乏しく、酸性で糖濃度の高い環境、これこそが酵母菌が酒をつくり出すのに適した環境なのである。

第2章 生活と食品の化学
「アルコール飲料」

そして、酵母は次第に蓄積していく高濃度のアルコールにも耐えることができる。他の微生物も多くいたはずであるが、このような環境で主役になれるのはアルコールをつくり出す酵母だけだった。酵母がいたからこそ、酒ができたのだ。

酒の原料と製法

原料	製法	醸造	蒸留
糖質	ブドウ　樹液 リンゴ　畜乳 ハチミツ サトウキビ サトウダイコン	ワイン シードル ミード（蜂蜜酒） クミス（乳酒の一種）	ブランデー カルバドス ラム 焼酎
デンプン質	大麦　サツマイモ 小麦　バレイショ 米　　キャッサバ芋 コーン　大豆 ソバ　エンドウマメ	ビール 日本酒 発泡酒　など	焼酎 ウイスキー バーボン ジン ウォッカ

● 酵素の力を借りなければならない穀物酒

ワインのように、果実を原料とした場合、酵母菌は果実の中の糖分をそのまま栄養分として利用できる。しかし、米・芋・麦など、穀物が原料となると話は違ってくる。穀物に含まれる炭水化物はデンプンであり、それを酵母菌は栄養として取り入れることができない。微生物の中には、デンプンを糖に変えるための糖化酵素を持っているものもいるが、酵母はその酵素を持っていないのである。そこで、人類は麦芽や麹という糖化剤を発見した。麦類を発芽させると糖化酵素の活性が高まる。これを利用し、古代オリエントでつくられたのが麦芽である。

また、穀物に糖化酵素を持つかび(麹菌)を繁殖させて、古代中国でつくられたのが麹であった。これらの糖化剤を原料に加えることで、酵素の力を利用してデンプンを糖に変え、酵母がアルコール発酵を行える環境をつくり出したのだ。こうしてできたのが、ビール・ウイスキー・バーボン・日本酒・焼酎などの、穀物を原料とした酒である。

ビール（麦）　　ワイン（ブドウなど）　　ウイスキー（麦・コーンなど）　　焼酎（麦・コーンなど）

酒はさまざまな国の歴史・文化・気候などと密接に関係し、原料や製造法も多種多様である。

写真提供：サントリー株式会社

中世までは薬だった
コーヒーとその効用

眠い朝をシャキッとさせるコーヒー。今では嗜好品のコーヒーだが、10世紀に発見されて以来、焙煎(ばいせん)の技術が発明される14世紀ごろまでは薬として飲まれていた。大脳辺縁系に作用するカフェイン*がその成分である。

焙煎による豆の変色

コーヒー豆の生豆は茶色がかった緑色だが、焙煎(ロースト)すると茶色になる。カフェインは焙煎時の高い温度で減少するため、含有量は深煎りの豆よりも浅煎りの豆の方が多い。浅煎りでは酸味が、深煎りでは苦みが強くなる。

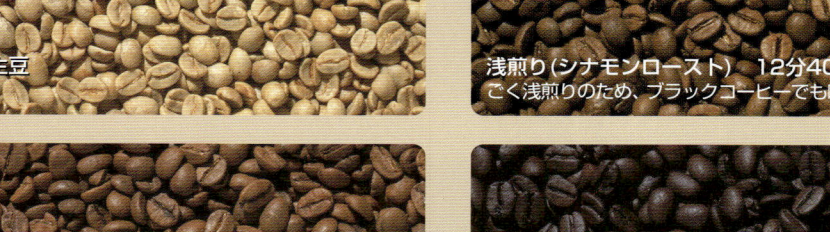

生豆

浅煎り(シナモンロースト)　12分40秒後
ごく浅煎りのため、ブラックコーヒーでも味わえる。

中煎り(ミディアムロースト)　15分後
色が茶褐色に変色し始める。アメリカンタイプの軽い味わいである。

深煎り(イタリアンロースト)　20分50秒後
色はほとんど黒色に近い状態。もっとも深煎りの焙煎で、エスプレッソ・カプチーノに用いられる。

写真提供:UCC上島珈琲

コーヒーの味の特徴

- **苦み**　カフェインそのものの苦みに加え、生豆のデンプン質(糖分・繊維質)が焙煎の熱で炭化・カラメル化して生じる。
- **酸味**　多くの有機酸(蟻酸(ぎ)・酢酸・リンゴ酸・クエン酸*)などから生じる。

コーヒーの効用の特徴

- 脳神経を刺激し、眠気を防止する。
- 筋肉を刺激し、疲労を軽減する。
- 利尿作用があり、血液循環をよくする。
- 脂肪(脂肪酸)を分解する。
- 胃液の分泌を盛んにする。　など

● カフェインの意外な特徴

カフェインは、タバコに含まれるニコチンや、痛み止めに使われるモルヒネ同様、ある種の植物でつくられるアルカロイド化合物*で、日本茶や紅茶、ウーロン茶などにも含まれている。

興味深いことにカフェインの化学構造は、遺伝子を形成する塩基*の一つであるアデニン*と同じ構造を持つ。さらにアデニンに糖鎖のついた化合物は、生物活動でもっとも重要なエネルギー物質であるATP(アデノシン三リン酸)*の一部アデニンヌクレオシド*を構成する。カフェインが神経や筋肉の活動を活性化する理由はここにあるのかもしれない。

化学構造がカフェインと似ている物質
カフェイン / アデニン / アデニンヌクレオシド

コーヒーチェリーとその花

コーヒー豆の構造
2つの豆が向かい合って入っている。

写真提供:UCC上島珈琲

● カフェインは植物の知恵だった

カフェインなどのアルカロイド化合物は、虫や鳥、紫外線から植物組織を守るために植物が生み出す毒である。また、赤く熟したコーヒーの実(コーヒーチェリー)を鳥がついばんでも、種だけは消化されずに遠くに運ばれ、子孫を増やすのである。

● カフェインの薬としての効用

カフェインは、滋養強壮のドリンク剤や風邪薬・咳止め薬・頭痛薬などにも含まれ、眠気や疲労感を取り除き、気分も爽快にする。だが、カフェインの1日の摂取量は100〜300mgまでが望ましい。300mg以上摂取すると、かえって神経過敏や不眠・頭痛を引き起こす恐れがある。

1杯分に含まれるカフェイン量(mg)	
コーヒー (130ml)	80
コーラ　　(360ml)	50
紅茶　　　(150ml)	50
緑茶　　　(100ml)	25
玉露　　　(100ml)	60

■コーヒーががんを予防する可能性

コーヒーにはポリフェノール類*も含まれている。最近のラットを使った研究では、このポリフェノール類ががん細胞の転移を抑えることがわかった。また、11年間にわたってコーヒーを飲む人と飲まない人とを比較した調査では、飲んだ人の方が肝臓がんにかかりにくい結果が出ている。

チューインガムの健康効果を探る

　あの折れるほどにかたい板状のチューインガムは、噛み続けるとやわらかくなるが、ガムは一体何でできているのか。また、その効用は何か。最近は虫歯予防にも効果があるとされる、ガムのしくみを解明する。

チューインガムのつくり方

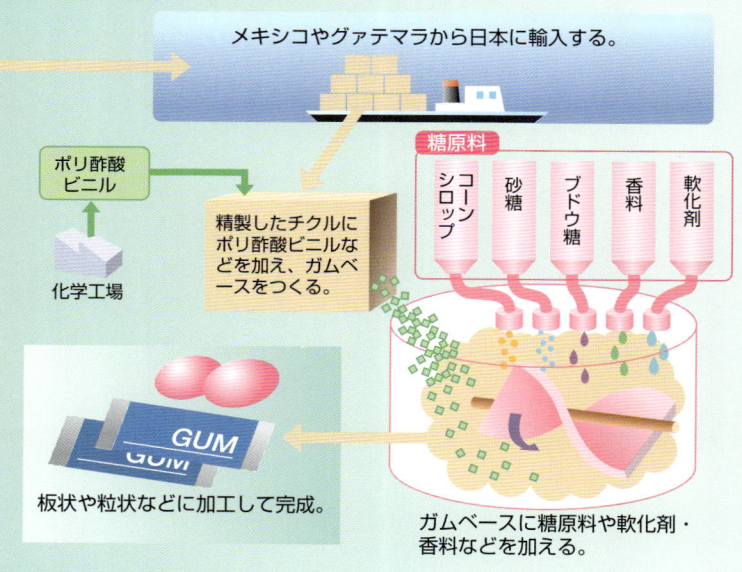

- 常緑木の樹液である天然チクルを熱して精製する。
- ブロック状にする。
- メキシコやグァテマラから日本に輸入する。
- 化学工場でポリ酢酸ビニル
- 精製したチクルにポリ酢酸ビニルなどを加え、ガムベースをつくる。
- 糖原料：コーンシロップ、砂糖、ブドウ糖、香料、軟化剤
- ガムベースに糖原料や軟化剤・香料などを加える。
- 板状や粒状などに加工して完成。

チューインガムの健康効果

❶ 唾液の分泌を促し、胃腸が元気になる。噛むときに出る唾液には、消化を助ける働きがある。
❷ 顎(あご)の骨や筋肉が発達し、歯並びがきれいになり、歯ぐきも丈夫になる。
❸ 脳の血流量が増え、脳細胞の発達によい影響を与える。
❹ 脳を活性化させ、認知症抑制効果がある。

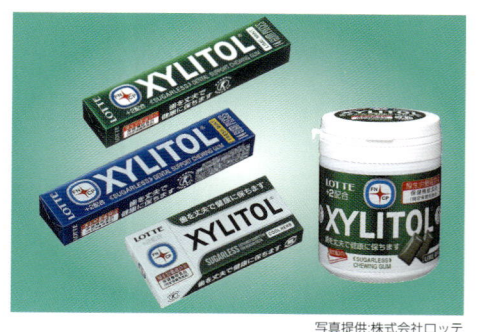

写真提供:株式会社ロッテ

第2章 生活と食品の化学
「チューインガム」

● チューインガムの材料とは？

チューインガムには、
1. **板ガム**：普通の板状のガムやブロック状やスティック状のガム。
2. **風船ガム**：空気を吹き込むと膨らむガム。
3. **糖衣ガム**：糖類で表面をコーティングしたガムで、粒状・球状など。

がある。

チューインガムの原料		
ガムベース	植物性樹脂	天然チクルを煮詰めてつくられ、ゴムと樹脂の中間的な性質を持つ。風船ガムには用いられない。
	ポリ酢酸ビニル樹脂	無色・透明で、不溶性の樹脂。風船ガムでは多く用いられる。
	エステルガム	噛み心地をよくする。
	ポリイソブチレン	弾力性を出す。
	炭酸カルシウム($CaCO_3$)	長く噛んだ場合の軟化を防止する。
糖原料	砂糖・ブドウ糖・水飴・マルチトール・キシリトールなどの甘味原料。	
軟化剤	水・グリセリン*	ガム全体をやわらかく、噛み心地をよくするために用いられる。
香料	ペパーミント・スペアミント、レモン・オレンジなど植物から抽出した精油*。	

ガムベースに用いられている植物性樹脂やポリ酢酸ビニル樹脂は、ポリマー（高分子物質）と呼ばれ、常温ではかたいが、温度を上げるとゴムのようにやわらかくなる性質を持っている。これと、軟化剤との相乗効果によって、口内で噛み続けることでガムがやわらかくなるのである。

● ガムの薬効

ガムは、噛んだときの心地のよさに加え、虫歯予防にも効果が期待できる。さらに、脳に刺激を与えて健康状態もよくなることがわかった。現在ではシュガーレスガムなどの開発により、なくてはならない健康的な菓子としての地位を築いている。

● ガムとチョコレートを一緒に食べてはいけない

ガムは、口内の温度でほどよいやわらかさになるようにつくられている。一方、チョコレートには、ココアバターという口内温度で溶けるやわらかい油脂が含まれている。そのため、一緒に食べると、この油脂がガムをよりやわらかくして、溶かしてしまうのである。

"百薬の長"にも、"毒"にもなるアルコール

二日酔いはなぜ起きる?

お酒を飲みすぎた翌朝、頭痛や胸焼けなどの不快な症状に悩まされる二日酔いは、お酒の種類に関わらず、アルコール*の摂取しすぎによって起きる。お酒を飲むと、まず胃や小腸からアルコールが吸収されて血液中に入り、門脈(静脈)を通って肝臓へ運ばれる。アルコールは肝臓で分解され、アルコール脱水素酵素などにより有害物質であるアセトアルデヒド*(CH_3CHO)となり、さらにアセトアルデヒド脱水素酵素により酢酸になる。この酢酸は血液中を流れ、最終的に二酸化炭素(CO_2)と水(H_2O)に分解される。

アルコールの量が多すぎたり、体調が悪く代謝が遅れたりすると、アセトアルデヒドが肝細胞で十分に分解できず、血液中に残ってしまう。これが二日酔いの原因で、アセトアルデヒドの毒性作用により、顔が赤くなったり、動悸や吐き気・頭痛などの症状が起こったりする。完全にアルコールが代謝されるまでには、約24時間かかる。

体内でのアルコール分解のメカニズム

アルコール(CH_3CH_2OH) →[アルコール脱水素酵素] アセトアルデヒド(CH_3CHO) →[アセトアルデヒド脱水素酵素] 酢酸(CH_3COOH) → 二酸化炭素(CO_2)/水(H_2O)

二日酔いの予防策

お酒を飲むときは、まず、自分の適量を知っておくことが大切で、深酒や夜更けまで飲むのは禁物である。また、空腹でお酒を飲むとアルコールがすぐに吸収され、二日酔いの原因になる。そのため、タンパク質やビタミンC*を多く含んだ食べ物を摂りながら飲むとよい。卵・肉・牛乳などの動物性食品及び大豆製品などのタンパク質は、胃壁の粘膜に付着してタンパク質の層をつくって胃腸を保護し、アルコールの吸収をゆっくりさせる作用がある。また、ビタミンCはアセトアルデヒドの分解に役立つ。

飲みすぎたときは

お酒を飲みすぎたときの対処として、一番効果的なのは十分に睡眠をとること。また、アルコールの分解速度を高めるために、糖分やビタミンCを含む果物を摂るのもよい。さらに、アセトアルデヒドの毒性を打ち消す効果があるタンパク質、利尿作用のあるお茶やコーヒー、代謝をよくするクエン酸*を含む梅干しなどを摂るのも効果がある。

適量のお酒は、狭心症や心筋梗塞を防ぎ、血圧を下げる効果があるが、飲みすぎると"毒"にもなることを忘れてはならない。

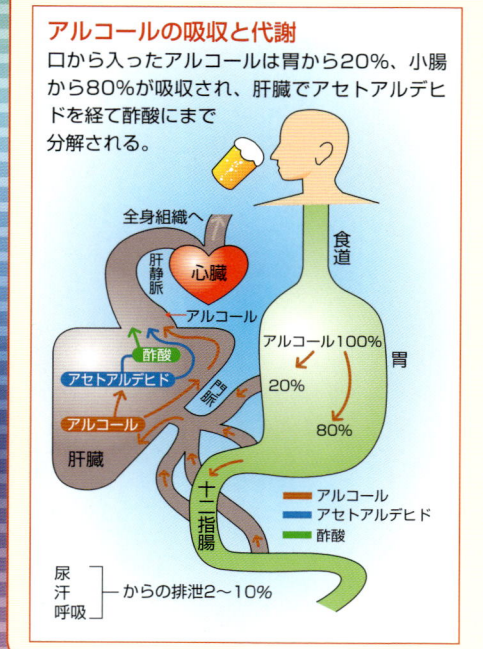

アルコールの吸収と代謝

口から入ったアルコールは胃から20%、小腸から80%が吸収され、肝臓でアセトアルデヒドを経て酢酸にまで分解される。

- アルコール100%
- 胃 20%
- 十二指腸 80%
- 肝臓:アルコール→アセトアルデヒド→酢酸→全身組織へ(肝静脈・心臓)
- 尿・汗・呼吸からの排泄2〜10%

第3章
からだの化学

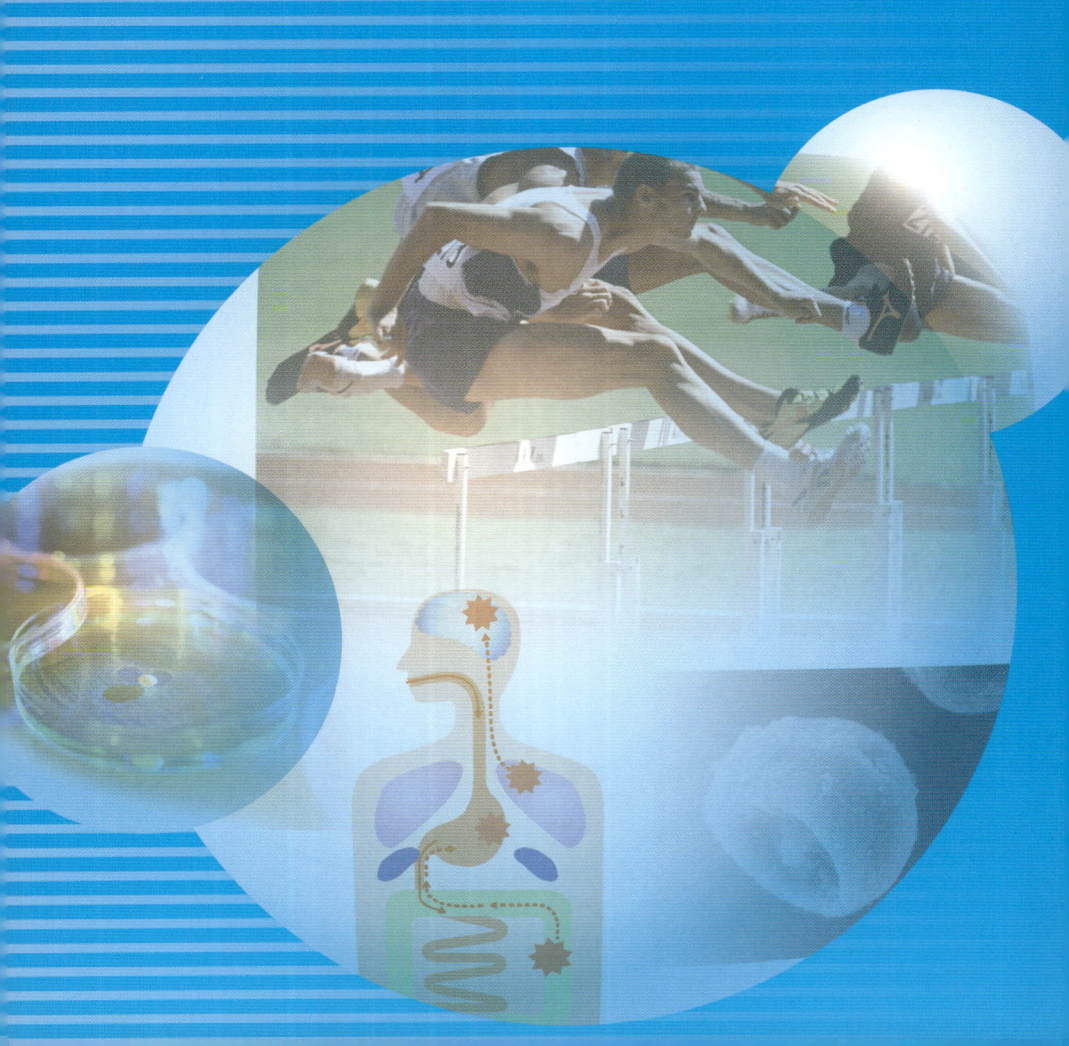

食中毒が起こる原因とそのメカニズム

　食中毒は、食品そのものに含まれたり、調理器具・包装容器などへ細菌が付着して起こる急性の健康障害であり、細菌性食中毒、自然毒食中毒、化学性食中毒、ウイルス性食中毒に分類できる。

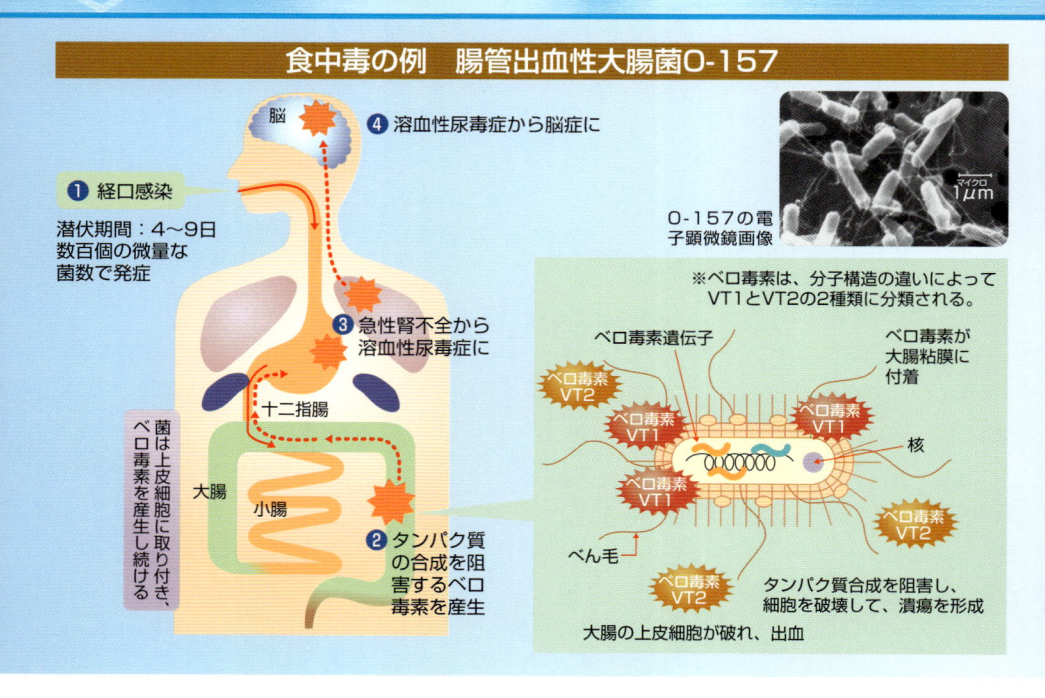

食中毒の例　腸管出血性大腸菌O-157

❶ 経口感染
潜伏期間：4～9日
数百個の微量な菌数で発症

❷ タンパク質の合成を阻害するベロ毒素を産生

❸ 急性腎不全から溶血性尿毒症に

❹ 溶血性尿毒症から脳症に

菌は上皮細胞に取り付き、ベロ毒素を産生し続ける

脳／十二指腸／大腸／小腸

O-157の電子顕微鏡画像　1μm

※ベロ毒素は、分子構造の違いによってVT1とVT2の2種類に分類される。

ベロ毒素遺伝子／ベロ毒素VT1／ベロ毒素VT2／べん毛／核／ベロ毒素が大腸粘膜に付着

タンパク質合成を阻害し、細胞を破壊して、潰瘍を形成
大腸の上皮細胞が破れ、出血

食中毒の分類

分類			内容
細菌性食中毒	感染型	感染侵入型	食中毒菌＊の摂取によるもの サルモネラ属菌・腸管侵入性大腸菌・チフス菌・パラチフスA菌・赤痢菌など
		生体内毒素型	食中毒菌が腸管に定着し、増殖したときに産生する毒素によるもの 腸炎ビブリオ・腸管毒素原性大腸菌・腸管病原性大腸菌・腸管出血性大腸菌・コレラ菌・ウェルシュ菌・セレウス菌など
	毒素型(生体外)		食中毒菌の産生した毒素の摂取によるもの 黄色ブドウ球菌・ボツリヌス菌・セレウス菌(嘔吐型)など
ウイルス性食中毒			ウイルスの経口感染によるもの ノロウイルス・ロタウイルス・アストロウイルス・エンテロウイルスなど
自然毒食中毒	動物性自然毒		動物固有の有毒成分によるもの フグ・シガテラ魚・イシナギ・貝類(アサリ、カキ、ムラサキガイ)など
	植物性自然毒		植物固有の有毒成分によるもの 毒キノコ・ジャガイモの芽・毒ゼリ・青梅・チョウセンアサガオ・毒草など
化学性食中毒(有毒化学物質)			有毒化学物質の経口摂取によるもの メタノール(CH_3OH)・鉛(Pb)・水銀(Hg)・ヒ素(As)など

第3章 からだの化学「食中毒」

● もっとも多い細菌性食中毒

　最近の食中毒件数をみると、細菌性食中毒が70％近くを占める。病因細菌としては、形が棒状や円筒状の桿菌であるサルモネラ菌や腸炎ビブリオ・カンピロバクターが多数を占める。中でも、カンピロバクターや病原性大腸菌による食中毒は、ごく微量の菌量で大規模な事件となることがある。

　原因食品別にみると、肉類及びその加工品では、サルモネラ菌が主体であり、カンピロバクターも関与する。卵類はサルモネラ菌や球状の細菌であるブドウ球菌が主な原因菌となる。魚介類では、海産物に付着している腸炎ビブリオが主体で、ブドウ球菌やサルモネラ菌も原因菌となる。

　腸管出血性大腸菌の一種であるO-157*は、激しい腹痛と出血性下痢(出血性大腸炎)を起こす。この大腸菌は腸管に付着し、強力な毒素であるベロ毒素*を出す。

● 自然毒食中毒

● 植物性食中毒

　大半はキノコ中毒で、毒キノコは約30種類ある。キノコ中毒発生件数の約70％はクサウラベニダケ・ツキヨタケ・カキシメジが占める。他にジャガイモのソラニン(アルカロイド*配糖体)、青梅のアミグダリン、アオイ豆のリナマリンなどがある。

● 動物性食中毒

　食中毒における死者の多くはフグ中毒である。フグ毒はテトロドトキシン*($C_{11}H_{17}O_8N_3$)という物質で、神経の活動を調節するイオンチャンネル*という細胞の小孔に結合して神経を麻痺させる。その毒性は、青酸カリの約1000倍という猛毒である。フグの卵巣・肝臓などに多く存在する。

● 化学性食中毒

　有害化学物質に汚染された食品を摂取することにより起こる。化学性食中毒として、よく知られているものには、次のようなものがある。粉乳にヒ素が混入、米ぬか油にポリ塩化ビフェニル(PCB*：polychlorinated biphenyls)が混入、水俣病で知られるメチル水銀(CH_3Hg^+)による亜急性中毒、イタイイタイ病の原因のカドミウム(Cd)などである。

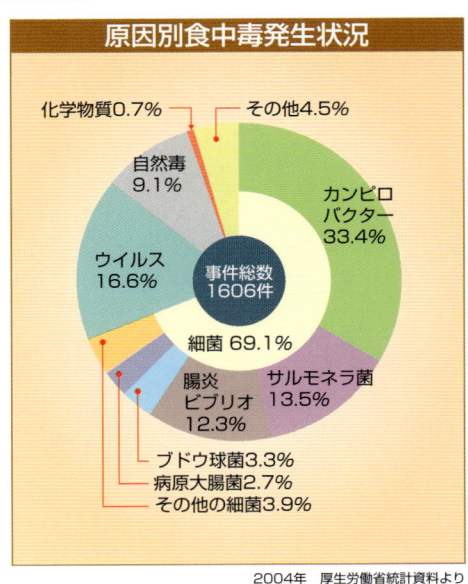

原因別食中毒発生状況

事件総数 1606件

- 化学物質 0.7%
- その他 4.5%
- 自然毒 9.1%
- ウイルス 16.6%
- 細菌 69.1%
  - カンピロバクター 33.4%
  - サルモネラ菌 13.5%
  - 腸炎ビブリオ 12.3%
  - ブドウ球菌 3.3%
  - 病原大腸菌 2.7%
  - その他の細菌 3.9%

2004年　厚生労働省統計資料より

● ウイルス性食中毒

　ウイルスに汚染された食品を食べることにより、嘔吐や下痢などの胃腸炎症状が起こる。ウイルス性食中毒の主な原因として知られているのは、小型で球形のウイルスであるノロウイルス*で、熱や酸に強く、ヒトの腸管内でしか繁殖しないという特徴を持っている。

興奮とやる気を高める物質——アドレナリンの正体

からだには、さまざまなストレスに対処するため、興奮とやる気を高める機能がある。この反応に関わるホルモン*が、副腎髄質から分泌されるアドレナリンであり、闘争または逃走のホルモンとも呼ばれる。

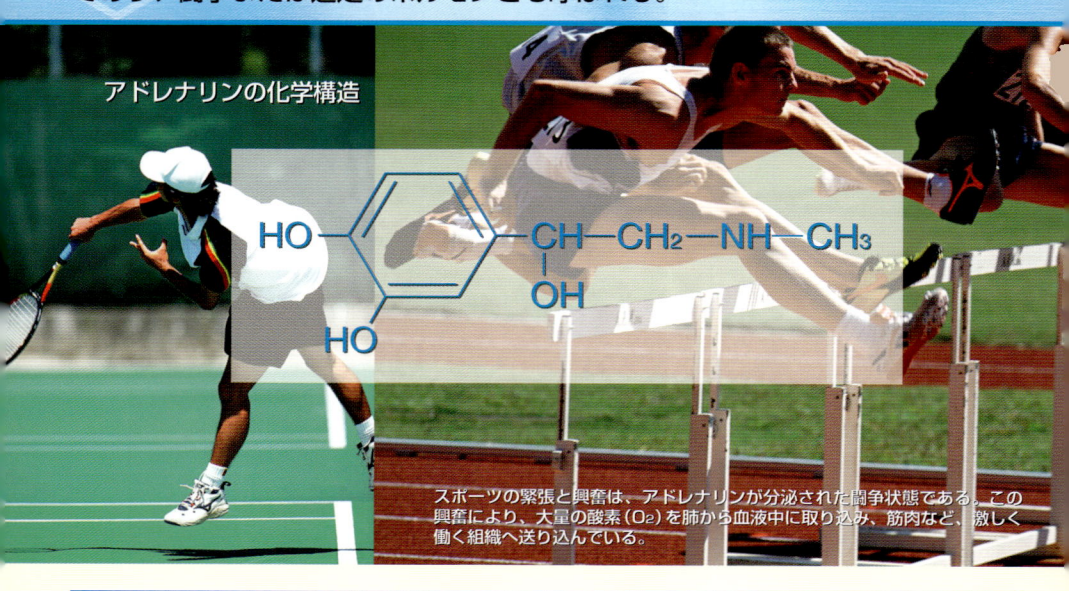

アドレナリンの化学構造

HO—〈ベンゼン環〉—CH—CH$_2$—NH—CH$_3$
HO |
              OH

スポーツの緊張と興奮は、アドレナリンが分泌された闘争状態である。この興奮により、大量の酸素（O$_2$）を肺から血液中に取り込み、筋肉など、激しく働く組織へ送り込んでいる。

ストレスによって分泌されるアドレナリンと、その役割

- 大脳
- ストレス
- 視床下部
- 脊髄
- 神経インパルス
- 副腎髄質
- 分泌
- アドレナリン
- 細胞
- 交感神経系の細胞

ストレスに対する反応
- 心拍数が増加する
- 血圧が上昇する
- 気管支が拡張する
- 消化器系の活動を抑制
- 覚醒するなど

「人体の構造と機能」（医学書院）の資料をもとに作成

第3章 からだの化学
「アドレナリン」

● アドレナリンの発見と命名

アドレナリンは、世界で最初に発見されたホルモンである。1900年、日本人化学者の高峰譲吉と助手の上中啓三は、ニューヨークの研究所で、動物の副腎の抽出液に含まれ、血圧上昇や止血に強い効果を示す物質の結晶化に成功した。その後100年経った現代でも、手術時の出血予防や喘息発作の抑止などに使われ続ける薬となった。高峰らはこの物質を、副腎(adrenal)から分泌されるとして、アドレナリン(adrenaline)と命名した。

高峰譲吉(1854〜1922)
アメリカを拠点に活動。消化酵素「タカヂアスターゼ」を開発して大成功をおさめるなど、現代のベンチャー起業家の先駆的存在。ニューヨークで客死。

写真提供：金沢市ふるさと偉人館

上中啓三(1876〜1960)
東京大学医学部で学び、高峰の助手として渡米。片づけ忘れた実験器具の中に結晶を発見、アドレナリンの抽出に成功した。

写真提供：三共株式会社

● アドレナリン VS エピネフリン

米国のエイベルは、高峰らより先に発見したエピネフリンという物質が、アドレナリンと同じであると主張した。高峰らはエイベルの実験方法を盗んだとされ、以後、アドレナリンという名称は無視された。しかし、後年、上中の実験ノートから、アドレナリンを結晶化した日は、高峰らがエイベルの研究室を訪問した日よりも前であることがわかり、しかもエイベルの方法ではアドレナリンを結晶化できないことが確認され、第一発見者は高峰らであることが立証された。日本の薬局方ではエピネフリンと記載されていたが、2006年4月からアドレナリンを医薬品の正式名称とすることになった。

● "闘争または逃走のホルモン"

からだには、活動力を高める交感神経と、からだを休める副交感神経という、2つの自律神経がある。そのうち、交感神経の興奮時に分泌されるホルモンがアドレナリンである。アドレナリンは、細胞を働かせるエネルギーである糖や酸素を含んだ血液をからだ中に送るために、心拍数の増加、血圧・血糖値の上昇、気管支の拡張などを起こし、からだが興奮し意識が覚醒して、やる気が高まるようにしている。交感神経は、寒さ・痛み・出血・不安・怒りなどのストレスにさらされたときに、闘ったり、逃げたりするために働く神経である。そのために、アドレナリンは、"闘争または逃走のホルモン"と呼ばれている。

アドレナリンの生理作用

非常事態に直面したときに、人または動物の活動力を高め、からだを危険から守るために働くストレス応答を引き起こす。

生理作用	医薬品としての用途
❶ 皮膚・粘膜・内臓の血管収縮 ❷ 心筋収縮力の増強 ❸ 肝臓・骨格筋の血管拡張 ❹ 気管支の拡張　　　　　など	❶ 喘息発作時の気管支拡張 ❷ 手術時の出血予防及び止血 ❸ 心停止時の心刺激 ❹ 麻酔剤の作用延長　　　　など

短距離ランナーと長距離ランナー
——その筋肉の違い

長距離ランナーには持久力、短距離ランナーには瞬発力が求められる。この違いが、両者の異なる肉体をつくり出している。その鍵となるのが、白筋(速筋)と赤筋(遅筋)と呼ばれる2種類の骨格筋である。

化学的に染色した筋肉の顕微鏡写真　　白筋（速筋）　　赤筋（遅筋）

短距離ランナーの筋肉　　　　　長距離ランナーの筋肉

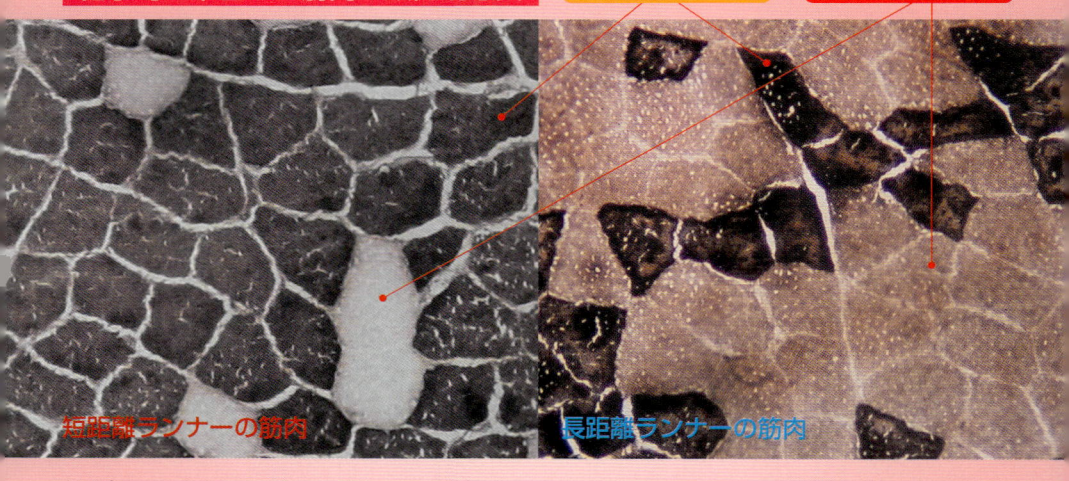

トップアスリートともなれば、一目瞭然である。筋肉をトレーニングによって鍛えると、白筋は肥大するが、赤筋は肥大しにくいという特徴を持つ。つまり、短距離ランナーの腕や足の筋肉の隆起は白筋、長距離ランナーの全体的にスリムな肉体は、赤筋を鍛えた結果なのである。

写真提供：広島大学総合科学部　和田正信研究室

● 2つの骨格筋の働き

筋肉には、骨格筋・心筋・平滑筋の3種類があるが、一般的に筋肉といえば骨格筋のことを指す。骨格筋は、両端が骨に付着しており、収縮することで骨が動き、あらゆる身体運動を行うことができる。筋肉は、収縮と弛緩を繰り返すひも状の筋繊維(筋細胞)の束でできており、ミオグロビン*という赤い色素が多い赤筋と、少ない白筋との2種類がある。白筋は速筋とも呼ばれ、収縮が速く、瞬間的に大きなパワーを出せるが、疲れやすい。一方、赤筋の収縮はゆるやかで持続的なため、遅筋と呼ばれ、力は小さいが持久性があり、疲れにくい。

筋肉を動かすためには、エネルギーが必要であるが、赤筋は、酸素(O_2)を利用してエネルギーをつくり出すミトコンドリア*がたくさんあるのに対し、白筋は、酸素なしで、エネルギーに変換できるグリコーゲン*を多く含んでいる。そのため、赤筋は有酸素性、白筋は無酸素性の運動に適している。

第3章 からだの化学「筋肉」

筋収縮時とエネルギー供給のメカニズム

し緩時

筋繊維は、細いフィラメントと太いフィラメントが規則的に並び、カルシウムイオンを持つ筋小胞体が近接している。し緩時には、細いフィラメント同士は離れている。

収縮時

筋小胞体から筋繊維にカルシウムイオンが取り込まれると、細いフィラメント間の距離が一気に縮まり、繊維全体が収縮する。

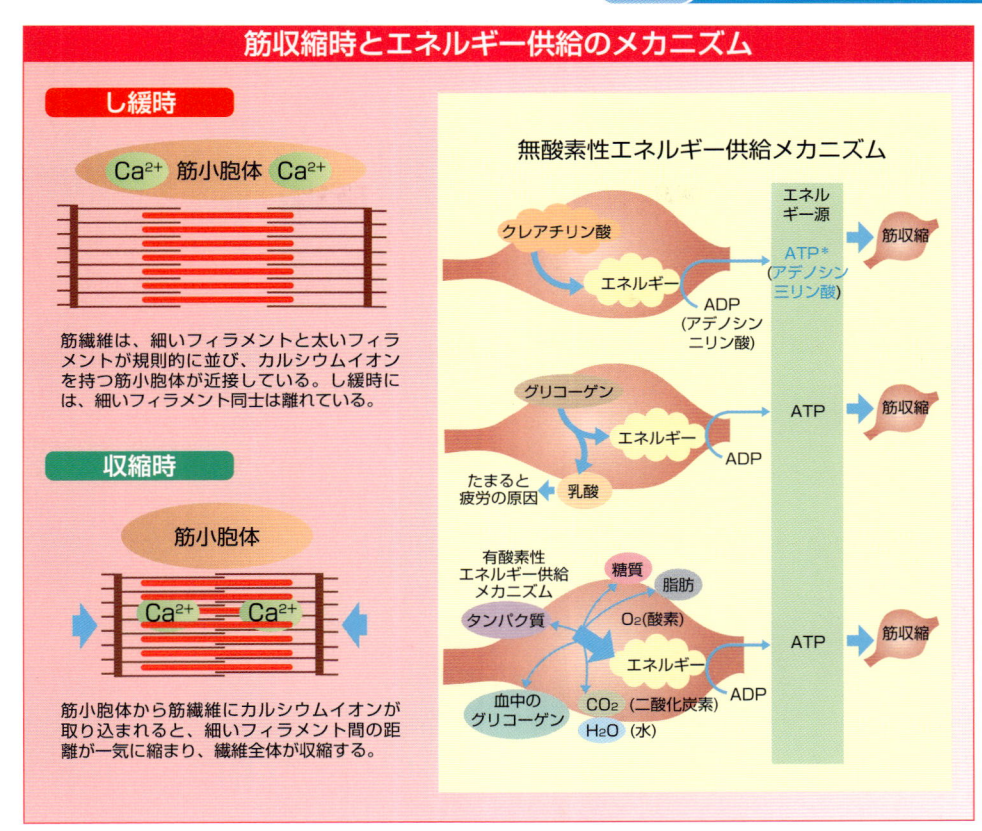

無酸素性エネルギー供給メカニズム

クレアチリン酸 → エネルギー → ADP(アデノシンニリン酸) → ATP*(アデノシン三リン酸) エネルギー源 → 筋収縮

グリコーゲン → エネルギー → ADP → ATP → 筋収縮
たまると疲労の原因 ← 乳酸

有酸素性エネルギー供給メカニズム

タンパク質、糖質、脂肪、血中のグリコーゲン、O_2(酸素) → エネルギー → CO_2(二酸化炭素)、H_2O(水)、ADP → ATP → 筋収縮

● 長距離走向きの赤筋、短距離走向きの白筋

　長距離走では、瞬発的なパワーは不要であり、長時間走り続けるための持久力のある赤筋の活躍が大きい。一方、短距離走では、スピードとパワーにあふれた脚力を生む白筋の発達が欠かせない。この動作や運動強度の違いが、選手の肉体の違いとなってあらわれる。

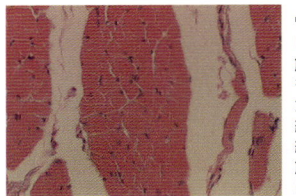

骨格筋の横断面
ピンク色の多角形が筋繊維。これが何本も集まってできた束が筋肉である。白筋繊維の直径は、赤筋繊維に比べて太く、筋の断面積が大きいほど筋力は強くなる。

■魚の白身と赤身の違い

　魚の赤身は赤筋、白身は白筋である。マグロやカツオなどの大型回遊魚は、外敵から襲われることが少ないため、ゆっくりと長時間泳ぐのに適した赤筋を持ち、タイやヒラメなどの近海魚は、獲物を追ったり、外敵からすばやく逃げるための俊敏な動きに適した白筋を持つ。

多彩な力を持ち、からだに必須なアミノ酸の正体

私達のからだは水分が約60％、脂質や糖分が約20％、そして残りの約20％はタンパク質などの窒素化合物であるアミノ酸でできている。筋肉や臓器などを形づくるアミノ酸は、からだには欠かせない栄養成分である。

〈サプリメント〉　〈調味料〉  　〈化粧品〉

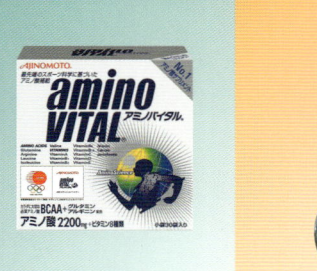

アミノ酸の化学構造式

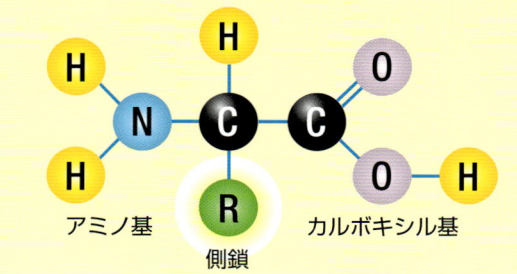

H-N(アミノ基)-C-C(=O)-O-H(カルボキシル基)、C にH と R(側鎖)が結合

〈医薬品〉

体内に存在する20種類のアミノ酸

必須アミノ酸(略号)	非必須アミノ酸(略号)
バリン Val	グリシン Gly
ロイシン Leu	アルギニン Arg
イソロイシン Ile	グルタミン酸 Glu
メチオニン Met	グルタミン Gln
フェニルアラニン Phe	チロシン Tyr
リシン Lys	セリン Ser
トリプトファン Trp	アラニン Ala
トレオニン Thr	アスパラギン酸 Asp
ヒスチジン His	アスパラギン Asn
	システイン Cys
	プロリン Pro
(体内で合成できない9種)	(体内で合成できる11種)

サプリメント・調味料・化粧品など、さまざまなものに配合されているアミノ酸。

写真提供：味の素株式会社

第3章 からだの化学「アミノ酸」

● からだに必須なアミノ酸の正体

　アミノ酸は、自然界に500種類近く存在する。そのうち、タンパク質をつくるアミノ酸としては、1806年にフランスでアスパラガスからアスパラギンが最初に発見されたのを皮切りに、現在までに20種類のアミノ酸が発見されている。この20種類のアミノ酸を材料に、役割の異なるさまざまなタンパク質がつくられ、そのどれもがからだの働きを支える重要な役割を果たしている。

　20種類のアミノ酸のうち、11種類は体内で合成できるが、他の9種類は体内では合成できないため、必須アミノ酸と呼ばれ、食品から摂らなければならない。必要なアミノ酸が一つでも欠けると、タンパク質がつくられなくなり、からだを正常に保つことができなくなる。そのため、最近では、医療用医薬品やサプリメントとして手軽にアミノ酸を補給できるようになっている。また、1908年に東京帝国大学の池田菊苗博士が旨味成分として発見したことで有名なグルタミン酸ナトリウムをはじめ、個々のアミノ酸には甘さや苦さ・酸っぱさ・うま味など、固有の味があり、食品の味にも関わっている。

● アミノ酸の可能性は無限大

　最近の研究では、一つひとつのアミノ酸が持つ多彩な役割が解明されるようになってきており、食・スポーツ・健康・医療・美容など、多くの分野で、アミノ酸を利用した研究開発が行われている。

　スポーツ栄養食品として脚光を浴びているBCAAは、分岐鎖アミノ酸(branched chain amino acids)の略称で、筋肉を構成するタンパク質をつくり出すだけでなく、激しい運動時にはエネルギーとしても使われる。スポーツ時に摂取するのに最適で、バリン・イソロイシン・ロイシンがある。

　また、グルタミンやアルギニンには、筋肉づくりを応援する働きがある。これらもBCAAとともに、サプリメントやスポーツ飲料として摂取されている。

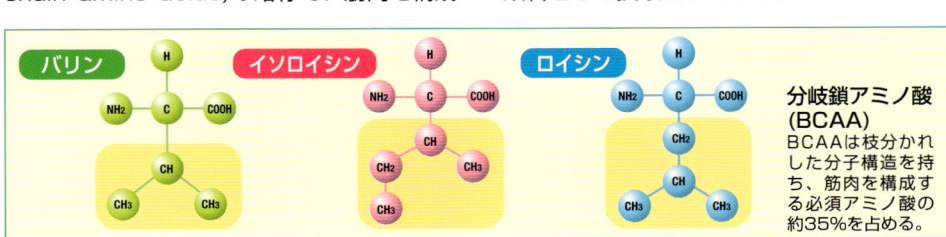

分岐鎖アミノ酸 (BCAA)
BCAAは枝分かれした分子構造を持ち、筋肉を構成する必須アミノ酸の約35%を占める。

■謎の多いアミノ酸

　アミノ酸にはD体とL体の2つの種類があり、鏡に映したようにそっくりの形にも関わらず、その性質はまったく異なる。また、生命に必要なアミノ酸の99%はなぜかL体であり、その理由はいまだにわかっていない。

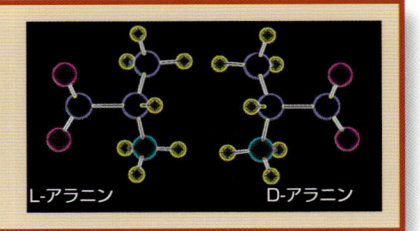

L-アラニン　　D-アラニン

現代人に必須の"薬"——その秘密を探る

風邪を治すための注射薬、飲酒前に飲む胃腸薬、目が疲れるとさす点眼薬、肩が凝ったといって貼る湿布薬、傷を負ったときの軟膏など、ストレス多き社会に生きる現代人にとって、各種の薬は、生活するうえで欠かせないものとなっている。

薬が体内の細胞膜を通過する方法

受動輸送
大部分の薬は、この方法で体内を移動する。

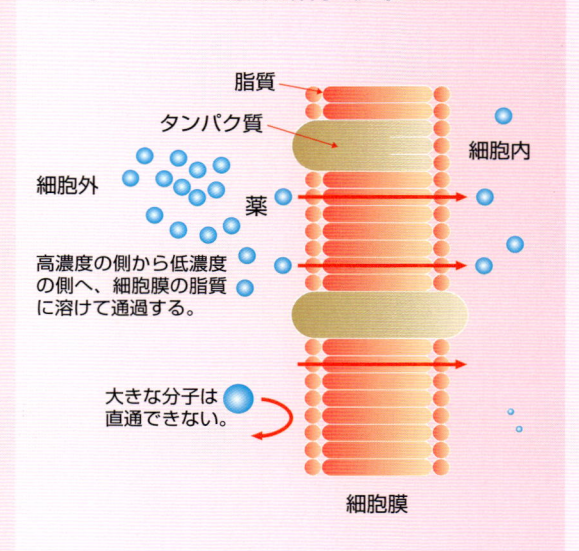

- 脂質
- タンパク質
- 細胞外
- 薬
- 細胞内
- 高濃度の側から低濃度の側へ、細胞膜の脂質に溶けて通過する。
- 大きな分子は直通できない。
- 細胞膜

能動輸送
細胞膜の脂質に溶けず、分子も小さくないが、担体に乗って細胞膜を通過する。濃度にも関係なく、担体が輸送船の役割を果たす。

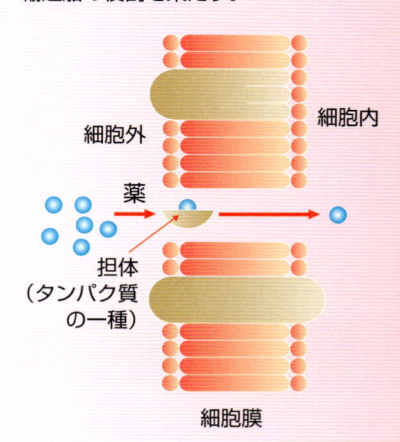

- 細胞外
- 細胞内
- 薬
- 担体（タンパク質の一種）
- 細胞膜

● 薬の体内への広がり方

薬は、病患部の細菌をやっつけたり、弱った組織を正常な状態に回復させたりして、薬効をあらわす。そのためには、体内へ吸収される必要があり、消化管の細胞などの膜を通過しなければならない。その方法には、❶濃度の濃い方から薄い方へ移動する方法　❷濃度に関係なく、薬が細胞膜にある担体*と結びついて(いわば、輸送船に乗って)移動する方法　とがある。❶の場合には、さらに、細胞膜表面の脂質に薬が溶けて移動する方法と、脂質に溶けない薬が細胞膜にあいている微小な孔を水に溶けて通過する方法とがある。

薬の体内での働き——ADME

薬の体内における動きと変化は、次のように分類される。❶吸収(absorption)：投与された薬が溶けて血液中に入る。❷分布(distribution)：毛細血管から各組織の細胞へ移行。❸代謝(metabolism)：肝臓などの臓器において分解される。❹排出(excretion)：肝臓から胆汁に溶けて、または、腎臓から尿中など、臓器を経て体内から消失する。

この間に、薬は作用する部分に到達し、薬効をあらわす。吸収と分布は効果の速さと強さに関係し、代謝と排出は効き目の持続性に関係する。

薬の作用

人体は、約60兆個という膨大な数の細胞で構成されている。その細胞は、いずれも高度なネットワークをつくっており、それらの間は、ホルモン*や神経伝達物質*・オータコイド*・サイトカイン*などの化学物質によって情報伝達されている。そして通常は、細胞の受容体*(レセプター)にこれらの情報を持つ化学物質が結合することによって、細胞が反応してからだの活動が維持されている。

薬には、❶この受容体に結合して情報伝達物質と同じ反応を起こさせ、作動させるアゴニスト*(作動薬)　❷受容体に結合して本来の情報伝達物質を遮断し、作動させないアンタゴニスト*(拮抗薬)　がある。

薬が作用するしくみ

拮抗薬(アンタゴニスト)
受容体に結合し、化学物質やホルモンの働きを遮断する。

作用薬(アゴニスト)
受容体に結合し、化学物質やホルモンと同様の反応を起こさせる。

受容体(レセプター)
細胞反応を起こす　細胞　細胞反応を起こさない

薬の剤型

薬には、薬の成分が体内に効率よく吸収され、目的の効果が得られるように、多種・多様な形態(剤型)がある。

❶内服薬：錠剤・カプセル剤・散剤・液剤など。主に腸から吸収されて効果をあらわす。
❷注射薬：静脈内注射・皮下注射・筋肉内注射。腸から吸収されない薬は、主に注射薬として用いられる。
❸外用薬：坐剤・貼付剤などのように全身的に使う薬と、軟膏・点眼剤・点鼻剤・点耳剤などのように局部的に使う薬とがある。

■ペン型注射器

注射による治療というと抵抗を感じる人も多いが、最近、糖尿病患者のインスリン*投与に、医師の処方と提案のもとでペン型インスリン注射器が使われている。ペン型注射器は、薬の量も間違えることなく、扱いやすく、手軽に注射でき、1日数回注射をしなければならない場合などに便利である。これは、皮下注射なので、腹部や太もも・腕などに自分で射つことができる。
※インスリン：膵臓から分泌され、血糖値を調節するホルモン。

タンパク質は、すべての生命活動のみなもと

生命あるものは、すべて細胞が最小単位となっている。細胞の中には遺伝子がしまわれており、その遺伝情報にしたがって膨大な数のタンパク質がつくられる。このタンパク質こそが、生物のからだをつくり、生命を維持するみなもとなのだ。

タンパク質の結晶

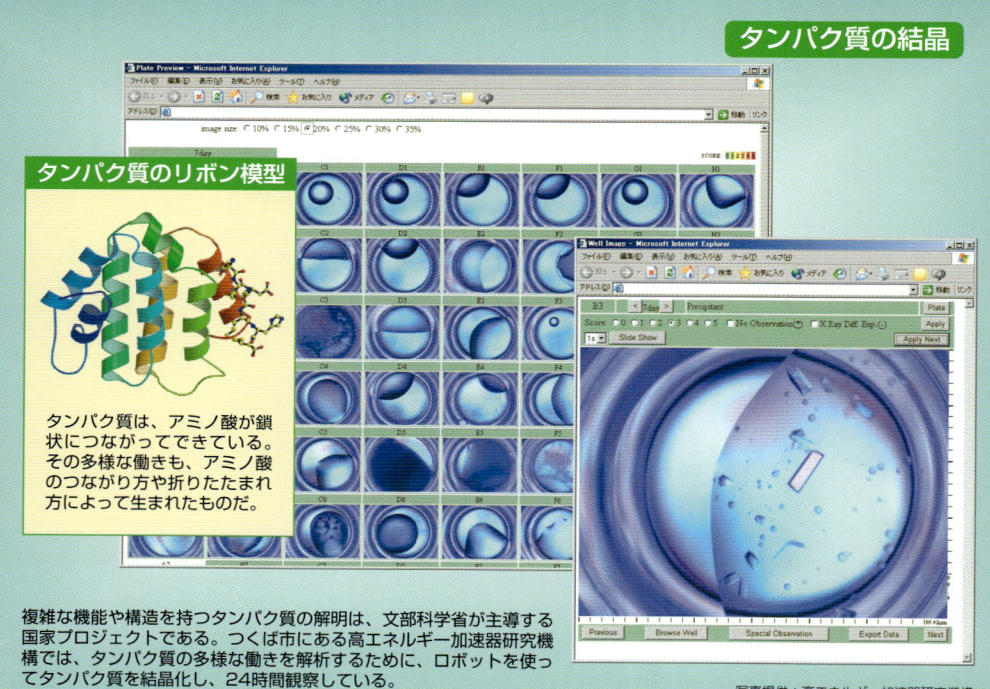

タンパク質のリボン模型

タンパク質は、アミノ酸が鎖状につながってできている。その多様な働きも、アミノ酸のつながり方や折りたたまれ方によって生まれたものだ。

複雑な機能や構造を持つタンパク質の解明は、文部科学省が主導する国家プロジェクトである。つくば市にある高エネルギー加速器研究機構では、タンパク質の多様な働きを解析するために、ロボットを使ってタンパク質を結晶化し、24時間観察している。

写真提供：高エネルギー加速器研究機構

タンパク質の基本的構造

タンパク質は、少なくとも100個程度のアミノ酸が一本の鎖のようにつながっている。アミノ酸同士は必ず−CO−NH−で結合し合っており、これを、ペプチド結合＊という。

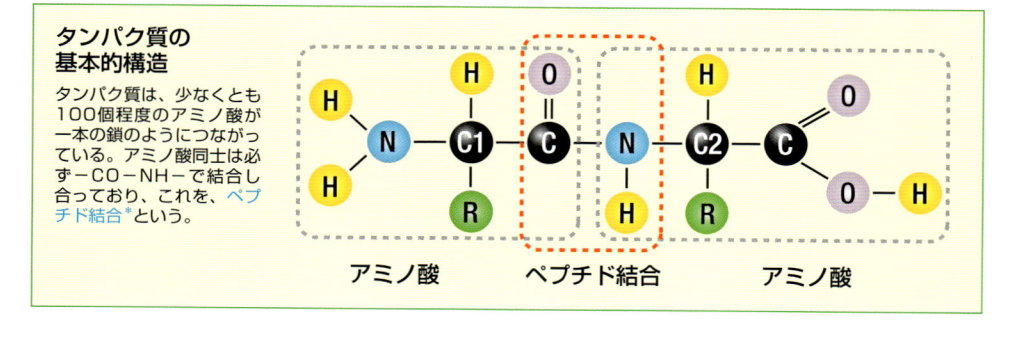

アミノ酸　ペプチド結合　アミノ酸

第3章 からだの化学 「タンパク質」

● なぜ生命活動のみなもとなのか？

人間のからだは、約60兆個もの細胞が集まってできている。そして細胞は、からだに存在するわずか20種類のアミノ酸を組み合わせて、さまざまな働きを持つ膨大な数のタンパク質をつくり出している。

タンパク質は、いくつものアミノ酸が一本の鎖でつながり合った、複雑な立体構造をしている。この構造が、タンパク質の性質を決めている。臓器や筋肉・毛・皮膚などのからだを形づくる成分、生体内で起こるさまざまな化学反応を調節する酵素、ホルモン*、血液として酸素(O_2)を運ぶヘモグロビンなど、多くの要素がタンパク質からできている。タンパク質は、ほとんどの生命現象に関わっているのである。

タンパク質は英語でプロテイン(protein)といい、ギリシャ語の"第一のもの"を意味する。その由来通り、タンパク質は、生命が存在するために一番重要なものであるといえる。

● タンパク質の設計図を保管するDNA

DNA(deoxyribonucleic acid)は、リン酸－糖－塩基*というヌクレオチドと呼ばれる単位が連なった鎖が2本、はしごのように並び、それがねじれた2重らせん構造をしている。2本の鎖は、アデニン(A)とチミン(T)、グアニン(G)とシトシン(C)という対応で、塩基同士が結びついて構成されている。そして、各鎖の塩基の並びが遺伝情報となり、それらのいずれか3つの並びがアミノ酸の一つひとつと対応し、タンパク質をつくりあげるのである。

生命体の姿や色、臓器・器官の働きは、わずか20種類のアミノ酸をいろいろな順序で組み合わせ、膨大な数をつなぎ合わせてもたらされた、タンパク質の多様性によるものである。そして、その膨大な数の暗号は、DNAに保管されているのである。

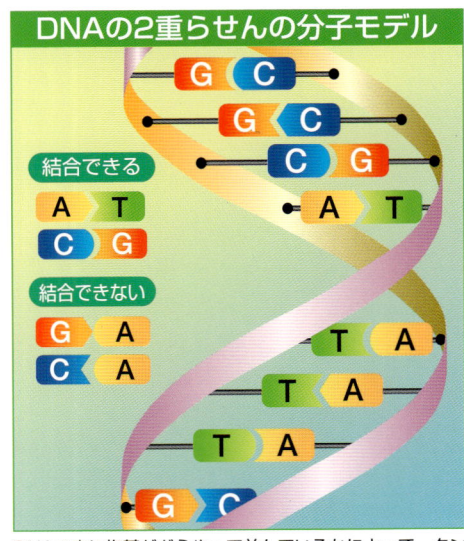

DNAの2重らせんの分子モデル

結合できる
G C
G C
C G
A T
C G

結合できない
G A
C A

DNAの中に塩基がどうやって並んでいるかによって、タンパク質をつくり出すアミノ酸の組み合わせが決まる。

■タンパク質がもたらしたBSE(牛海綿状脳症：bovine spongiform encephalopathy)

1980年代後半にイギリスで最初に発生して以来、全世界をパニックに陥れているBSE。この原因となっているのは、もともと動物のからだにあるプリオンと呼ばれるタンパク質である。正常なプリオンが、異常な形に折りたたまれ、その立体構造が変化することで、病原性を持つ異常な感染性タンパク質、プリオンとなる。タンパク質は、折りたたまれ方の違いだけで、生命を支えもすれば破壊もするという、正反対の性質を持ってしまうのである。

人を悩ませる免疫反応——花粉症の秘密を探る

寒い冬を越え、あたたかな日射しを浴びるようになり、心が弾む季節を迎えるというのに、春の2、3か月を憂鬱な気分で過ごさなければならない一群の人々がいる。そう、花粉症をかかえる人々である。人を悩ませるアレルギーの正体とは？

花粉症のしくみ

花粉症は、スギ・ヒノキ・ブタクサ・カモガヤ・ヨモギなどの花粉によって起こる即時型アレルギーである。アレルギーとは、本来、からだを守るのに役立つはずの抗原抗体反応が過剰に起こってしまう過敏症である。

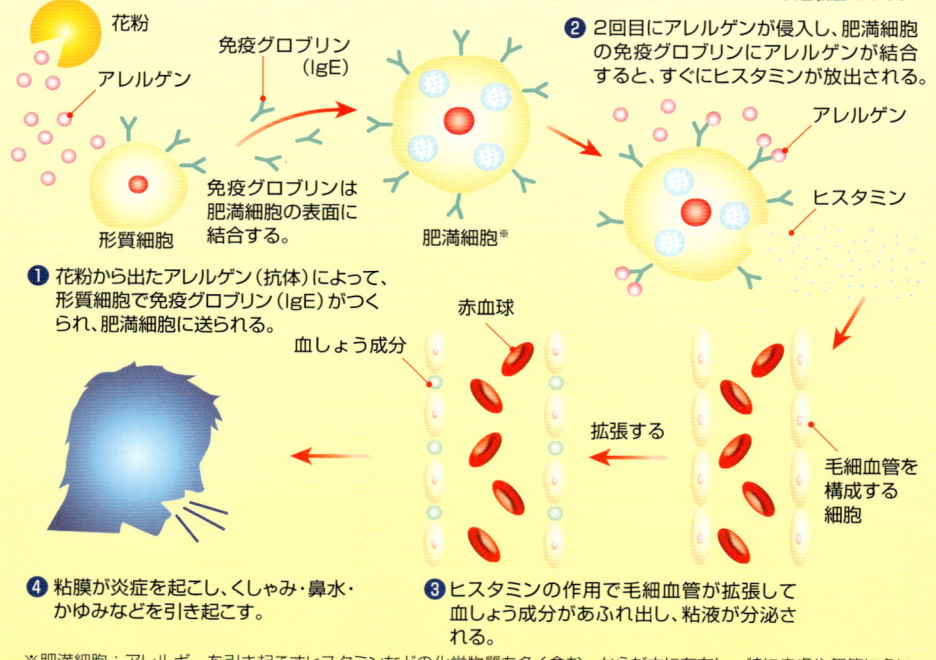

花粉
アレルゲン
免疫グロブリン（IgE）
免疫グロブリンは肥満細胞の表面に結合する。
形質細胞
肥満細胞※
アレルゲン
ヒスタミン

❶ 花粉から出たアレルゲン（抗体）によって、形質細胞で免疫グロブリン（IgE）がつくられ、肥満細胞に送られる。

❷ 2回目にアレルゲンが侵入し、肥満細胞の免疫グロブリンにアレルゲンが結合すると、すぐにヒスタミンが放出される。

赤血球
血しょう成分
拡張する
毛細血管を構成する細胞

❹ 粘膜が炎症を起こし、くしゃみ・鼻水・かゆみなどを引き起こす。

❸ ヒスタミンの作用で毛細血管が拡張して血しょう成分があふれ出し、粘液が分泌される。

※肥満細胞：アレルギーを引き起こすヒスタミンなどの化学物質を多く含む。からだ中に存在し、特に皮膚や気管に多い。

● 抗体とは？

体内にウイルスや細菌などの異物が侵入すると、その刺激でリンパ球の一種の形質細胞が、抗体*という特別なタンパク質をつくり出す。できた抗体は、血流に乗って体内を移動し、抗体ができるもとになった異物（抗原）にめぐり合うと、これと結合したり、抗原同士を結びつけたりして、抗原の働きを抑えてしまう（抗原抗体反応）。

一度、インフルエンザウイルスなどに感染すると、形質細胞は、その抗原を認識して抗体を産出する能力を持ち続ける。そして、翌年などに同じウイルスが侵入してくると抗原

第3章 からだの化学
「花粉症」

抗体反応を起こし、その影響を取り除いてしまう(免疫)。体内には、非常に多くの形質細胞があり、それらは、外からいろいろな種類の抗原が侵入しても、その一つひとつに対応するそれぞれの抗体をつくるのである。最近ではハウスダスト症候群も同じような反応を示している。

花粉症が引き起こされる理由

体内へ侵入したスギ・ヒノキなどの花粉は、破裂してアレルゲン(抗原)を放出する。それが体内の喉や鼻の粘膜に触れると、形質細胞で免疫グロブリン(抗体)がつくられ、それが肥満細胞という特別な細胞の抗体の受け皿(受容体*)と結びつく。抗体とレセプターが結びつくと、肥満細胞は始動状態となり、次のアレルゲンの侵入を待ち受ける状態となる。

次にアレルゲンが侵入して、肥満細胞の抗体と結びつくと、肥満細胞からヒスタミンなどの化学物質が放出される。ヒスタミンなどは、毛細血管壁から血しょう成分をあふれ出させ、それが粘液の分泌を促進し、同時に、粘膜を過敏に刺激する。そのため、目や鼻の粘膜のかゆみ、鼻水・鼻づまり・くしゃみなどの症状を引き起こすのである。

写真提供:石川県林業試験場

スギの花粉(2000倍)　　ヒノキの花粉(2000倍)

花粉症の予防

一度、花粉症にかかってしまった人は、それを一生かかえていくことになるため、"ありがた迷惑"な免疫反応である。そのため、花粉症と"上手につき合っていく"ことが必要である。予防策として効果的なのは、花粉症の季節になって症状が出る前に、専門医から抗ヒスタミン剤による予防的な治療を受ける。また、日常的な対策としては、花粉の飛散がひどい日には、外出を控えたり、窓を閉め切っておく。どうしても外出しなければならないときは、ゴーグル型眼鏡やフィルター付きマスクなどを用いた完全装備で、花粉の体内への侵入を防ぐことが必要である。

花粉保護用の
ゴーグル型眼鏡

写真提供:山本光学株式会社

■地球温暖化が花粉症を増やしている?

我が国では、スギやヒノキの花粉の飛散量は、年々増加傾向にある。これは、1945年頃から植林された木が大きく成長したことと、近年の人手不足による枝打ち・間伐などの管理不行き届きによって、木自体の花粉生産能力が増大したためである。また、地球温暖化によって、前年の夏の気温が異常に高くて雨が少ないと、スギやヒノキがたくさんの花をつけ、花粉の生産量が多くなる。

がんと抗がん剤のしくみ

がんは、細胞を増殖させる特定のタンパク質の指令によって、ある臓器から他の臓器へと転移する。がんの進行をくい止める治療法の一つである抗がん剤は、がん細胞の増殖を阻止するとともに、がんの転移を防ぐ働きをする。

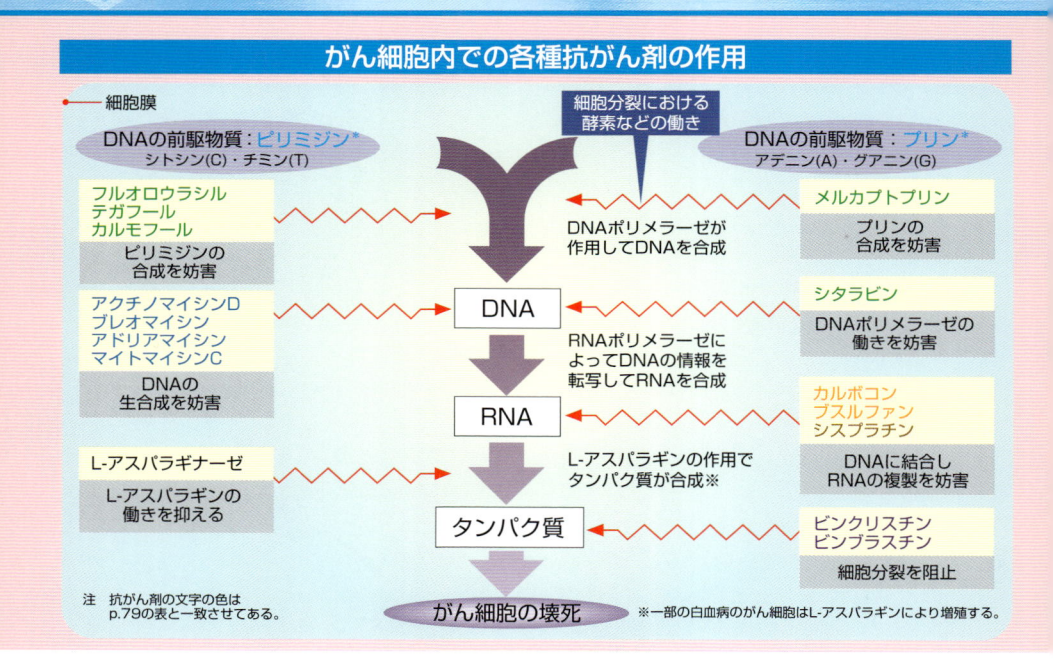

がん細胞内での各種抗がん剤の作用

- 細胞膜

DNAの前駆物質：ピリミジン*
シトシン(C)・チミン(T)

- フルオロウラシル
- テガフール
- カルモフール

ピリミジンの合成を妨害

- アクチノマイシンD
- ブレオマイシン
- アドリアマイシン
- マイトマイシンC

DNAの生合成を妨害

- L-アスパラギナーゼ

L-アスパラギンの働きを抑える

細胞分裂における酵素などの働き

DNAポリメラーゼが作用してDNAを合成

→ DNA

RNAポリメラーゼによってDNAの情報を転写してRNAを合成

→ RNA

L-アスパラギンの作用でタンパク質が合成※

→ タンパク質

→ がん細胞の壊死

DNAの前駆物質：プリン*
アデニン(A)・グアニン(G)

- メルカプトプリン

プリンの合成を妨害

- シタラビン

DNAポリメラーゼの働きを妨害

- カルボコン
- ブスルファン
- シスプラチン

DNAに結合しRNAの複製を妨害

- ビンクリスチン
- ビンブラスチン

細胞分裂を阻止

注 抗がん剤の文字の色はp.79の表と一致させてある。

※一部の白血病のがん細胞はL-アスパラギンにより増殖する。

● 細胞分裂に関わる核酸塩基

細胞の核にはDNA(deoxyribonucleic acid)、細胞質にはRNA(ribonucleic acid)という核酸*が存在し、細胞分裂の際に重要な働きをしている。DNAにはアデニン(A)・グアニン(G)・シトシン(C)・チミン(T)、RNAにはアデニン・グアニン・シトシン・ウラシル(U)という核酸塩基*がある。ウラシル・チミン・シトシンはピリミジン塩基を、アデニン・グアニンはプリン塩基を、それぞれ前駆物質として、細胞内で合成される。

プリン　アデニン(A)　グアニン(G)

ピリミジン　ウラシル(U)　シトシン(C)　チミン(T)

核酸は、核酸塩基と糖・リン酸からなるヌクレオチドを構成単位としてできている。

第3章 からだの化学
「がんと抗がん剤」

がん細胞内での各種抗がん剤の作用

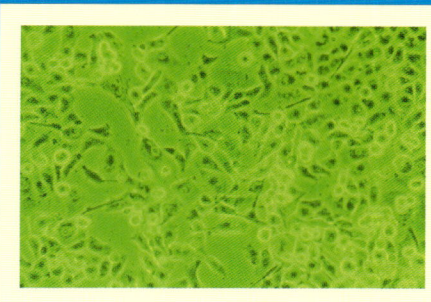

膵臓がん細胞

がん細胞が不規則に重なり合って増殖している様子。がん細胞は、DNAが複製されて、その情報がRNAに転写され、タンパク質が合成されて、細胞分裂を起こして増殖する。抗がん剤は、細胞増殖の始まりであるDNAの合成過程から作用して、がん細胞の増殖を阻止する。

写真提供：九州がんセンター癌分子治療研究室　瀧口総一

● がんは異常に増殖する細胞のかたまり

　細胞は、DNAの遺伝情報に基づいて増殖し、分化している。まず、DNAを構成するプリン・ピリミジンにDNAポリメラーゼという酵素が働き、DNAが複製される。さらに、RNAポリメラーゼという酵素によって、DNAの情報はRNAに転写され、その情報によってタンパク質が合成され、細胞が分裂して増殖する。この細胞ががん細胞であるとき、抗がん剤は細胞の増殖プロセスを阻止する働きをする。

　通常の細胞は、分裂をくり返し、ある程度、臓器への分化が進むと分裂が止まる。しかし、正常細胞ががん細胞になると、止まっていた細胞分裂が再び活発化し、全体の調和を乱し、同時に周辺の組織を破壊して腫瘍を形成する。これが、がんである。がん細胞の増殖因子がこのタンパク質に働くと、がん細胞がアメーバのように動いて他の組織に移り、がんが進行することが明らかとなっている。

　がんの主な治療法は、
❶手術でがん細胞を除去する外科的治療法
❷放射線でがん細胞を壊す放射線治療法
❸抗がん剤でがん細胞を攻撃する化学療法である薬物療法　がある。また、その他、遺伝子治療として、がん細胞にがん抑制遺伝子、免疫細胞強化遺伝子、薬を働きやすくする遺伝子、細胞を死にやすくするアポトーシス*遺伝子などを送り込む研究も進められている。

抗がん剤の種類

悪性腫瘍の増殖を抑える抗がん剤を分類すると、アルキル化剤・代謝拮抗剤・抗生物質剤・アルカロイド系・その他の5種類ある。

作用	分類	薬物
アルキル化剤	がん細胞の核酸と結合し、DNAやRNAの合成を阻害する	カルボコン　ブスルファンなど
代謝拮抗剤	ヌクレオチドの生合成や核酸の生合成過程での酵素反応を阻害する	メトトレキサート　メルカプトプリン　シタラビン　フルオロウラシル　テガフール　カルモフールなど
抗生物質剤	抗生物質で、抗がん作用を持つ	アクチノマイシンD　ブレオマイシン　アドリアマイシン　マイトマイシンCなど
アルカロイド系	細胞分裂を阻止する	ビンクリスチン　ビンブラスチンなど
その他	上記以外のもの	シスプラチンなど

高血圧症・高脂血症・糖尿病 ── 生活習慣病とは

生活習慣病は、従来は成人病と呼ばれていたが、高年齢層ばかりでなく若年層にも広がってきたため、この名称が用いられるようになった。飲酒・偏食、糖分の摂取過多、運動不足など、長年の生活習慣が原因で発症しやすいがん・脳卒中・心臓病などに至る病の総称である。

生活習慣病の発症原因

生活習慣病は、生活における些細な因子が積み重なって起きる。こうした病が合併すると、脳卒中やがんなどの大病に見舞われる危険があり、さらには、認知症や寝たきりといった高齢者特有の健康問題に発展する可能性もある。そのため、若いうちからの注意が必要である。

生活における因子
- 暴飲・暴食
- 働きすぎ・過労
- 飲酒
- 運動不足
- 喫煙
- ストレス

↓

生活習慣病

がん	悪性腫瘍(悪性新生物)。
心臓病	心臓に関わる病気で、心筋梗塞などがある。心筋梗塞は心臓につながる動脈(冠動脈)がふさがり、心臓の筋肉である心筋に十分な酸素(O_2)が供給されず、心筋が損傷する病態。
脳卒中	脳の血管の障害により、突然意識を失い、手足などに麻痺をきたす疾患。
肥満症	肥満は、過剰に中性脂肪が蓄積した状態。肥満症は、肥満によって健康を害することで、治療が必要となる。
高血圧症	動脈の血圧が持続して上昇する病態。
高脂血症	血液中のコレステロールや中性脂肪などの脂質が、正常値より高い病気。
動脈硬化症	動脈の壁が厚くなり、血管がかたくなる疾患。悪玉コレステロールが血管内で活性酸素*により酸化されるのが原因で進行する。

メタボリックシンドローム

肥満 → インスリン抵抗性 → 高血圧・高脂血症・糖尿病 → 動脈硬化症

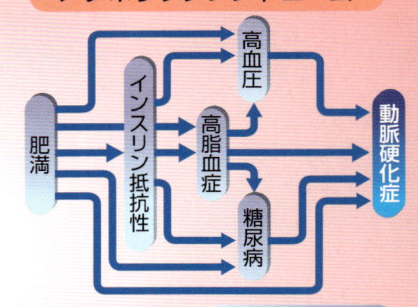

高齢化社会の健康問題

認知症(痴呆症)	成人において脳の一部が損傷し、記憶・判断、感情などの精神機能に異常をきたしたため、日常生活が正常に送れなくなった状態。

● 生活習慣病は合併して起こる

生活習慣病の中でも、肥満症や糖尿病・高脂血症・高血圧症は重複して発症することが多く、動脈硬化症を起こす危険性もある。これらの生活習慣病が合わさった病態をメタボリックシンドローム(代謝症候群)、または"死の四重奏"と呼ぶ。

第3章 からだの化学「生活習慣病」

● 生活習慣病は肥満症が大きな原因

　生活習慣病の一つ、肥満は、脂肪細胞が肥大化することによって起こる。脂肪細胞は、エネルギーを中性脂肪の形で蓄積するという機能は知られているが、その他にも、アディポサイトカイン*(生理活性物質)を分泌する内分泌器官として機能していることが明らかとなっている。

　脂肪細胞が肥大して肥満になると、悪玉のアディポサイトカインの分泌量が増えたり、慢性炎症が起こるとともに、善玉アディポサイトカインの分泌が減少する。その結果、血中のブドウ糖を筋肉や肝臓などの細胞に取り込んで血糖値を下げるインスリンが働きにくくなるインスリン抵抗性*となり、糖尿病や高脂血症・高血圧症を引き起こすメタボリックシンドロームが起きる。

　栄養過多、過食を避け、肥満症を予防することが、生活習慣病にならないための第一歩といえるのである。

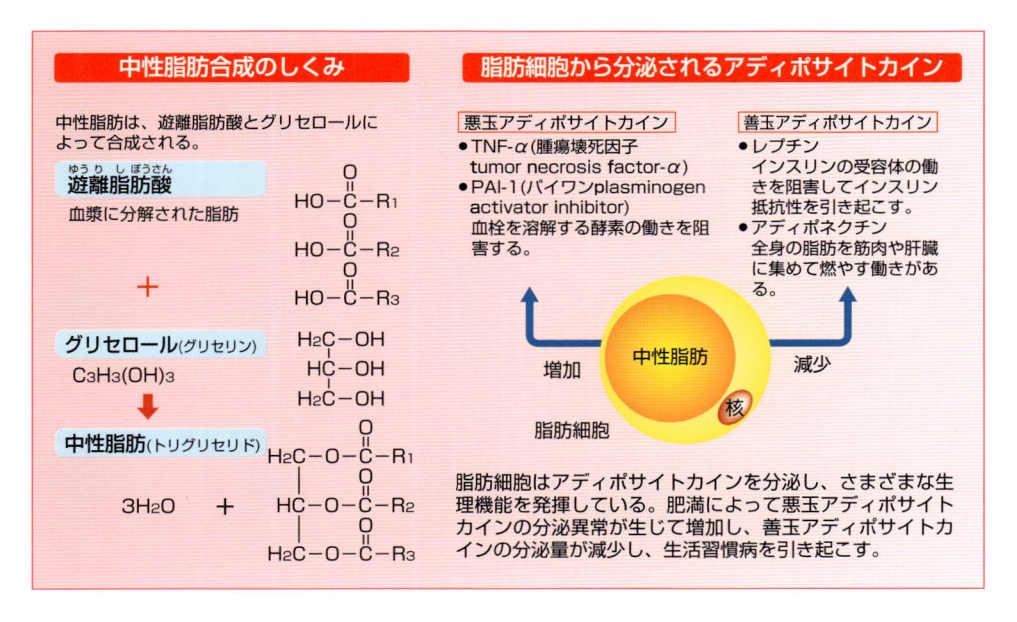

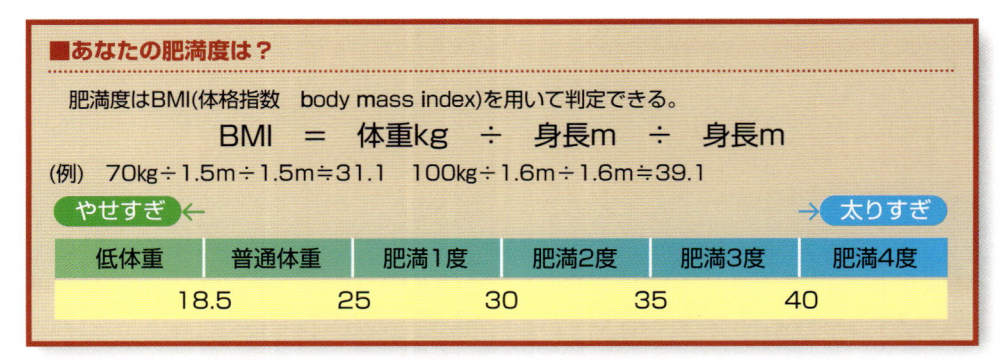

中性脂肪合成のしくみ

中性脂肪は、遊離脂肪酸とグリセロールによって合成される。

遊離脂肪酸（ゆうりしぼうさん）
血漿に分解された脂肪

$$HO-\overset{O}{\underset{\|}{C}}-R_1$$
$$HO-\overset{O}{\underset{\|}{C}}-R_2$$
$$HO-\overset{O}{\underset{\|}{C}}-R_3$$

＋

グリセロール（グリセリン）
$C_3H_3(OH)_3$

$$H_2C-OH$$
$$HC-OH$$
$$H_2C-OH$$

↓

中性脂肪（トリグリセリド）

$3H_2O$ ＋
$$H_2C-O-\overset{O}{\underset{\|}{C}}-R_1$$
$$HC-O-\overset{O}{\underset{\|}{C}}-R_2$$
$$H_2C-O-\overset{O}{\underset{\|}{C}}-R_3$$

脂肪細胞から分泌されるアディポサイトカイン

悪玉アディポサイトカイン
- TNF-α (腫瘍壊死因子 tumor necrosis factor-α)
- PAI-1 (パイワン plasminogen activator inhibitor) 血栓を溶解する酵素の働きを阻害する。

善玉アディポサイトカイン
- レプチン インスリンの受容体の働きを阻害してインスリン抵抗性を引き起こす。
- アディポネクチン 全身の脂肪を筋肉や肝臓に集めて燃やす働きがある。

増加 → 中性脂肪 ← 減少
脂肪細胞（核）

脂肪細胞はアディポサイトカインを分泌し、さまざまな生理機能を発揮している。肥満によって悪玉アディポサイトカインの分泌異常が生じて増加し、善玉アディポサイトカインの分泌量が減少し、生活習慣病を引き起こす。

■あなたの肥満度は？

肥満度はBMI(体格指数　body mass index)を用いて判定できる。

$$BMI = 体重kg ÷ 身長m ÷ 身長m$$

(例)　70kg÷1.5m÷1.5m≒31.1　　100kg÷1.6m÷1.6m≒39.1

← やせすぎ　　　　　　　　　　　　　　　　　　　太りすぎ →

低体重	普通体重	肥満1度	肥満2度	肥満3度	肥満4度
	18.5	25	30	35	40

タバコの煙は、なぜ、からだに悪影響を及ぼすのか

タバコは"有害物質の缶詰"である。タバコを日常的に吸っていると、がんや心臓病をはじめ、脳血管障害・呼吸器障害・胃潰瘍など、多くの病気にかかりやすくなり、死亡率も高まる。さらに、タバコを吸わない人へも健康被害を与えてしまう。

喫煙者の肺
タールで真っ黒になっている。

非喫煙者の肺
きれいなピンク色をしている。

写真提供：香川大学放射線科　佐藤功

喫煙者の肺は、タールで真っ黒である。肺に有害であることは、この写真からも容易に想像できる。

● タバコの煙の3大有害成分

　タバコの煙には、4000種類以上の化学物質が含まれる。そのうち、からだに有害なものは200種類以上もあり、中でも、タール・ニコチン・一酸化炭素(CO)は3大有害成分と呼ばれる。タールはいわゆるやにであり、発がん物質のかたまりである。ニコチン

第3章 からだの化学
「タバコの煙」

は、タバコがやめられなくなる中毒性を持つ物質で、交感神経を興奮させる。その結果、脈拍が速くなり、血圧が上がり、手足の血液の流れが悪くなる。一酸化炭素は、血液中で酸素(O_2)をくっつけて運んでいた赤血球に、酸素に代わって酸素の300倍の強さで結合し、酸素不足を引き起こす。酸素が慢性的に不足すると、記憶力が低下し、運動してもすぐ息切れしてしまうようになる。

そして、長期間タバコを吸っていると、動脈硬化が進み、血管がつまりやすくなり、狭心症や心筋梗塞を起こすリスクを高めたり、肺がんや咽頭がん、呼吸器疾患や胃潰瘍などの病気にかかりやすくなる。

喫煙者の死亡率
(非喫煙者との比較。男性の場合)

クモ膜下出血	1.8倍	肺気腫など	2.2倍
喉頭がん	32.5倍	肺がん	4.5倍
食道がん	2.2倍	胃がん	1.4倍
虚血性心疾患	1.7倍	胃潰瘍	1.9倍
口腔・咽頭がん	3.0倍	膀胱がん	1.6倍
肝臓がん	3.1倍	膵臓がん	1.6倍

ノバルティスファーマ株式会社「いい禁煙」サポートサイト「平山雄、1984」より

喫煙者と非喫煙者が同じ病気になった場合の死亡率を比べると、喫煙者の方が数倍から数十倍高くなる。

● 吸わない人にも及ぶタバコの害

タバコの煙には、直接、口から吸い込む主流煙と、タバコの先から出てくる副流煙の2種類がある。含まれる成分は、どちらも基本的には変わらない。しかし、有害成分の量は副流煙の方が多い。この危険な副流煙を、非喫煙者が吸わされることを受動喫煙といい、現在、社会的な問題となっている。

タバコの煙が充満した部屋に入ると、目やのどが痛くなる。これは、副流煙に多く含まれるアンモニア(NH_3)やホルムアルデヒド(HCHO)が粘膜を刺激して起こる症状で、有害物質の影響を被っている証拠である。また、受動喫煙は、気管支炎やぜんそくを悪化させたり、狭心症などの心臓発作を引き起こしたり、肺がんの発生率を高めたりと、命に関わる健康被害をもたらす。タバコは吸う人にとっても、吸わない人にとっても"百害あって一利なし"であり、被害は非喫煙者の方が大きいのである。

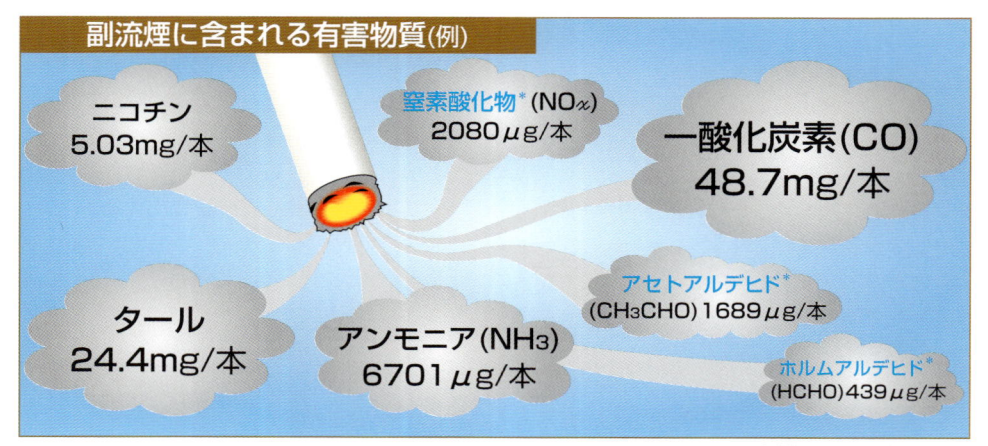

副流煙に含まれる有害物質(例)

- ニコチン 5.03mg/本
- 窒素酸化物* (NO_x) 2080μg/本
- 一酸化炭素(CO) 48.7mg/本
- タール 24.4mg/本
- アンモニア(NH_3) 6701μg/本
- アセトアルデヒド* (CH_3CHO) 1689μg/本
- ホルムアルデヒド* (HCHO) 439μg/本

厚生労働省ホームページ資料より作成

人間の命と健康を守る医薬品の設計と開発

医薬品の開発は、新物質の発見・発明から始まる。発見された物質が、安全性や有効性のチェックをパスして製品化にこぎ着けるのは、1万分の1の確率といわれる。だが、ゲノム創薬®の登場によって、医薬品開発は新たな局面を迎えている。

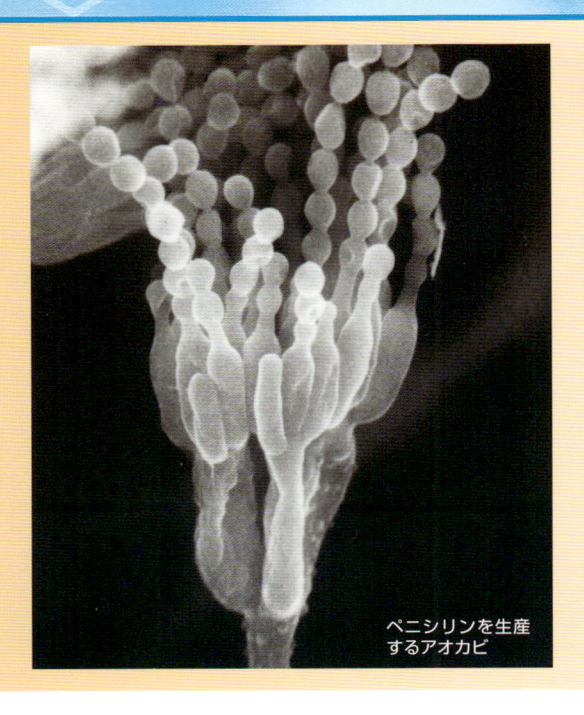

医薬品における20世紀最大の発見――ペニシリン

　イギリスの細菌学者、A.フレミング(1881～1955)は、研究用に細菌を培養中、誤ってアオカビを発生させてしまったが、アオカビの周りが透明になっているのに気づいた。調べてみると、アオカビから分泌されている液体が、周囲の細菌を溶かしていたことがわかった。
　そこで彼は、アオカビを培養し、細菌の繁殖を抑える物質を発見して、その物質をペニシリンと名づけた。世界最初の抗生物質であるペニシリンは、細菌が細胞壁をつくるのを妨害して細菌を死滅させ、感染症の克服に大きな役割を果たした。この成果により、フレミングは1945年にノーベル生理学医学賞を受賞した。

ペニシリンを生産するアオカビ

写真提供：千葉大学真菌医学研究センター　矢口貴志

● 一般の医薬品開発の流れと所要年月

[1] 基礎研究　2～3年
　医薬品の開発は、薬の材料になりそうな新しい物質を探求する基礎研究に始まる。新しい物質は、動植物や鉱物などから抽出、または化学合成などによりつくり出す。新物質は、構造や性質を調査され、新薬候補として選別(スクリーニング)される。

[2] 非臨床試験　3～5年
　厳選された物質は、非臨床試験としてラットなどの動物に投与され、その働きや毒性、品質を慎重に吟味された末、試薬品となる。

[3] 治験　3～7年
　試薬品は、人間を対象とした試験である治験に用いられる。治験は3段階に分かれ、病院などの医療機関で被験者の同意を得た上で行われる。
　(1)：副作用などの安全性(対象：少数の健康な志願者)

(2)：薬としての有効性、投与量、安全性
　　（対象：少数の患者）
(3)：類似の薬効を持つ既存の医薬品と比較した有効性と安全性（対象：多数の患者）

[4] **承認申請と審査**　1～2年
　治験で有効性や安全性が証明されると、厚生労働省に承認申請し、専門家による審査にパスして、初めて医薬品として製品化されるのである。

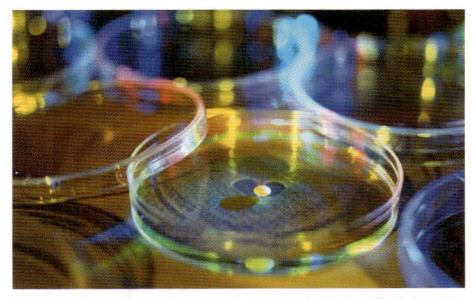

新しい医薬品の開発には、およそ10年以上の歳月と200～300億円にのぼる費用を要する。

● 新たな新薬の開発法——ゲノム創薬

　近年、ヒトゲノム*の解読、遺伝子解析技術の進歩にともなうゲノム創薬の登場によって、医薬品開発や医療が変わろうとしている。ゲノム創薬では、解析されたゲノム情報を活用して、病気に関わる遺伝子を特定し、その遺伝子がつくり出すタンパク質の機能を調節するのに最適な薬を、コンピュータを用いて効率的に設計していく。新薬の開発に要する時間や費用の圧縮につながるばかりか、個々の患者の遺伝的な体質に応じ、副作用がなく効果的な治療を行う"オーダーメイド医療"を実現できる可能性がある。

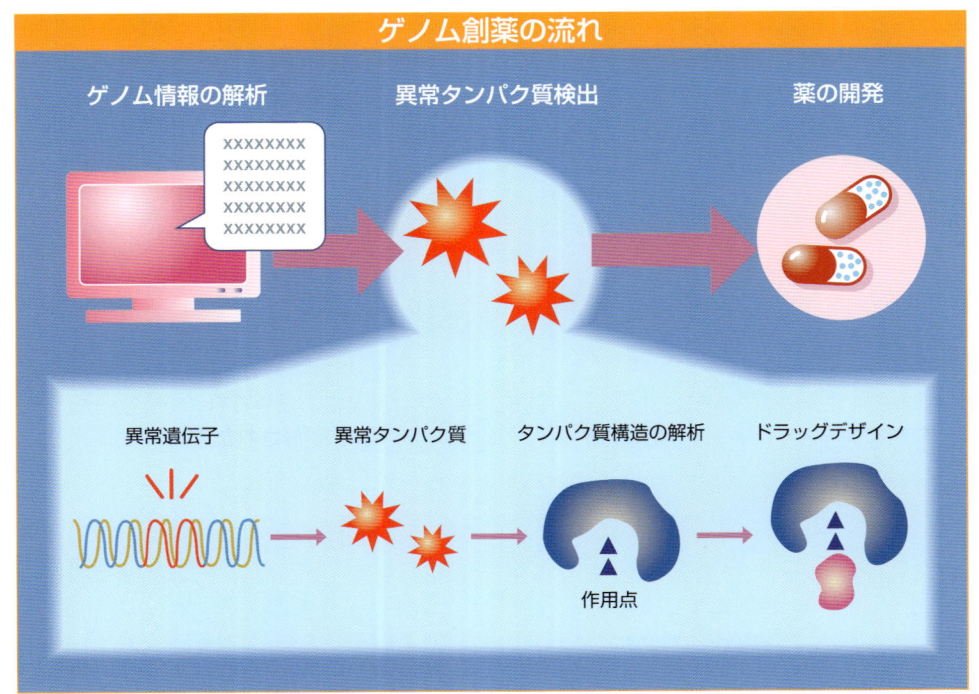

ゲノム創薬の流れ

ゲノム情報の解析 → 異常タンパク質検出 → 薬の開発

異常遺伝子 → 異常タンパク質 → タンパク質構造の解析（作用点） → ドラッグデザイン

ノバルティスファーマ株式会社の資料をもとに作成

現代人に人気の健康アイテム サプリメント

サプリメントとは？

　サプリメントとは、アメリカのダイエタリー・サプリメントに由来する言葉で、英語では"追加"や"補充"の意味がある。つまり、ダイエタリー・サプリメントとは、"食事で不足する栄養素を補うもの"という意味であり、アメリカでは、"ビタミン・ミネラル・アミノ酸・ハーブなどの決められた成分を含むカプセルや錠剤などの形態をしたもの"と認識されている。一方、日本ではサプリメントの明確な定義はないため、ある人はビタミンやミネラル、ある人はハーブ、ある人はいわゆる健康食品を連想するのが現状であるが、すべて食品であることは覚えておく必要がある。

栄養いろいろ、目的いろいろ

　加工食品の摂りすぎ、多量の飲酒、喫煙などは、ビタミンやミネラルの不足をまねく危険因子である。例えば、喫煙は、ビタミンC*の消費を増やし、食品添加物としてリン(P)を多く含む加工食品の摂りすぎは、カルシウム不足をまねく恐れがある。

　そこで栄養素を補う目的で利用されているのが、サプリメントとしてのビタミンやミネラルである。タンパク質の成分となるアミノ酸は、激しい運動によって傷ついた筋肉の修復を助け、筋肉づくりに役立つ栄養成分として人気が高い。また、コエンザイムQ10は、抗酸化物質であり、老化防止に働くサプリメントとして話題となった。

　からだや心の気になる症状をやわらげるために、ハーブを成分とするサプリメントが利用されている。日本では、イチョウ葉は、いわゆるボケ防止、セント・ジョーンズ・ワートはうつ症状の緩和、ノコギリヤシは前立腺肥大の男性の排尿障害症状をやわらげるなどの目的でサプリメントとして利用されている。また、大豆に含まれるイソフラボンは、骨粗鬆症の予防や更年期の不快な症状の緩和、エビの殻やカニの甲羅の成分からつくられるグルコサミンは、関節の痛みの緩和に効果的といわれている。

　食品の形態をしたものが多いが、国内の臨床試験で有効性や安全性が確認された特定保健用食品と呼ばれるサプリメントもあり、生活習慣病の予防などに役立てられている。また、国によっては医薬品として取り扱われているものもある。

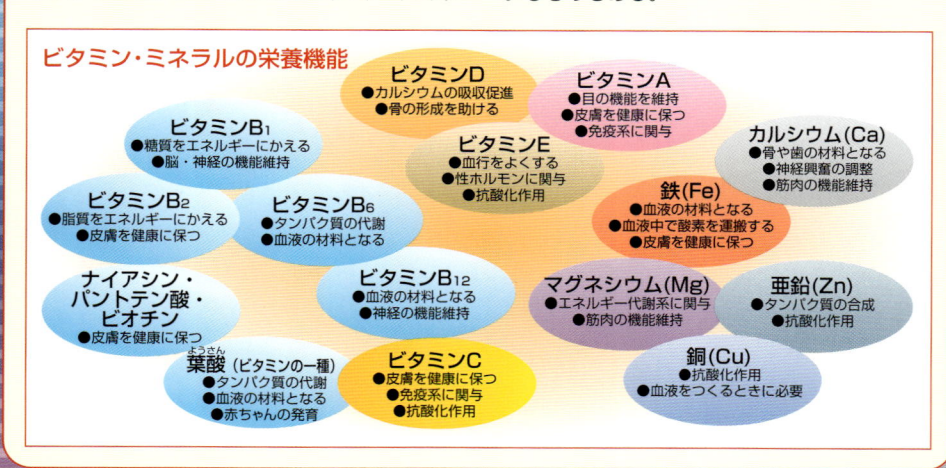

ビタミン・ミネラルの栄養機能

ビタミンB₁
- 糖質をエネルギーにかえる
- 脳・神経の機能維持

ビタミンD
- カルシウムの吸収促進
- 骨の形成を助ける

ビタミンA
- 目の機能を維持
- 皮膚を健康に保つ
- 免疫系に関与

カルシウム(Ca)
- 骨や歯の材料となる
- 神経興奮の調整
- 筋肉の機能維持

ビタミンB₂
- 脂質をエネルギーにかえる
- 皮膚を健康に保つ

ビタミンB₆
- タンパク質の代謝
- 血液の材料となる

ビタミンE
- 血行をよくする
- 性ホルモンに関与
- 抗酸化作用

鉄(Fe)
- 血液の材料となる
- 血液中で酸素を運搬する
- 皮膚を健康に保つ

ナイアシン・パントテン酸・ビオチン
- 皮膚を健康に保つ

ビタミンB₁₂
- 血液の材料となる
- 神経の機能維持

マグネシウム(Mg)
- エネルギー代謝系に関与
- 筋肉の機能維持

亜鉛(Zn)
- タンパク質の合成
- 抗酸化作用

葉酸(ビタミンの一種)
- タンパク質の代謝
- 血液の材料となる
- 赤ちゃんの発育

ビタミンC
- 皮膚を健康に保つ
- 免疫系に関与
- 抗酸化作用

銅(Cu)
- 抗酸化作用
- 血液をつくるときに必要

第4章

ビジネスと
エネルギーの化学

電気を通す・通さない──
半導体のメカニズム

　IT時代の急速な発展を支える電子機器の命、集積回路：Integrated Circuit。電子機器の性能は、集積回路の性能で決まる。その集積回路を支えているのは、主原料であるシリコンが持つ半導体という不思議な性質である。

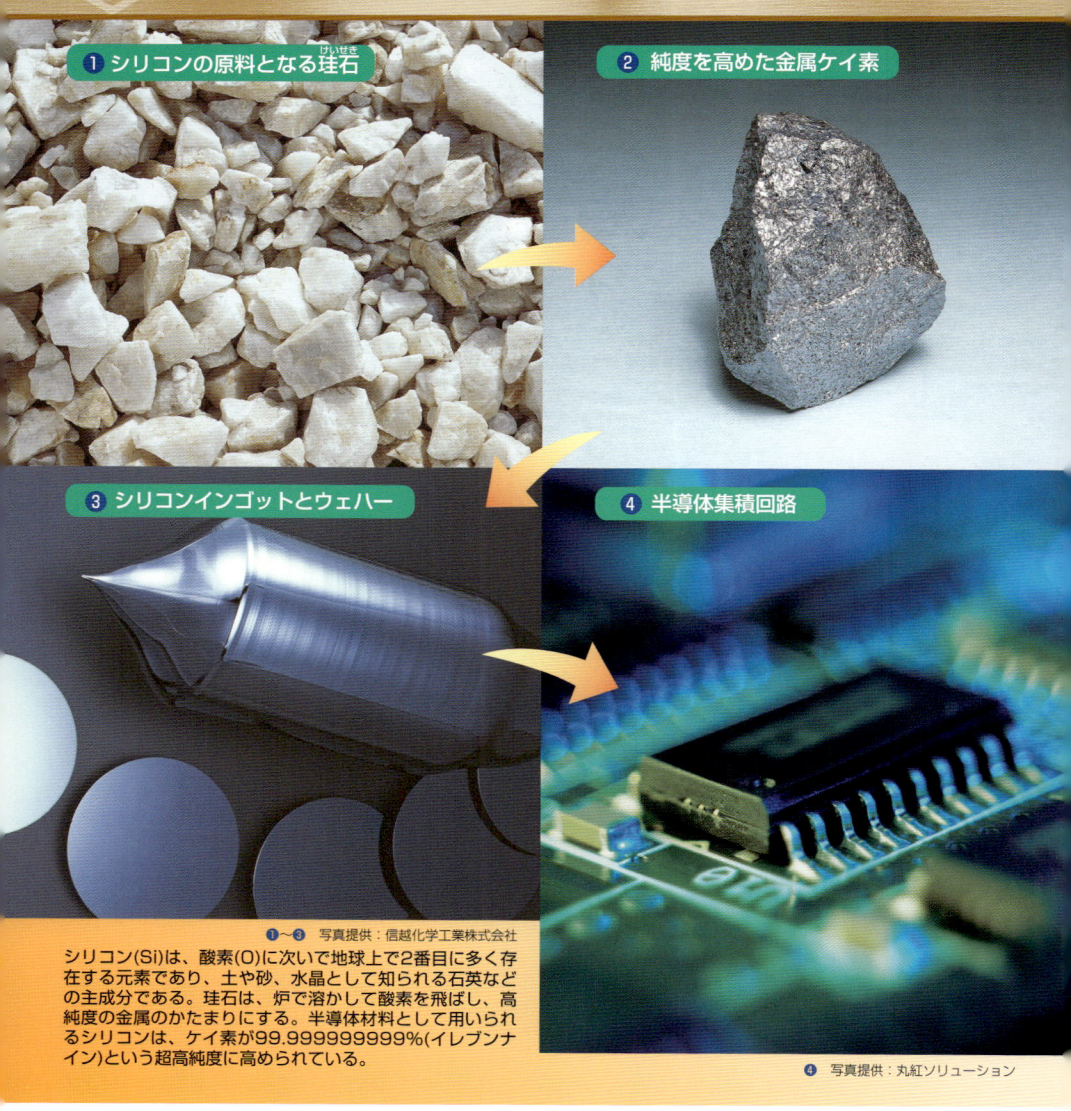

❶ シリコンの原料となる珪石（けいせき）

❷ 純度を高めた金属ケイ素

❸ シリコンインゴットとウェハー

❹ 半導体集積回路

❶〜❸ 写真提供：信越化学工業株式会社

　シリコン(Si)は、酸素(O)に次いで地球上で2番目に多く存在する元素であり、土や砂、水晶として知られる石英などの主成分である。珪石は、炉で溶かして酸素を飛ばし、高純度の金属のかたまりにする。半導体材料として用いられるシリコンは、ケイ素が99.999999999%（イレブンナイン）という超高純度に高められている。

❹ 写真提供：丸紅ソリューション

半導体の不思議な性質

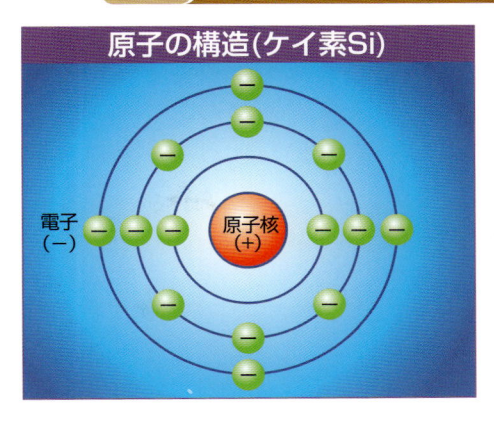

　原子は、中心にある原子核と電子からできている。電子は電気を帯びた電荷(粒子)で、マイナスの電荷を持ち、プラスの電荷を持つ原子核の周りを飛び回っている。

　電気の流れを意味する電流は、電圧によって生じる。また、電気が通りやすいか通りにくいかを示す指数を電気抵抗率といい、電子がどれだけ動き回れるかをあらわしている。

　電気をよく通す物質(金属など)は導体、電気をまったく通さない物質(ガラスなど)は絶縁体と呼ばれている。その違いは、電圧をかけたときに自由に動き回る電子があるかないかにある。そして、その中間にあり、両方の性質を持っている物質が半導体である。

原子の構造(ケイ素Si)

電子(－)　原子核(＋)

半導体の性質を利用した集積回路

　導体か絶縁体かは、電子が存在できない禁止帯(エネルギーギャップ*)を飛び越えられるかどうかで決まる。エネルギーギャップを飛び越えられないのが絶縁体、飛び越えられるのが導体で、半導体は、エネルギーギャップがその中間の大きさで、条件によって飛び越えられるようになる。

　導体は、高温になると電気抵抗率が上がり、電気が通りにくくなる。しかし、半導体は、常温では電気を通さないにも関わらず、温度が上がれば上がるほど電気抵抗率が下がって電気が通るようになる。これは、自由に動き回る電子が、熱によってエネルギーギャップを飛び越えるからである。

　また、高純度のシリコンに微量の不純物を加えると、電子は常温時でもエネルギーギャップを飛び越えられるようになり、しかも、どんな不純物を加えるかで、さまざまな特性がもたらされるようになる。例えば、加える不純物によって、マイナスの性質を持つn型の半導体とプラスの性質を持つp型の半導体をつくり分けられる。これらを組み合わせて、整流作用を持つダイオードや、電流や電圧の増幅作用を持つトランジスタなどの素子(電気回路の部品)がつくられる。その素子を3〜5mmほどの小さなシリコン基板に固定した回路が集積回路である。

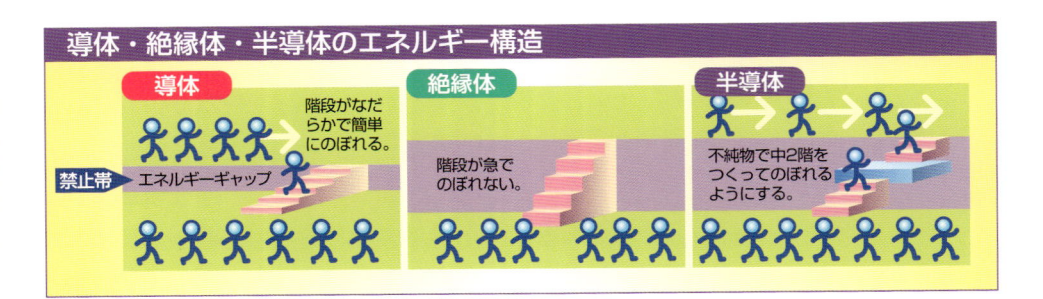

導体・絶縁体・半導体のエネルギー構造

導体：階段がなだらかで簡単にのぼれる。禁止帯 エネルギーギャップ

絶縁体：階段が急でのぼれない。

半導体：不純物で中2階をつくってのぼれるようにする。

日本人のお家芸――
軽薄短小技術を凝縮した携帯電話

"いつでも、どこでも、だれとでも"通信できる携帯電話は、音声通話だけにとどまらず、メールやインターネット・デジタルカメラ、そして決済が可能な「お財布携帯」など、その用途は多様化の一途をたどっている。

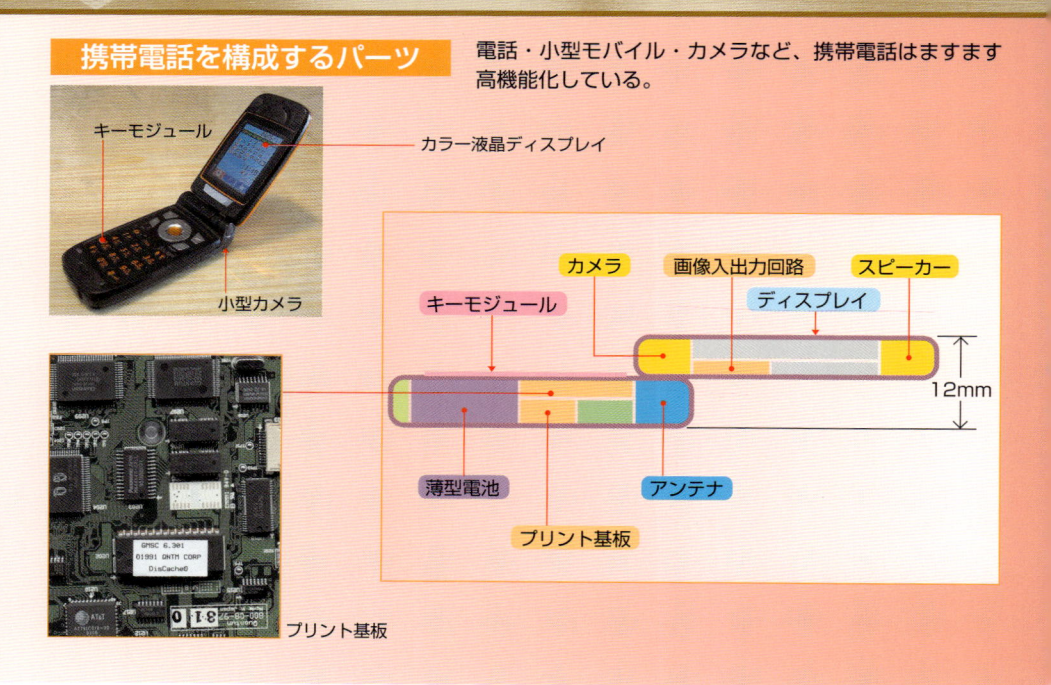

携帯電話を構成するパーツ

電話・小型モバイル・カメラなど、携帯電話はますます高機能化している。

- キーモジュール
- カラー液晶ディスプレイ
- 小型カメラ
- カメラ
- 画像入出力回路
- スピーカー
- キーモジュール
- ディスプレイ
- 12mm
- 薄型電池
- アンテナ
- プリント基板

● 高性能化・高機能化を支えるプリント基板

　携帯電話の高機能化は、半導体をはじめとする電子部品の小型化・高集積化とともに、これらの部品のプリント基板への実装方法が高密度化されていることにもよる。従来のプリント基板は、電子部品と回路を組み立てた基板で、ベークライトやエポキシ樹脂などの絶縁板に銅(Cu)箔で配線を貼りつけ、パターン化した構造となっていた(片面実装)。携帯電話では、このパターンを両面及び内部にも積み重ねるビルドアップ構造の基板が開発され、高性能化・高機能化が実現した。

　現在の携帯電話は、いつでも、どこからでもアクセスできるユビキタスの時代に対応する多機能化と、誰でも使える単純化の二極化が進んでいる。また、携帯電話の軽量化には、電源となる充電可能な電池が、大きなニッケルカドミウム電池から、リチウムイオン電池*に取って代わったことが大きく貢献している。

第4章 ビジネスとエネルギーの化学
「携帯電話」

高集積化されたプリント基板

片面実装 （1960年代～）

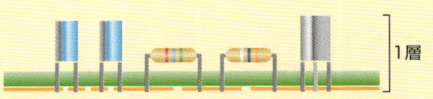

片面にダイオードなどの各種部品を並べた1層パターン。

ビルドアップ構造 （1995年～）

1層のパターンを積み重ねた(ビルドアップ)もの。10層を超えるものも実用化されている。

● 携帯電話の液晶ディスプレイ

　当初モノクロだった携帯電話の液晶ディスプレイのカラー化には、液晶のバックライトに白色の発光ダイオード*(LED：light emitting diode)が登場したことが大きく貢献している。LEDは、半導体化合物に電気を流すと発光する原理を応用している。LEDで白色光を得る一番簡便な方法は、青色LED素子に蛍光体を混合し、LEDから出る青い光の一部を途中で黄に変換し、この黄と青とを合わせて白色とする方法である。このようにして、消費電力が少なく、しかも、効果的なLEDの白色バックライトを実現した。

　液晶ディスプレイでは、ガラス基板上の薄膜トランジスタ(TFT：thin film transistor)が液晶をON-OFFすることによって画像を表現している。TFTは、非結晶質であるアモルファスシリコン(a-Si)によって形成されていたが、数年前よりガラス基板上のシリコンをレーザーで加熱成形して光学的に調整することで、多結晶シリコン(p-Si)をつくることが可能となった。p-Siは、a-Siに比べて電子の移動速度が約100倍も速いため、従来は外づけしていたTFT駆動回路をガラス基板上につくり込むことができ、画面をより高精細に加工できるようになって、高画質な液晶表示が実現したのである。

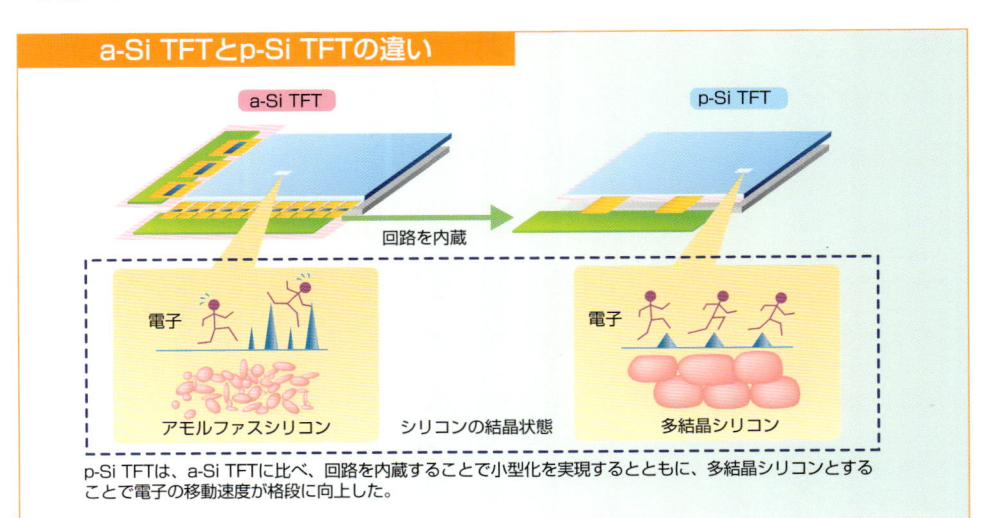

a-Si TFTとp-Si TFTの違い

a-Si TFT → 回路を内蔵 → p-Si TFT

電子／アモルファスシリコン　シリコンの結晶状態　電子／多結晶シリコン

p-Si TFTは、a-Si TFTに比べ、回路を内蔵することで小型化を実現するとともに、多結晶シリコンとすることで電子の移動速度が格段に向上した。

大容量のデータ通信を可能にした大規模集積回路——超LSI

今や、世界はインターネットで結ばれ、文字情報や写真・動画・音楽情報が、一瞬にして世界を飛び回る。これには、通信手段やコンピュータソフトの進歩とあいまって、集積回路*(IC)の進化も大きく寄与している。

小型化・高集積化する超LSI

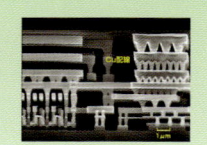

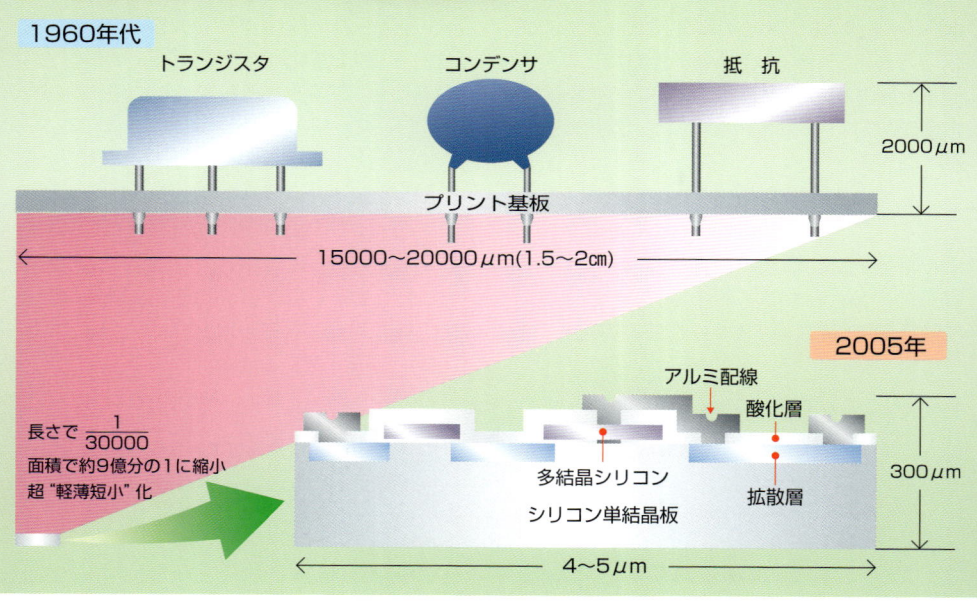

拡大

1960年代
トランジスタ　コンデンサ　抵抗
プリント基板
15000〜20000μm(1.5〜2cm)
2000μm

長さで $\frac{1}{30000}$
面積で約9億分の1に縮小
超"軽薄短小"化

2005年
アルミ配線
酸化層
多結晶シリコン
拡散層
シリコン単結晶板
4〜5μm
300μm

集積回路の規模別の分類

略称（名称）	日本語	素子数	活躍した年代
SSI(small scale integration)	小規模集積回路	2〜100	1960年代前半
MSI(medium scale integration)	中規模集積回路	100〜1000	1960年代後半
LSI(large scale integration)	大規模集積回路	1000〜1万	1970年代
VLSI(very large scale integration)	超LSI	1万〜10万	1980年代
ULSI(ultra large scale integration)	超LSI	10万以上	1990年代

第4章 ビジネスとエネルギーの化学
「超LSI」

● コンピュータの小型化とネットワーク

電子メールのやり取り、ホームページの閲覧、オークションや通信販売などの電子取引など、インターネットは、日常生活の必需品になろうとしている。その始まりは1969年、コンピュータのネットワークの一部が損傷しても通信可能なシステムをつくる目的で、アメリカ国防総省を中心に、米軍内のネットワーク同士を接続させたことによる。1980年代には、限定された建物内でのローカルエリアネットワーク(LAN)接続が実現し、インターネットは世界中に通信網を張り巡らせることとなった。そして80年代から90年代にかけて、MacintoshやWindowsなどの登場で、企業から個人まで爆発的に普及した。そこには、かつての大型コンピュータの能力が小型かつ低価格で実現したこと(ダウンサイジング)、及び通信のスピードが向上したという背景がある。

インターネットの概念

すべてのホストコンピュータを通信相手とするインターネットでは、あるコンピュータから発信された情報は、ネットワークによって結ばれたホストコンピュータを経由して、相手のコンピュータに届けられる。

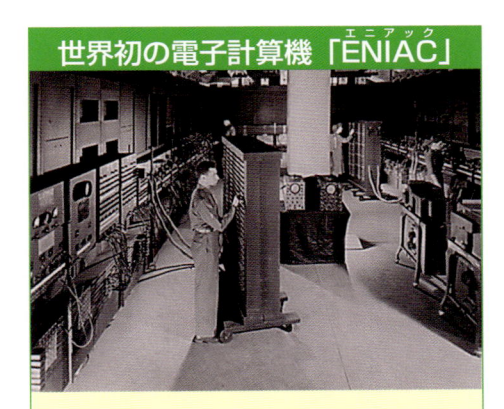

世界初の電子計算機「ENIAC」

ENIACは、1946年、大砲の弾道計算用に開発された。18000本の真空管が用いられ、重さ約30t。当時、100年かかる計算を2時間で行ったと報じられた。これが現在のパソコンの発展につながった。

● 集積回路の発展がコストとスピードに影響

インターネットによるデータ通信の普及は、電子技術の進歩によるICや、その進化形であるLSI(大規模集積回路)などの登場が大きく影響している。登場した当初は高価だったICも、需要の増大から量産が進み、生産コストが下がるとともに、それに反比例して集積度は向上した。

集積しているものは、それぞれの機能を持つ抵抗器やコンデンサ・コイル・ダイオード・トランジスタなどで、それらをシリコン半導体の基板上に配置し、また、アルミニウム(Aℓ)をシリコン基板上に蒸着させて回路を形成している。このように、1個のICにさまざまな機能を集積することによって、部品の小型化が図られるとともに、コストの低減と処理スピードの改善、消費電力の低減など、性能や信頼性が向上したのである。

自動車のパーツを支える化学の成果——FRP

ハイブリッドカーや燃料電池車において重要となる車の軽量化に、自動車材料のFRP化は大きく貢献している。プラスチック材料の特性を最大限に引き出すことにより、自動車の開発技術は大きく前進している。

自動車に投入されるFRP（繊維強化プラスチック）

繊維強化プラスチックとは、繊維によって補強されることで強度が著しく向上したプラスチックで、自動車をはじめ、宇宙・航空・鉄道・建設産業・医療などでも用いられている。頭文字を取ってFRPとも呼ばれる。

Fiber - Reinforced Plastics

- 「繊維で強化した」
  補強剤：ガラス繊維・炭素繊維・アラミド繊維など
- 熱硬化性ポリエステル、エポキシ、熱可塑性樹脂（ポリプロピレンなど）

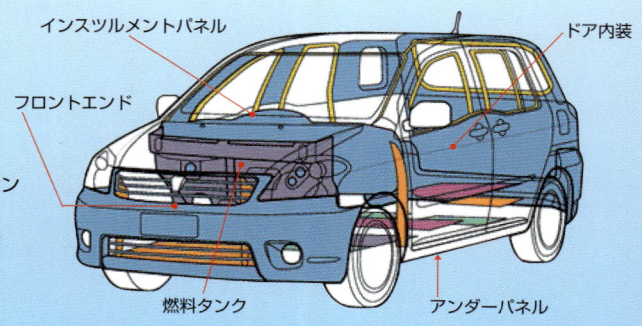

自動車には、さまざまな部位の特徴に合わせて、多種・多様なプラスチックが用いられている。
写真提供：モリマーSSP株式会社、ユーザーサービス株式会社

- リサイクル防音材
- リサイクルされたポリプロピレン
- トヨタエコプラスチック
- ポリエチレン・スチレン重合材
- TSOP
- TPO(thermo plastic olefin)

部位ラベル：インスツルメントパネル、ドア内装、フロントエンド、燃料タンク、アンダーパネル

自動車では、使用するプラスチックの性質が重要である。トヨタ製乗用車「ラウム」の場合、リサイクルが可能な繊維強化プラスチックとして独自に開発されたTSOP(toyota super olefin polymer)などの材料を投入し、環境負荷の低減にも取り組んでいる。

資料提供：トヨタ自動車株式会社

● 自動車とプラスチック材料

　自動車産業とプラスチックは、20世紀初頭のほぼ同時期に誕生した。現在、全ての自動車材料のうち、プラスチック材料は約8％を占める。かつては、タイヤや塗料などが主だったが、1980年前後からバンパーが樹脂化され、外装・外板部品から電装部品まで広がった。1980年代後半には、軽量ながら金属並みの強度を持つ高性能なプラスチックが登場し、エンジン周りの機能部品や構造部品にも採用されている。

第4章 ビジネスとエネルギーの化学 「FRP」

● 熱硬化性樹脂と熱可塑性樹脂

　プラスチックには、熱硬化性樹脂と熱可塑性樹脂とがある。熱硬化性樹脂には、一度熱を加えると硬化し、その後加熱しても溶けない性質がある。不飽和ポリエステル樹脂などの熱硬化性樹脂に、ガラス繊維や炭素繊維を混合し、強度を向上させたプラスチックがFRPである。デザインの自由度が高く、車のフェンダーや内装部品に用いられている。

　熱可塑性樹脂には、熱を加えれば溶け、冷却すると固化する性質があり、リサイクル性に優れている。そのため、環境問題がクローズアップされる現在、ポリアミドやポリカーボネート・ポリブチレンテレフタレートなどの熱可塑性樹脂に繊維などを混合したFRTP (fiber reinforced thermo plastics)が、自動車の部品として注目を集めている。

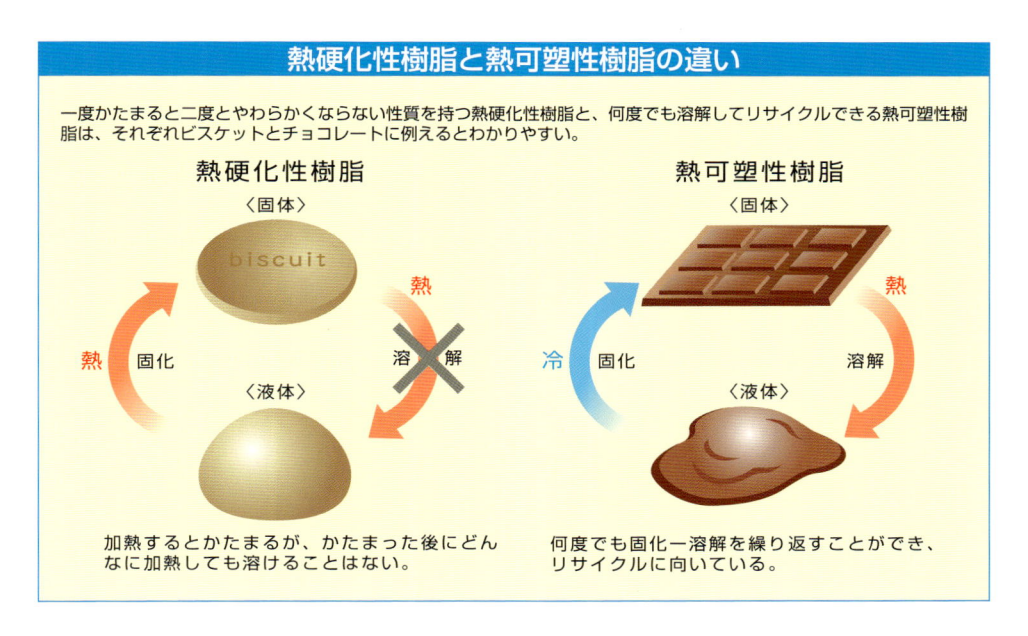

熱硬化性樹脂と熱可塑性樹脂の違い

一度かたまると二度とやわらかくならない性質を持つ熱硬化性樹脂と、何度でも溶解してリサイクルできる熱可塑性樹脂は、それぞれビスケットとチョコレートに例えるとわかりやすい。

熱硬化性樹脂
〈固体〉biscuit → 〈液体〉
熱→固化、熱→溶解×
加熱するとかたまるが、かたまった後にどんなに加熱しても溶けることはない。

熱可塑性樹脂
〈固体〉 ⇔ 〈液体〉
冷→固化、熱→溶解
何度でも固化ー溶解を繰り返すことができ、リサイクルに向いている。

● 部品のモジュール化にも貢献

　二酸化炭素(CO_2)の排出量削減問題や、化石燃料であるガソリンの枯渇を前に、自動車産業ではハイブリッドカーや燃料電池車への移行が急務であり、より一層の自動車の軽量化が求められている。燃料タンクのプラスチック化は軽量化に大きな効果があり、デザインの自由度、防錆性等にも利点がある。このプラスチックには、主に高密度ポリエチレンを使用する。また、いくつもの装置部品を、ポリエステル樹脂などのFRTPで一体化して成形するモジュール化が進んでいる。例えば、インスツルメントパネル(計器表示パネル)にエアーバックを、ドアの内装部品に多くの機械部品を組み込むなどがその例である。特に、アンダーパネルのモジュール化は、耐食性・低騒音・低振動化・生産合理化の観点からますます推進されている。

スピーディーな改札を実現した磁気乗車券とIC乗車券

　朝、通勤・通学客で混雑する駅の改札口で、日常の風景となっている自動改札機。スピーディーな改札業務を実現している自動改札システムに用いられる乗車券には、磁気式とICカードの2種類がある。

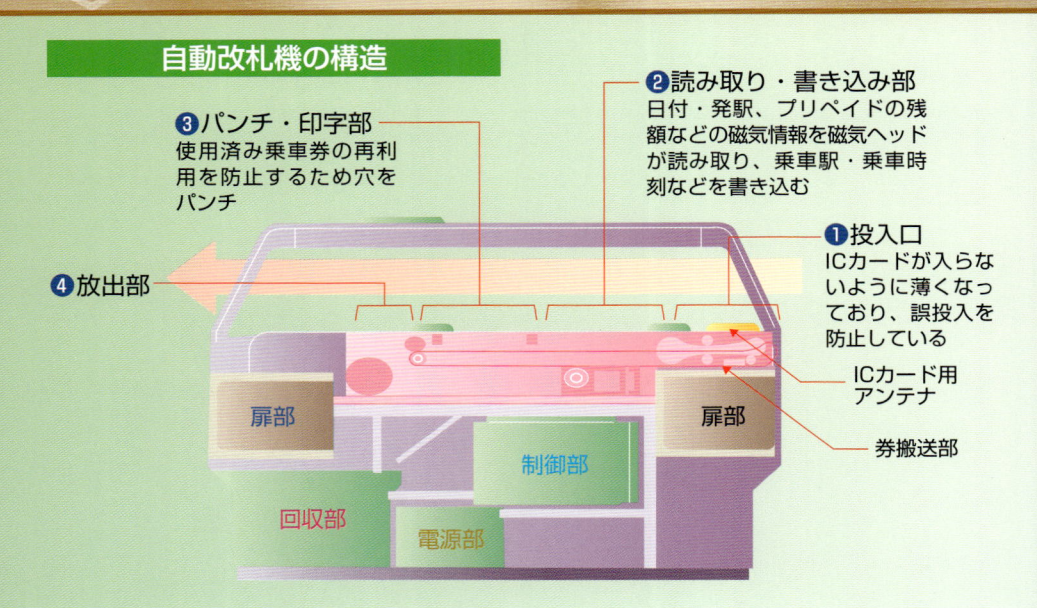

自動改札機の構造

❸ パンチ・印字部
使用済み乗車券の再利用を防止するため穴をパンチ

❷ 読み取り・書き込み部
日付・発駅、プリペイドの残額などの磁気情報を磁気ヘッドが読み取り、乗車駅・乗車時刻などを書き込む

❶ 投入口
ICカードが入らないように薄くなっており、誤投入を防止している

❹ 放出部

ICカード用アンテナ

券搬送部

扉部　　扉部

制御部

回収部　電源部

● 自動改札機の構造

　現在、磁気式乗車券とICカード乗車券が併用されているため、自動改札機には、ICカード乗車券用の読み取り装置と、磁気式乗車券用の搬送部の両方が備わっている。

　磁気式乗車券は、ハンドラーと呼ばれる搬送部をローラーやベルトで送られ、読み取り、書き込み、パンチ処理を0.7秒で行い、集札したり、送出したりしている。

● 磁気式乗車券

　磁気式乗車券に文字情報として入力されている、区間・経由・有効期限・金額などは、そのまま裏面に塗布されている磁気層に、磁気フォーマットとして書き込まれている。磁気層には、最初茶色の酸化鉄(Fe_2O_3)が用いられたが、次に、より磁気保持力が強い黒色のバリウムフェライト($BaFe_{12}O_{19}$)が用いられ、現在は、両者が併用されている。

第4章 ビジネスとエネルギーの化学
「自動改札機と乗車券」

磁気式乗車券の構造

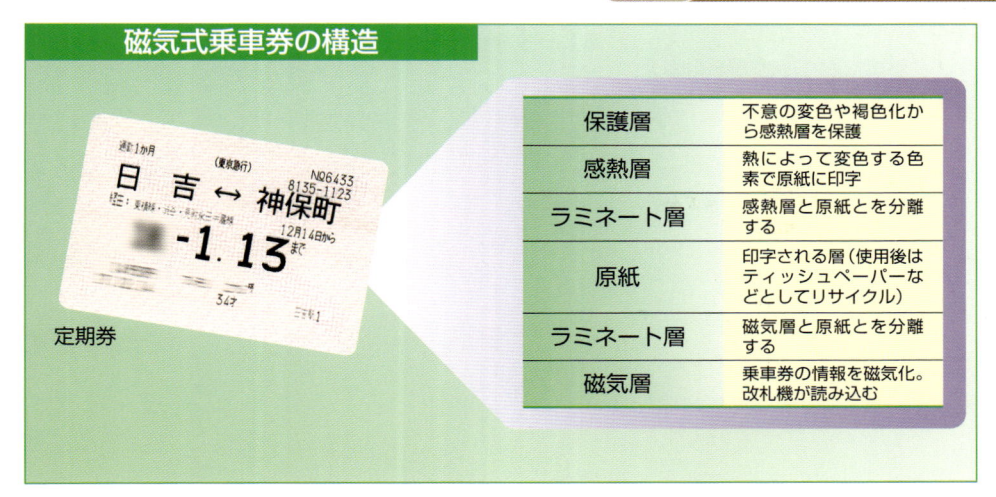

保護層	不意の変色や褐色化から感熱層を保護
感熱層	熱によって変色する色素で原紙に印字
ラミネート層	感熱層と原紙とを分離する
原紙	印字される層(使用後はティッシュペーパーなどとしてリサイクル)
ラミネート層	磁気層と原紙とを分離する
磁気層	乗車券の情報を磁気化。改札機が読み込む

定期券

● ICカードのしくみと可能性

　JR東日本のSuica(スイカ)や、JR西日本のICOCA(イコカ)などのIC乗車券は、非接触型ICカードである。

　非接触型ICカードを用いたシステムは、IC(集積回路)とコイルなどのアンテナ、情報を読み書きするリーダ・ライタ(改札機)から構成されている。情報としては、磁気式乗車券と同じ情報に加えて、所有者、利用履歴、チャージされた金額などが入力されている。読み取り装置上にカードをかざすと、存在確認・認証・読出・判定・及び乗車券・乗車時刻などの書き込み・書き込み確認といった処理が、磁界を通じて約0.2秒で行われる。

　もともとは、商品管理のために、バーコードに代わる識別技術として開発されたもので、情報量はバーコードの10倍以上もあり、次世代バーコードといわれてきた。しかし実際には、バーコードの概念を超える可能性を秘めており、情報の管理・活用に大革新をもたらしつつある。

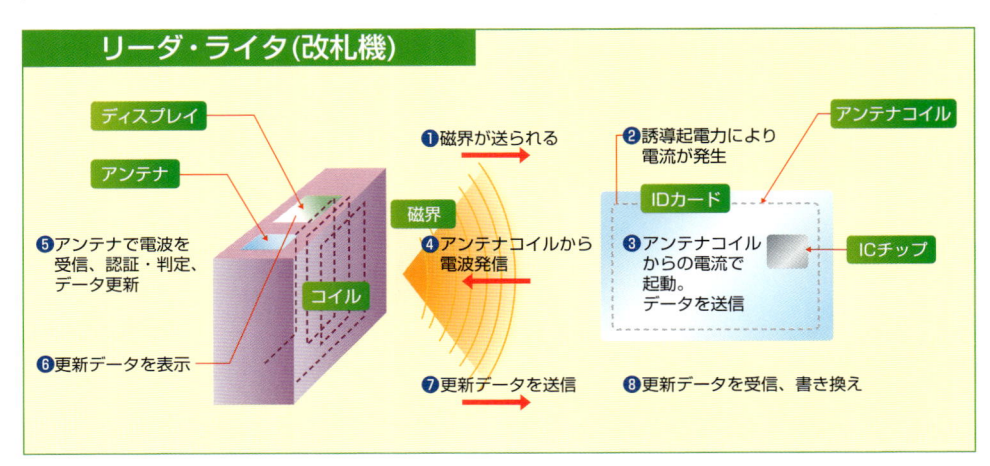

リーダ・ライタ(改札機)

ディスプレイ
アンテナ
❺アンテナで電波を受信、認証・判定、データ更新
❻更新データを表示
コイル
❶磁界が送られる
磁界
❹アンテナコイルから電波発信
❼更新データを送信
❷誘導起電力により電流が発生
IDカード
❸アンテナコイルからの電流で起動。データを送信
アンテナコイル
ICチップ
❽更新データを受信、書き換え

現代社会を動かす発電技術いろいろ

　テレビの電源を入れるとテレビが映り、コンビニで買った弁当は電子レンジであたためられる。これは、家庭や店舗に電気が供給されているおかげだ。電気の供給をまかなっている発電方法には、どんなものがあるのだろうか。

発電のしくみ

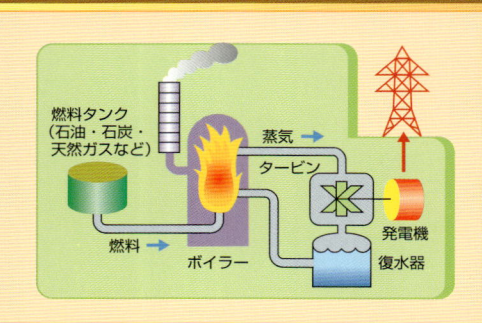

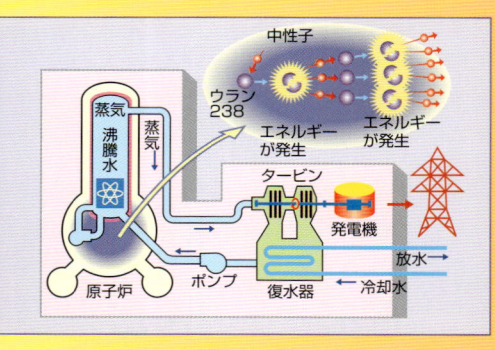

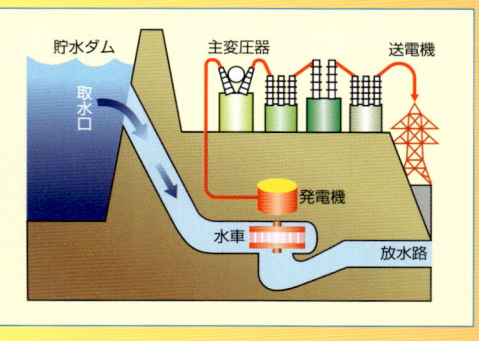

火力発電（神奈川県横須賀市）

燃料タンク（石油・石炭・天然ガスなど）　燃料　ボイラー　蒸気　タービン　発電機　復水器

原子力発電（新潟県柏崎市）

蒸気　沸騰水　原子炉　ポンプ　ウラン238　中性子　エネルギーが発生　タービン　発電機　復水器　放水　冷却水

水力発電（長野県松本市）

貯水ダム　取水口　主変圧器　送電機　水車　発電機　放水路

写真提供：東京電力株式会社

発電の3本柱——火力・原子力・水力

　火力発電の原理は、蒸気で機関車を動かすのと同じである。火力発電所では、石炭や石油・液化天然ガス(LNG)などの化石燃料を燃やして水を蒸気にし、その圧力でタービンを回転させて、発電機で発電する。しかし、燃料を燃やす際に地球温暖化の一因とされる大量の二酸化炭素(CO_2)が発生し、また、化石燃料は将来の枯渇が予測されている。

　原子力発電の原理は、基本的に火力発電と同じである。ただし、化石燃料のかわりに放射性物質*であるウラン(U)を使う。ウランは、中性子*をあてると核分裂*を起こして莫大な量の熱を発生させる。その熱で水を沸騰させ、蒸気でタービンを回転させる。この核分裂を制御するのが原子炉である。

　水力発電のしくみは水車と同じで、河川の流れの落差を利用してタービンを回転させる。水力発電の特徴は、二酸化炭素を排出しないクリーンな発電方法であることだ。しかし、水力発電所の建設には、自然環境の破壊や住民の生活圏を奪うという問題がある。しかも、地理的条件のよい場所はすでに建設されており、さらに、河川の流れにともなう土砂の堆積によって貯水量の不足が生じ、発電所の機能が停止してしまうことが予測されている。最近では、費用対効果の観点から、新たな水力発電所の設置は見送られるケースもある。

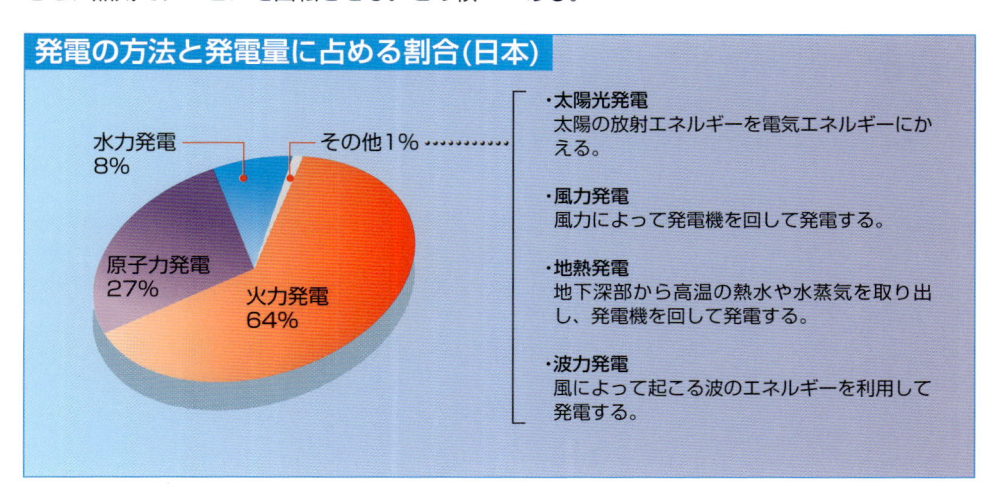

発電の方法と発電量に占める割合(日本)

- 水力発電 8%
- その他 1%
- 原子力発電 27%
- 火力発電 64%

・太陽光発電
　太陽の放射エネルギーを電気エネルギーにかえる。

・風力発電
　風力によって発電機を回して発電する。

・地熱発電
　地下深部から高温の熱水や水蒸気を取り出し、発電機を回して発電する。

・波力発電
　風によって起こる波のエネルギーを利用して発電する。

長い旅路をたどる電気

　こうしてつくられた電気は、発電所から送電線や配電線を伝わって、各企業や家庭まで長い旅をする。しかし、電線を伝わる旅の途中、電気は電線の抵抗によって電気エネルギーが熱エネルギーとして失われ、次第に電力が低下してしまう。このロスを少なくするために、発電所から送電された電気は、変電所で27万5000〜50万Vに上げられる。そして、変電所を通過するごとに徐々に下げられ、最後には3000〜6000Vにまで小さくなっている。さらに、電柱に取りつけられている柱上変圧器で100Vまたは200Vの電圧に変圧され、各家庭へと配電されている。

未来のエネルギーを担う新エネルギーとは?

太陽や風など、自然のエネルギーは無尽蔵にあり、これらを利用した太陽光発電や風力発電、そして栽培作物や廃棄物を利用したバイオマスエネルギー*などの新エネルギーは、二酸化炭素(CO_2)を発生しないクリーンエネルギーとしての期待が大きい。

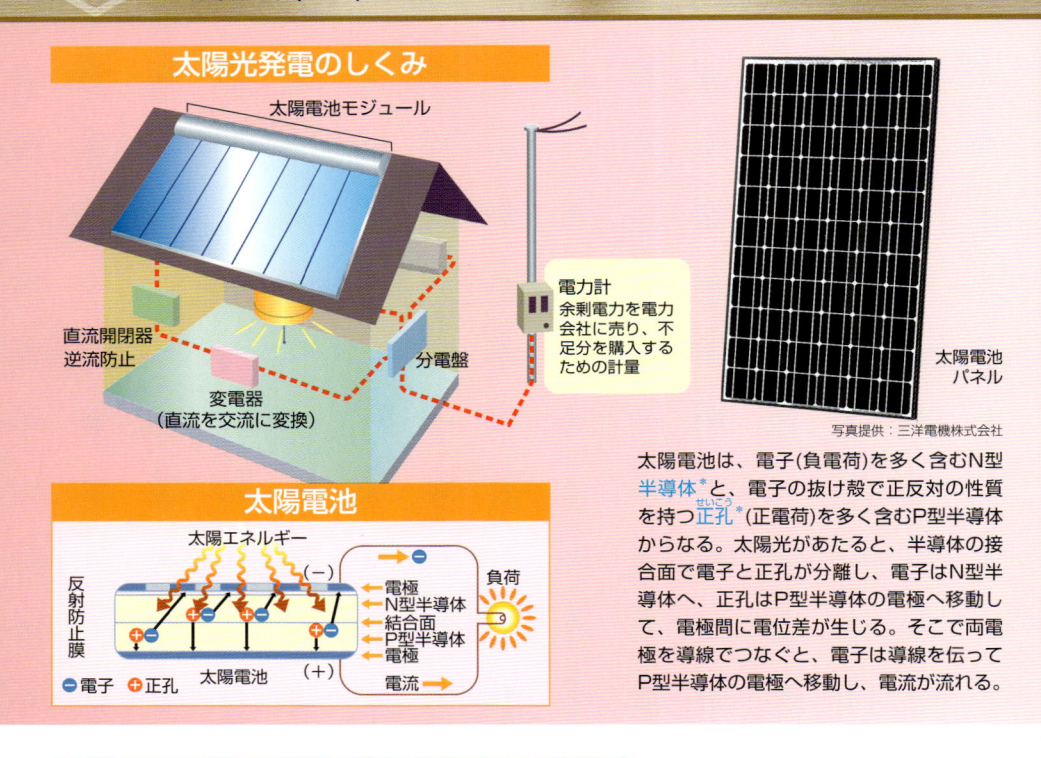

太陽光発電のしくみ

太陽電池モジュール / 直流開閉器 逆流防止 / 変電器(直流を交流に変換) / 分電盤 / 電力計 余剰電力を電力会社に売り、不足分を購入するための計量 / 太陽電池パネル

写真提供:三洋電機株式会社

太陽電池

太陽エネルギー / 反射防止膜 / 電子 / 正孔 / 太陽電池 / 電極 / N型半導体 / 結合面 / P型半導体 / 電極 / 負荷 / 電流

太陽電池は、電子(負電荷)を多く含むN型半導体*と、電子の抜け殻で正反対の性質を持つ正孔*(正電荷)を多く含むP型半導体からなる。太陽光があたると、半導体の接合面で電子と正孔が分離し、電子はN型半導体へ、正孔はP型半導体の電極へ移動して、電極間に電位差が生じる。そこで両電極を導線でつなぐと、電子は導線を伝ってP型半導体の電極へ移動し、電流が流れる。

● 太陽光発電

太陽光発電では、太陽電池を多数つなぎ合わせ、大型パネルとして必要な電力を得ている。太陽光を電気に変換する発電効率を15%として、3kwhの発電に必要な太陽電池パネルの面積は30m²である。これは、普通の一般家庭が1年間で消費する電力量約3600kwhをほぼまかなえる量である。太陽は、快晴時に約1kw/m²のエネルギーを地上に降り注いでおり、地球温暖化の原因物質とされる二酸化炭素(CO_2)などの副産物もない。

ただし、雨天などの自然条件に左右され、夜間は発電できない。また、装置の設置コストが高く、1kwあたりの電気料金は、電力会社から購入した方がはるかに安価なため、まだ十分に広く普及しているとはいえない。

第4章 ビジネスとエネルギーの化学「新エネルギー」

● 風力発電

　風の力で発電機のタービンを回し、電気エネルギーを発生させる。大型の風力発電では、回転翼の直径は60〜100mになるものもある。風力発電が経済性を持つには、年間の平均風速が6m/s以上必要とされる。風力発電の数は近年増加しており、2001年に450基、出力合計約25万kwであったものが、2003年度末現在で738基、約68万kwである。今後の課題としては、風況などを制御した発電技術の向上や耐久性など、保守・管理技術の改善が挙げられる。近年は、騒音や景観などの観点から反対運動も起こっている。

風力発電のしくみ
風力／回転翼／増速器／動力伝達軸／発電機／変圧器／回転
風力発電

● 再生可能なエネルギー源としてのバイオマスエネルギー

　バイオマスとは生物資源(バイオ)の量(マス)のことで、"エネルギー源として再利用できる有機資源"を意味する。バイオマスには、大きく分けて栽培作物系バイオマスと廃棄物系バイオマスとがある。

　栽培作物系としては、海外ではデンプンからエタノール(C_2H_5OH)燃料を得るためにトウモロコシを栽培し、自動車燃料などに用いている。廃棄物系には、廃棄物熱利用と廃棄物発酵利用とがある。廃棄物熱利用は、可燃性ごみを燃やして処理する際、その燃焼熱を、清掃工場内の冷暖房や給湯、温水プールなどに利用している。廃棄物発酵利用は、生ごみや家畜糞尿などを発酵させて、エタノールやメタンガス(CH_4)を生成し、燃料として利用する。しかし、設備が高価であり、資源の回収・運搬にも高額な費用が発生し、現時点では経済性に見合っていない。

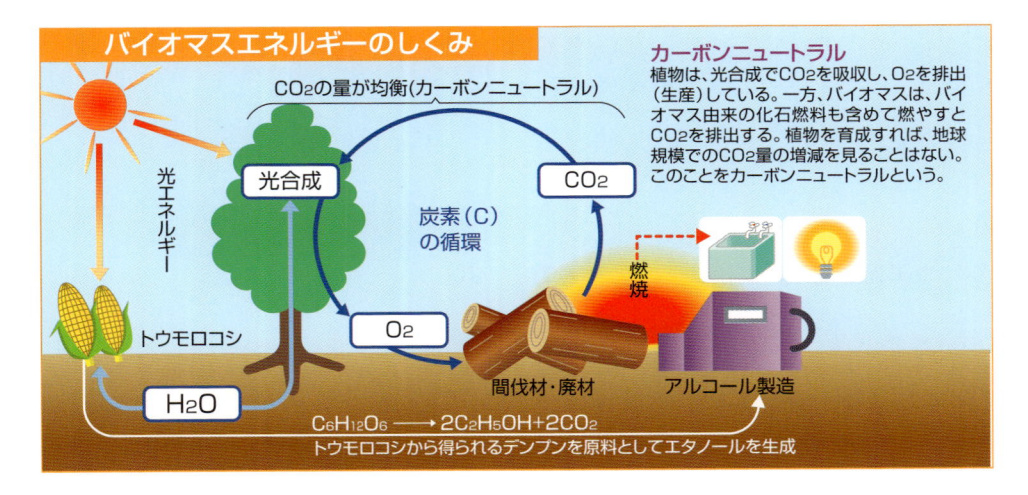

バイオマスエネルギーのしくみ
CO_2の量が均衡(カーボンニュートラル)
光エネルギー／光合成／炭素(C)の循環／CO_2／O_2／トウモロコシ／H_2O／間伐材・廃材／燃焼／アルコール製造

$$C_6H_{12}O_6 \longrightarrow 2C_2H_5OH + 2CO_2$$
トウモロコシから得られるデンプンを原料としてエタノールを生成

カーボンニュートラル
植物は、光合成でCO_2を吸収し、O_2を排出(生産)している。一方、バイオマスは、バイオマス由来の化石燃料も含めて燃やすとCO_2を排出する。植物を育成すれば、地球規模でのCO_2量の増減を見ることはない。このことをカーボンニュートラルという。

歴史とともに進化してきた電池のしくみ徹底解剖

小型化され、どんどん高機能化が進められている現代の電化製品。こうしたテクノロジーの進化には、電気を供給する電池が大きな役割を果たしている。現在は、その使い道に応じて、さまざまな種類の電池が開発されている。

ボルタの電池のしくみ

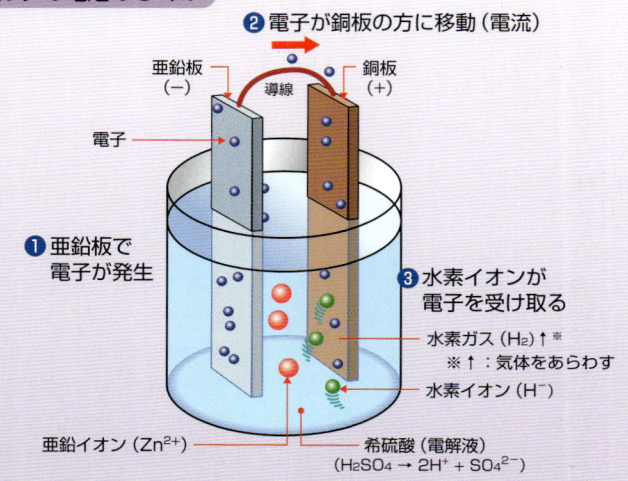

❶ 亜鉛板で電子が発生
❷ 電子が銅板の方に移動（電流）
❸ 水素イオンが電子を受け取る

- 亜鉛板（−）
- 銅板（＋）
- 導線
- 電子
- 水素ガス（H_2）↑※
- ※↑：気体をあらわす
- 水素イオン（H^-）
- 亜鉛イオン（Zn^{2+}）
- 希硫酸（電解液）（$H_2SO_4 \rightarrow 2H^+ + SO_4^{2-}$）

現在、私達が利用している電池の始まりは、17世紀末頃。イタリアのガルバーニ(1737〜98)は、カエルの足の神経に2種類の金属が触れると足が痙攣するのに気づき、筋肉中に電気が流れているためと考えた。この発見に注目したイタリアのボルタ(1745〜1827)は、2種類の金属と電気を通す液体を用いて、電気を取り出す方法を発明した。それがボルタの電池である。

さまざまな電池の種類

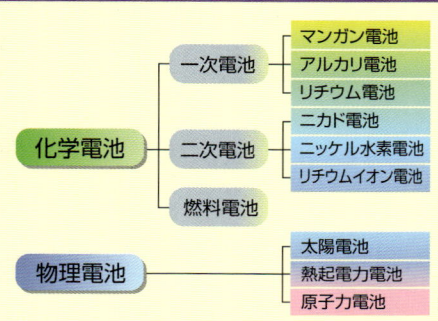

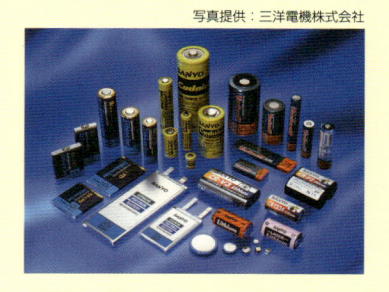

写真提供：三洋電機株式会社

- 化学電池
  - 一次電池
    - マンガン電池
    - アルカリ電池
    - リチウム電池
  - 二次電池
    - ニカド電池
    - ニッケル水素電池
    - リチウムイオン電池
  - 燃料電池
- 物理電池
  - 太陽電池
  - 熱起電力電池
  - 原子力電池　熱源から発生する電磁波から電気エネルギーを取り出す。
- 生物電池　放射性物質が崩壊する際の熱エネルギーを電気エネルギーに変換する。
- 微生物電池　呼吸や光合成など、微生物の生物化学反応によって発生するエネルギーを電気エネルギーに変換する。

第4章 ビジネスとエネルギーの化学「電池」

● 電池をめぐるさまざまな工夫

1800年、イタリアのボルタは、2種類の金属を水(電解液*)につけると電気が発生することを発見し、食塩水や希硫酸(H_2SO_4)に亜鉛(Zn)と銅(Cu)を浸した電池を発明した。硫酸で溶けた亜鉛は、プラスの亜鉛イオン(Zn^{2+})となって溶け出してしまい、亜鉛そのものは電子(e^-)が残るために負極となって、電子は反対側の銅板へ移動して約1Vの電気が生じる。これをボルタの電池という。電圧の単位Vは、ボルタの名前にちなんでいる。

しかし、ボルタの電池は、使用するにつれて正極となった銅板に水素(H)が付着して、やがて電子が流れなくなってしまう。そこで、1836年、イギリスのダニエル(1790〜1845)は、亜鉛と銅とを別々の電解液につける方法を考案した(ダニエル電池)。そして1866年、フランスのルクランシェ(1839〜82)は、負極に亜鉛、正極に二酸化マンガン(MnO_2)に差し込んだ炭素棒、電解液には塩化アンモニウム(NH_4Cl)水溶液を用いて、水素を水(H_2O)に酸化させて電子が流れるようにした。これをマンガン電池という。さらに、電解液にアルカリ性の水酸化カリウム(KOH)を利用し、より強い電気を長時間得られるようにしたのがアルカリ電池である。

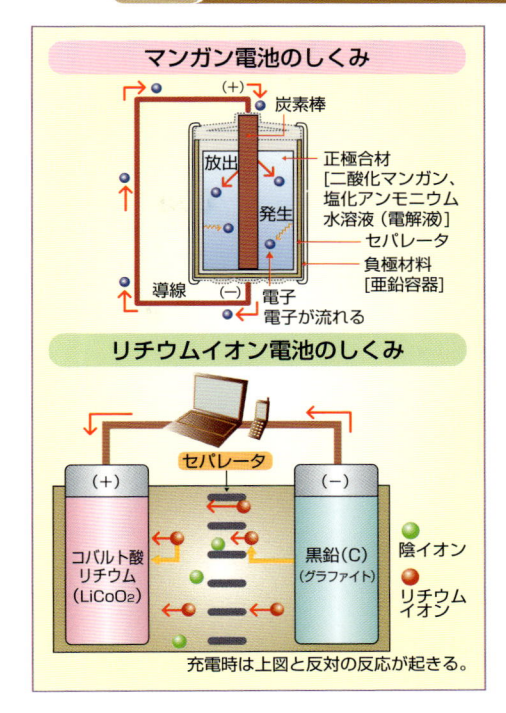

マンガン電池のしくみ
(+) 炭素棒
正極合材[二酸化マンガン、塩化アンモニウム水溶液(電解液)]
放出
発生
セパレータ
負極材料[亜鉛容器]
導線 (-) 電子
電子が流れる

リチウムイオン電池のしくみ
セパレータ
(+) コバルト酸リチウム($LiCoO_2$)
(-) 黒鉛(C)(グラファイト)
陰イオン
リチウムイオン
充電時は上図と反対の反応が起きる。

● 携帯電話を支える電池

マンガン電池やアルカリ電池のように、一度しか使えない電池を一次電池、充電して再利用できる電池を二次電池という。二次電池は、自動車のバッテリー(鉛蓄電池)などに用いられる。携帯電話やノートパソコンなどに用いられるリチウムイオン二次電池*は、正極にコバルト酸リチウム($LiCoO_2$)、負極に黒鉛(グラファイト C)を利用している。充電時には正極のコバルト酸リチウムからリチウムイオンが溶け出して、負極の炭素の層と層の間に移動し、放電時には逆に負極の層間にあるリチウムイオンが正極に移動する。電池を使用した際に発生する電圧は3.6Vと高く、マンガン電池の2倍以上のパワーがある。

■世界最古の電池

1932年、イラクの首都バグダッド郊外で、今から約2000年前のものとみられる電池が発掘された。バグダッド電池と呼ばれるこの電池は、ブドウ酒または酢が入った壺に、鉄(Fe)の棒を差し込んだものだ。しかし、2000年もの昔に、何に利用されたのかは謎に包まれている。

期待の新エネルギー──燃料電池の正体

エネルギー問題・環境問題の解決に大きく貢献すると期待される燃料電池。宇宙開発を通じて進化した燃料電池は、オフィスや家庭での自家発電、自動車の動力源、モバイル機器へと、さまざまな領域で用いられ始めている。

燃料電池の構造

水の電気分解の原理

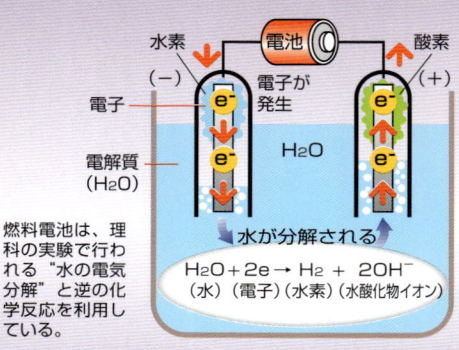

水素（−）　電池　酸素（+）
電子　電子が発生
電解質（H_2O）

燃料電池は、理科の実験で行われる"水の電気分解"と逆の化学反応を利用している。

水が分解される
$H_2O + 2e → H_2 + 2OH^-$
（水）（電子）（水素）（水酸化物イオン）

電池によって水（H_2O）に電気を流すと、水素と酸素に分解される。

燃料電池の原理

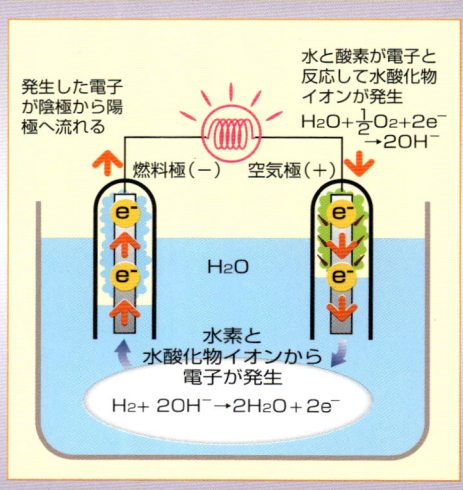

発生した電子が陰極から陽極へ流れる

水と酸素が電子と反応して水酸化物イオンが発生
$H_2O + \frac{1}{2}O_2 + 2e^- → 2OH^-$

燃料極（−）　空気極（+）

水素と水酸化物イオンから電子が発生
$H_2 + 2OH^- → 2H_2O + 2e^-$

水素と酸素を化合させて電子を発生させる。この構造をセルといい、セルをいくつも積み重ねて高い電気エネルギーを得る。

宇宙開発とともに進んだ燃料電池の歴史

1801年	英国王立科学研究所のデービー卿が燃料電池の原理を発見。
1842年	英国の物理学者グローブ卿が水素と酸素から電気エネルギーを生み出す燃料電池を発明。
1965年	クリーンな排気が注目され、有人宇宙船ジェミニ5号の電源として固体高分子型燃料電池を搭載（実用化第一号）。
1969年	人類が初めて月面に降り立ったアポロ11号にアルカリ型燃料電池を搭載。
1990年〜	自動車・パソコン・家庭用電力など個人向けの燃料電池の研究・開発が爆発的に進む。

● 燃料電池のしくみ

　水（H_2O）に電気を通すと、水素（H）と酸素（O）に分解される。燃料電池の原理は、ちょうどこの逆の反応を利用している。水素と酸素を化合させて、電気エネルギーを取り出すのである。

　燃料電池は、水素用の燃料極と酸素用の空気極という2つの電極と、水などに溶けると電気を通すようになる電解液*とでできてい

る。燃料極に送られた水素は水酸化物イオンになって電子を放出し、電子は外部の通路を通って空気極へ送られて、電気エネルギーが生まれるのである。

この反応で、水素イオンと電子、酸素は結合して水(湯)となるが、この水は飲料として利用できる。しかも、一般の電池は、化学反応を起こす物質がなくなるとその用を終えるが、燃料電池は、燃料である水素と酸素を送り続ける限り、いつまでも電気エネルギーを生むことができる。

さまざまな燃料電池

将来のエネルギー源として期待されている燃料電池は、さまざまな場面での実用化に向けて研究・開発が進められている。

燃料電池車
写真提供：トヨタ自動車株式会社

燃料電池使用のパソコン
写真提供：三洋電機株式会社

● 家庭が発電所になる

燃料電池は、電気を生む際に水しか出さず、地球温暖化の一因である二酸化炭素(CO_2)を排出しない。また、現在、石油や天然ガスをはじめとする化石燃料の枯渇が懸念されているが、燃料電池の燃料となる水素は化石燃料に依存しないで得られるのも大きな利点である。

燃料電池は、電解質に用いられる物質によっていくつかの種類に分かれるが、その中で唯一常温で作動する固体高分子型燃料電池は、その使いやすさから、最近、家庭用発電機として実用化され、電気エネルギーと湯の両方を供給するコ・ジェネレーション*として利用されるようになってきた。また、固体高分子型は、比較的手に入れやすいメタノールから燃料となる水素を取り出すことができ、将来的にはコストダウンが見込まれる。そのため、ノートパソコンや携帯電話などのモバイル機器に広く用いられることが期待されている。

ただし、メタノールは二酸化炭素を排出し、また、発電効率も十分とはいえない。今後の課題としては、水素をより安全かつ効率よく取り出す方法を確立し、コストを落として大量供給できるような基盤づくりを進めることが挙げられる。

燃料電池の種類

	固体高分子型	リン酸型	アルカリ型	固体酸化物型	溶融炭酸塩型
電解質	高分子膜	リン酸	水酸化カリウム	安定化ジルコニア	炭酸リチウム
作動温度	常温～90℃	150～200℃	50～150℃	700～1000℃	650～700℃
発電効率	40～50%	40～45%	60%	50～60%	45～60%
用途	家庭・自動車・モバイル機器など	バス	宇宙・深海など、特殊な環境	家庭用	大規模発電

世界のエネルギーを担ってきた石油と天然ガス

現在、資源の枯渇が心配されているとはいえ、世界のエネルギー需要の多くは、石油及び天然ガスが占めている。また、石油は、エネルギーとしての利用の他、各種のプラスチック製品、その他の利用も多い。

石油製品の留出法

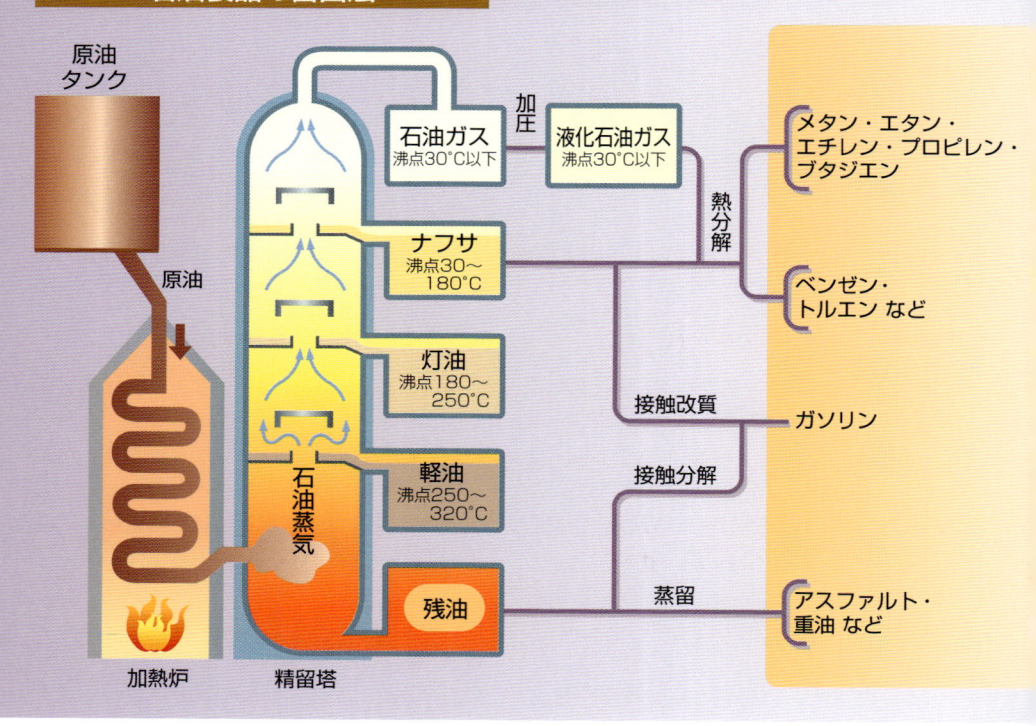

- 原油タンク → 原油 → 加熱炉 → 精留塔（石油蒸気）
- 石油ガス（沸点30℃以下）→ 加圧 → 液化石油ガス（沸点30℃以下）→ 熱分解 → メタン・エタン・エチレン・プロピレン・ブタジエン
- ナフサ（沸点30〜180℃）→ 熱分解 → ベンゼン・トルエン など
- 灯油（沸点180〜250℃）→ 接触改質 → ガソリン
- 軽油（沸点250〜320℃）→ 接触分解
- 残油 → 蒸留 → アスファルト・重油 など

● 石油

　石油は、炭素数がC_1からC_{50}の液状炭化水素である。自然界から採掘される可燃性の鉱物油で、油田から汲み上げられたままの石油を原油という。原油は、炭化水素からなる鎖状パラフィン・ナフテン（シクロパラフィン）及び、芳香族®の炭化水素と少量の硫黄・酸素・窒素などの有機化合物の混合物である。原油は、沸点の違いによって分留され、熱分解や硫黄分・窒素分などの不純物を除去する工程（石油精製）を経て、石油ガス（LPG）・ナフサ・灯油・軽油・残油に分けられ、各種の石油製品となる。

第4章 ビジネスとエネルギーの化学 「石油と天然ガス」

石油の生成※

- 油田
- 石油を通さない地層
- 天然ガス
- 石油
- 塩水
- すき間が多い地層
- 土砂
- 生物の遺骸
- 海底

❸ 石油の一部が、地熱の作用で熱分解して、天然ガスができる。

❷ 地殻変動の圧力によって、ガス・塩水とともに、石油が下部層から地表近くへしぼり出されてくる。

❶ プランクトンや藻類の遺骸が、バクテリアや地圧、地熱の作用によって炭化水素に変化し、石油となる。

※他の説もある。

● 天然ガス

天然ガスは、炭素数C_1のメタン(CH_4)が主成分である。原油や石炭を産出する油田地帯や炭田地帯から産出するガスと、油田・炭田とは直接関係なく、大量の地下水とともに産出するガスとがある。

天然ガスのメタンは、炭素の数が1個であることから、燃焼時の二酸化炭素(CO_2)量が少ない。また、大気汚染の原因物質である硫黄酸化物*(SO_x)を含まず、窒素酸化物*(NO_x)は石油の50%程度である。このように環境にやさしい化石燃料として、天然ガス自動車や燃料電池の燃料として使われるなど、未来のエネルギーとして期待されている。LPGにかわる都市ガスとしても、広く普及しつつある。

● LPGとLNG

石油ガスを加圧または冷却して輸送の利便性を図ったのがLPG(liquefied petroleum gas)、天然ガスを-162℃まで冷却して液体にしたのがLNG(liquefied natural gas)である。

LPGは、プロパンが主成分であることからプロパンガスと呼ばれ、家庭用エネルギーとしての利用が多い。一方、LNGはメタンが主成分で、常温の天然ガスに戻すときに発生する冷熱は、発電やドライアイス製造などに利用される。

● ガソリン

原油から最初に留出するナフサは、精製してガソリンとなるため、粗製ガソリンとも呼ばれる。プラスチックなどの石油化学製品の原料でもある。ガソリンの成分は、炭素数がC_4からC_8の炭化水素である。また、成分調整によって、自動車用・航空用・工業用など用途別につくり分けられ、灯油や軽油と区別するためオレンジ色に着色されている。

自動車用ガソリンに含まれる硫黄(S)は、排ガス処理装置中の触媒を劣化させ、大気汚染を引き起こす原因の一つである。石油業界では、2005年、硫黄含有量が50ppm以下のサルファーフリー燃料の全国販売を開始した。これは、環境にとってクリーンで、かつ燃費の向上も見込まれている。

今も昔も、化学の歴史は錬金術……か？

化学に限りない影響を与えた錬金術

　人間の文明は、火というエネルギーを、自分たちの生活に合わせてコントロールできるようになったことから始まった。そんな文明の黎明から、人間は、特に貴金属に高い価値を認めていた。そこで古代の人々は、鉛（Pb）や鉄（Fe）などのありふれた金属を火を用いて溶かし込み、より高価な貴金属をつくり出そうとした。それが錬金術である。

　同時に錬金術師たちは、「賢者の石」（万病に効く薬）や、「不老不死の霊薬」（永遠の延命薬）を発見しようと努めた。結果的に、彼らの試みは徒労に終わったが、彼らは、酢酸（CH_3COOH）や硝酸（HNO_3）・エタノール（C_2H_5OH）など、現代化学に必須な多くの化学物質を生み出した。この1000年以上にも及ぶ長期間の膨大な経験は、現代にも受け継がれている。

　ある元素を他の元素に変換するには、大量のエネルギーと途方もない環境条件が必要となる。例えば太陽では、中心温度が1500万℃という超高エネルギーのもとで、ようやく一部の水素（H）がヘリウム（He）に変換されるのである。錬金術師たちが試みたように、ビーカーやフラスコで実現できるほど簡単ではない。

錬金術師の工房の様子。
写真提供：Adam McLean, The Alchemy Website
(http://www.alchemywebsite.com/)

現代にも錬金術が求められている？

　しかし実は、錬金術の試みは終わってはいない。加速器という、元素やイオンを光速（秒速30万km）まで加速してエネルギーを与え、他の元素にぶつけるという巨大装置が、実際に運用されている。2004年、日本の理化学研究所は、この装置を使って113番目の元素を観測することに成功した。また、つくば市の「高エネルギー加速器研究機構」でも、加速器を用いて元素構造の解明を進めている。現代科学の最先端で行われている研究は、見方によっては、まさしく錬金術そのものである。

高エネルギー加速器（つくば市）
円状になっている道路の地下で、全長3kmの加速器が稼働している。　　写真提供：高エネルギー加速器研究機構

　現在、石油や石炭といった化石資源の枯渇の危機が叫ばれ、貴重な資源をめぐる紛争によって、文明そのものがおびやかされつつある。しかし、自然にありふれた元素を別の元素に変換できる科学技術があれば、化石資源の枯渇問題は解消し、その採掘権をめぐる紛争も減少することが考えられる。そればかりか、人体への危険性が高い放射性物質*への依存を回避できる可能性は十分ある。そんな状況下で、私達は、かつての錬金術師の知恵や失敗を糧にしつつ、新たな錬金術に取り組む必要に迫られている。

第5章 スポーツと遊び、おしゃれの化学

ゴルフに投入される最先端の化学の成果

　この十数年の科学・技術の進展を受け、画期的に変化したスポーツの一つが、ゴルフである。ゴルフは、ボールを遠くにあるホールに入れるまでの打数の少なさを競う競技である。打数を減らす目的で飛距離が追求され、クラブとボールの素材が進化してきたのである。

インパクトの瞬間のシミュレーション

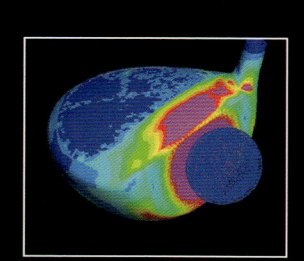

素材選びをはじめ、インパクト時の反発係数をコンピュータ上でシミュレートするなど、ゴルフには最先端の技術が投入されている。

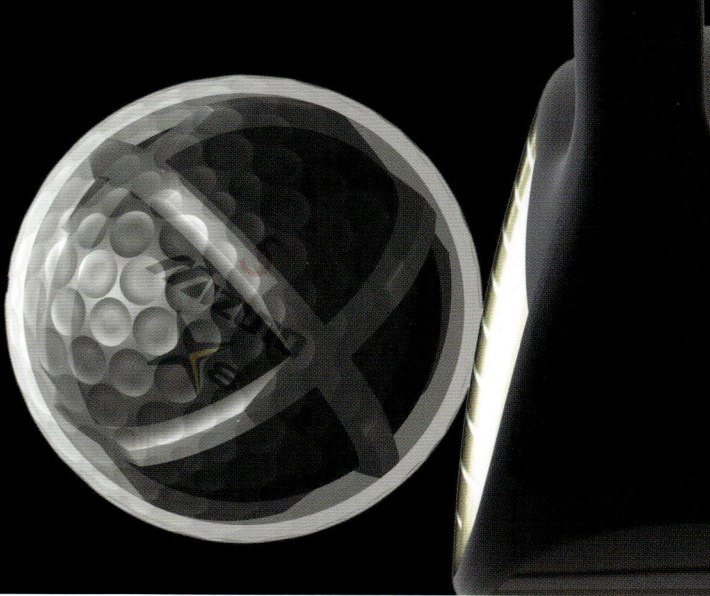

資料提供：ミズノ株式会社

● ゴルフクラブに投入される優れた素材

　ゴルフは、正式なスポーツ競技として成立してから100年以上の歴史があるが、当初のウッドクラブは、ボールを打つ面にあたるヘッドには柿の木の一種のパーシモンが、シャフトにはクルミの木の一種のヒッコリー材が使われ、アイアンクラブのヘッドは鉄(Fe)製であった。
　現在では、航空宇宙技術をもとに開発され

チタンと鉄の比較

	鉄 (Fe)	チタン (Ti)	チタン合金 (バナジウム＋アルミニウム)
比重	7.86	4.51	4.42
引っ張り強さ	834	387	892
かたさ	330	144	320

チタン合金は鉄の60％程度の重さながら、鉄以上の強さを持っており、比強度(引っ張り強さ／比重)の点で優れている。

た、軽量で堅牢（けんろう）な素材が使われている。ウッドクラブの打面部分(フェース)には、チタン(Ti)をもとにした*チタン合金*の素材が用いられ、内部を空洞化することで軽量化されている。シャフトには、しなやかながらも方向性が安定した軽い素材が追求され、より遠くへ飛ばす性能も加えられている。鋼鉄やステンレス、さらにカーボンナノチューブを採用したカーボンファイバー(炭素繊維)が投入されている。アイアンクラブも、フェースにはチタンにアルミニウム(Aℓ)やバナジウム(V)を添加したチタン合金、フェース本体にはステンレススチールなどが用いられている。

カーボンファイバー

カーボンナノチューブ

カーボンファイバーで織り上げられたシャフト。強度と軽量化を向上させるため、カーボンファイバーには、ナノテクノロジーの新素材であるカーボンナノチューブが採用されている。

写真提供：株式会社ミズノ

● ゴルフボールに施される工夫

ゴルフがスポーツとして認められ始めた頃、ボールには、革や丈夫な布の中に、羽毛などを詰め込んだものが使われていた。やがてゴム製のボールに変わり、飛距離をのばすために、芯には反発性のある素材が使われた。現在では、クラブと同様に、さまざまな新素材や構造が追求されている。例えば、ゴルフボールにはたくさんの凹みがあるが、これはディンプル(えくぼ)といい、空気抵抗を減らして飛距離を追求するための工夫である。

ディンプルの効果

・揚力の増加
バックスピンがかかったボールは、ディンプルにより、ボールを上に押し上げようとする揚力が生じる。

・空気抵抗の軽減
ディンプルがボール後方へ空気が回り込むのを助け、ボール背後の空気圧の減少を防ぐため、後方への空気抵抗が減る。

写真提供：ブリヂストンスポーツ株式会社

ゴルフボールのディンプルの有無による飛距離の差

ディンプルがないボールは揚力がないため、高く上がらず距離もあまりでない。そうかといって、ディンプルが浅すぎても深すぎても、ボールは失速してしまう。浅いディンプルと深い2つのディンプルを組み合わせることが理想的とされている。

ディンプル
- 適正
- 浅い
- 深い
- 無し

100　200　300 距離

資料提供：ブリヂストンスポーツ株式会社

人を魚に近づける競泳用水着の素材

スピードを競うスポーツ競技では、ユニフォームに多くの新素材が投入されている。特に、空気の50倍ともいわれる水の抵抗を受ける水泳競技では、水着の素材でいかに水の抵抗を低く抑えるかが勝負の分かれ目だ。

最新型の競泳用水着——サメ肌水着

日本のミズノと英国のSPEEDOが共同開発した新型水着。その特徴は、全身を覆うようなデザインと、水の抵抗を最大限に低減させるために素材に加えられた、サメの肌を模した加工にある。

写真提供：株式会社ミズノ

● 最新型の競泳用水着の素材

競泳用水着の素材は、皮膚のように自由に伸び縮みしてゆるみがなく、水中でスピードを出して泳げる、イルカやサメなど海洋動物の肌に近いものが理想的である。ストレッチ性(フィット感)や撥水性、乱れた水流を整える整流効果、水の抵抗の低減などの特性が必要である。

もともと、水着素材にはナイロン*が用いられていた。ナイロンは強度に定評があり、撥水性も高いが、からだへのフィット感に欠けていた。そこで、1970年代には、ポリウレタン*を骨格とした弾性繊維が使われるようになった。ストレッチ素材のポリウレタンだけでは、縫製表面に凹凸が出てしまうため、現在では、ポリエステル・ポリウレタン混紡が主流となっている。ポリエステル*はナイロンに次ぐ強度を持ちながら、磨耗に強く耐久性がある。

第5章 スポーツと遊び、おしゃれの化学
「競泳用水着」

● シドニー五輪で転換した新型水着

1990年代には、整流効果を上げるために、表面を平らにして、さらに水流方向にシーム(溝)をつける工夫がなされ、撥水には生地にシリコーンシート*を貼るなど、数々の新技術・新兵器が投入された。

ところが、2000年に入ると、水着そのものの概念が変わった。それまでは、裸の状態がもっとも水の抵抗が少ないという前提で、できるだけ水着の面積を減らす工夫がなされてきた。それが、逆に水着の面積を増やして皮膚を覆い、引き締めることで、からだの凹凸を少しでも平らにし、水の抵抗を減らそうと方向転換したのである。2000年に行われたシドニー五輪では、素材表面積の75％にうろこ状の撥水性加工を施したサメ肌水着が登場し、4年前のアトランタ五輪の際に用いられた水着に比べて水の抵抗を7.5％低減した。2004年のアテネ五輪では全身を覆う水着も登場し、男子ではさらに4％、女子で3％の抵抗低減に成功した。

水の抵抗に対する工夫

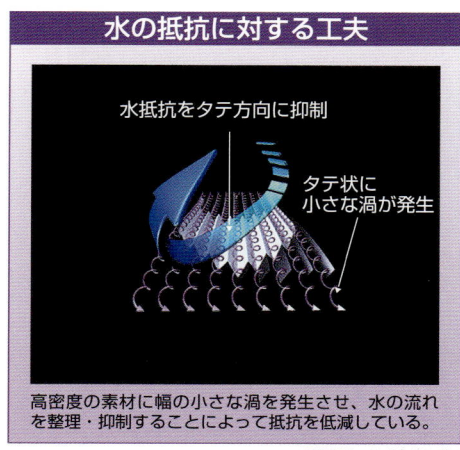

水抵抗をタテ方向に抑制
タテ状に小さな渦が発生

高密度の素材に幅の小さな渦を発生させ、水の流れを整理・抑制することによって抵抗を低減している。

写真提供：株式会社ミズノ

水着のデザインを進化させたコンピュータグラフィックス(CG)

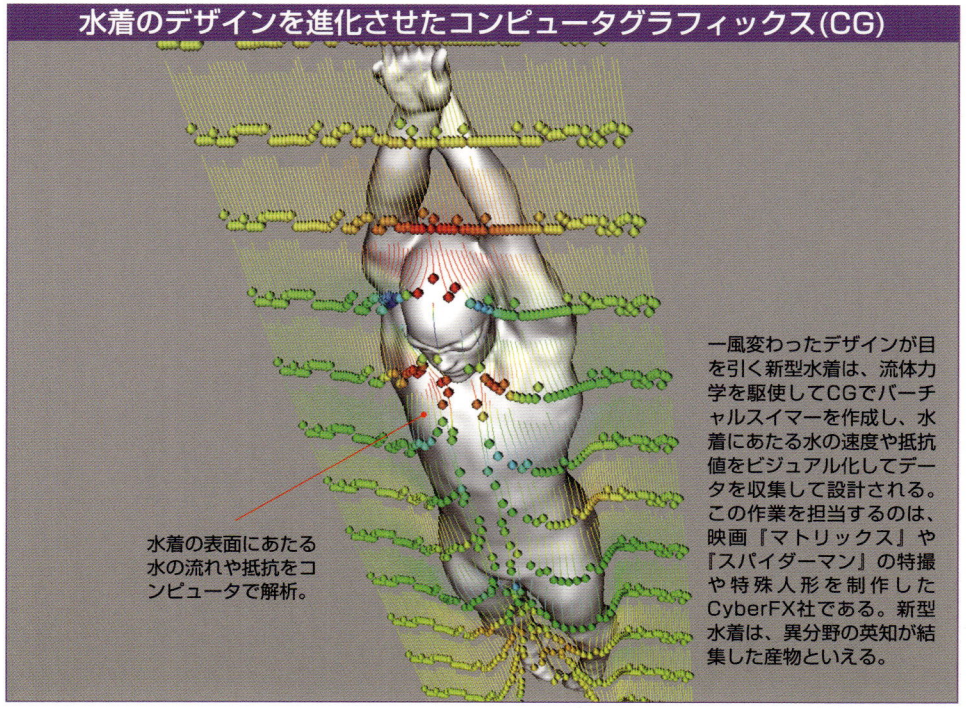

水着の表面にあたる水の流れや抵抗をコンピュータで解析。

一風変わったデザインが目を引く新型水着は、流体力学を駆使してCGでバーチャルスイマーを作成し、水着にあたる水の速度や抵抗値をビジュアル化してデータを収集して設計される。この作業を担当するのは、映画『マトリックス』や『スパイダーマン』の特撮や特殊人形を制作したCyberFX社である。新型水着は、異分野の英知が結集した産物といえる。

写真提供：株式会社ミズノ

明日のアスリートを支える高機能スポーツシューズ

直立二足歩行する動物である人間は、より安全に歩き、より速く走るために靴を発明した。今や、陸上の短距離走、マラソン・サッカー・野球など、どの分野のスポーツでも、足元をかためるシューズのほとんどは、日本が先鞭をつけたものだ。

着地衝撃による足の変型と、それに対応するシューズ

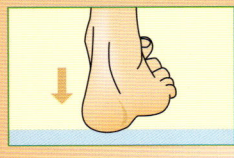

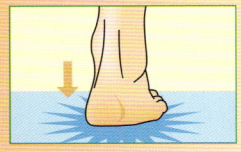

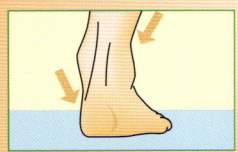

大きく変型しやすいチューブ形状の樹脂フレームがクッションとなり、ランニング中の着地衝撃を吸収する。キック力の補助や動作安定性にも優れている。

ランニング中の足には、想像以上の負荷がかかっており、地面に着地する瞬間に大きく変型している。

衝撃緩衝機能を備えたランニングシューズ。

写真提供：株式会社アシックス

● 勝つためのスポーツシューズの開発

スポーツシューズメーカーは、「勝つためのシューズ」の開発に、日夜奮闘しているといっても過言ではない。日本のシューズメーカーが次々と新しいシューズを開発し始めたきっかけは、1964年の東京オリンピックのマラソンに出場した君原健二選手や寺沢徹選手が、レース後に足を豆だらけにしている姿が痛々しかったから、という。

走る足には体重の何倍もの負荷がかかり、その衝撃は熱に変わって、足に火傷と同じ現象を引き起こすという。足を保護するだけの靴ではなく、スポーツをするときには、特別な力のかかり方や方向性、足の変形についても考慮する必要がある。

実際の靴づくりでは、人間工学や運動力学・生理学、さらには、地面の質や接地状況といったあらゆる角度から、人間の足と運動に関する研究をする必要がある。また、より丈夫に、より軽くするための素材開発も重要となる。

第5章 スポーツと遊び、おしゃれの化学
「スポーツシューズ」

● 人間の足の形と機能

　人間の足の甲には、外側縦アーチ・内側縦アーチ・横アーチという3つのアーチがあり、真ん中が盛り上がっている。そのため、足裏には凹んだ土踏まずが形成される。つま先とかかとの接地面を比較すると、つま先とかかとが同じ面であるよりも、かかとが少し浮いた状態の方が、全身(下半身)からの力のかかり方が安定する。このことから、靴はかかとの方が少し厚く、アーチ部分をサポートする凸形状を有するものが望ましい。足の小指がないと歩けないといわれるが、それは小指のつけ根がアーチの起点の一つであり、ここに多くの体重がかかるためである。陸上でのダッシュも、相撲で力士の土俵際でのふんばりも足指のつけ根が要である。
　足の裏から見た重心は、❶かかと　❷親指のつけ根　❸小指のつけ根　この3点で囲まれた三角形のアーチ部中心付近に位置する。つまり、スポーツシューズなどの靴が自分の足と馴染むかどうかのチェックポイントは、かかとと足指のつけ根　ということになる。

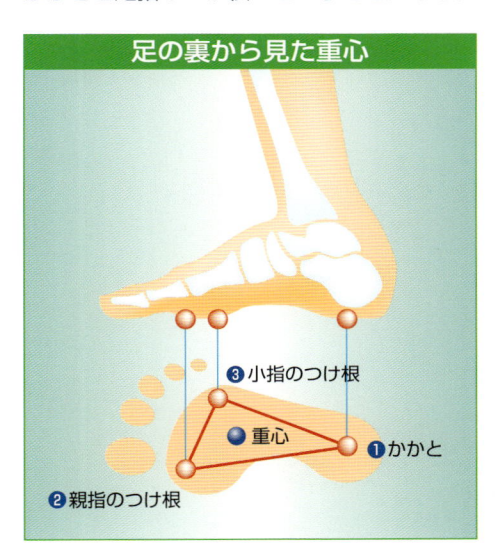

足の甲にある3つのアーチ

体重

外側縦アーチ：もっとも多くの体重を支えており、体重がかかるとすき間がなくなる。

内側縦アーチ：一般的には土踏まずと呼ばれ、衝撃を吸収する役割を果たしている。

横アーチ：足の前側にあり、歩くときに前への推進力を与える働きをする。

足の裏から見た重心

❸小指のつけ根
重心
❶かかと
❷親指のつけ根

● 軽く強くするための材料

　最近の20年間でスポーツシューズに対する考え方が変化し、シューズメーカーはアスリートの期待に応えてきている。現在、もっとも軽くて丈夫といわれるシューズの本体には、吸湿性の高い綿とポリエステル*の合成繊維を立体織物構造にした素材を採用している。これによって、足の甲に対するクッション性を高め、空気の流れをよくし、速乾性を持つことに成功した。さらに、足底には柔軟性・弾力性に富んだ樹脂エチレン酢ビコポリマー(EVA)*を用いることによって、さまざまなスポーツに対応する、軽さとクッション性、柔軟性、堅牢性を備えたシューズを完成させている。

EVA

ソール部分にEVAを採用した高機能マラソンシューズ。
写真提供：株式会社アシックス

夜空に輝く大輪の花
花火のしくみ

光と音の一瞬の芸術、花火。花火の発祥は中国で、紀元前2世紀に硝石が燃焼剤としてのろしに用いられたのが始まり。8～9世紀に火薬が発明されると、13世紀にヨーロッパへ渡り、14世紀後半、フィレンツェで花火が鑑賞されるようになった。

黄緑 バリウム(Ba)

緑 銅(Cu)

赤 ストロンチウム(Sr)

■大輪を咲かせる打ち上げ花火

現在の打ち上げ花火ができたのは19世紀。火薬そのものは1543年に鉄砲とともに日本に伝来して以来武器として使用され、江戸時代に入ってから鑑賞用の花火としても使われるようになった。

第5章 スポーツと遊び、おしゃれの化学
「花火」

● 花火にいろいろな色があるのはなぜ？

　火薬に発色剤を混ぜ、筒に詰めて点火し、破裂・燃焼させて、その光・音・色を楽しむ鑑賞用の花火は、夏の風物詩となっている。

　主にアルカリ金属*やアルカリ土類金属*などの金属塩や金属粉末を炎で強く熱すると、炎に独特の色がつく。これは炎色反応*と呼ばれ、これを応用したものが花火である。花火には、ストロンチウム(Sr)塩の赤色、バリウム(Ba)塩の黄緑色、銅(Cu)塩の緑色などがよく使われる。花火として光と音を発するには、❶燃える物質がある　❷酸素(O_2)がある　❸物質の温度が発火点以上まで上昇するという、燃焼の基本条件が揃っている必要がある。また、火薬が湿るため、雨を嫌う。晴れた夜空では背景が黒いため、花火の色とデザインがくっきり映える。

さまざまな金属の炎色反応

リチウム(Li)　　ナトリウム(Na)

カリウム(K)　　カルシウム(Ca)

● 花火の火薬と仕掛け

花火玉の断面図

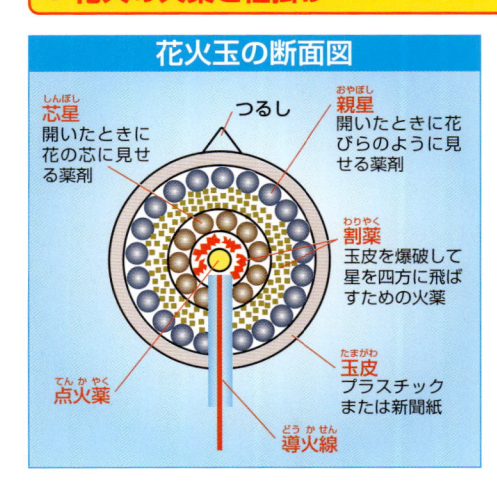

- 芯星：開いたときに花の芯に見せる薬剤
- つるし
- 親星：開いたときに花びらのように見せる薬剤
- 割薬：玉皮を爆破して星を四方に飛ばすための火薬
- 点火薬
- 玉皮：プラスチックまたは新聞紙
- 導火線

　花火に使われる代表的な火薬は黒色火薬と呼ばれる黒い火薬である。黒色火薬はすでに中国の唐代(618～907)にはつくられており、宋代(960～1279)には大砲にも用いられた。黒色火薬は、静電気や摩擦などの小さな刺激でも爆発してしまい、湿気に弱い性質があり、花火では導火線や点火薬として使われる。なお、黒色火薬の構成成分は、硝石(硝酸カリウム　KNO_3)・木炭(C)・硫黄(S)の3種類の化学物質がおよそ7：3：3の割合で混ぜ合わされているが、この配合比は花火職人によって微調整され、花火のタイミングや花の開き方に影響する。

■はかなさが魅力——線香花火

　豪快で迫力あふれる打ち上げ花火とは違った趣きの花火に、線香花火がある。線香花火に用いられる火薬は、その量わずか0.06～0.08g。それ以上になると、火花が重たくなってすぐに落ちてしまう。

松葉のような花火。花を散らす線香花火。

ダイヤモンド── そのかたさの秘密

ダイヤモンドの語源はギリシャ語の「征服されざるもの」。人を寄せつけないそのかたさは、炭素の結晶の賜物である。実は、鉛筆に使用される黒鉛も同じ炭素の結晶であるが、結晶がどうやってつくられているかが異なっている。

カットされたダイヤモンドの拡大写真。その価値は、4Cによって決められる。一般には透明で、重みがあり、58面体にカットされたダイヤモンドが高く評価される。

4C		
Carat	:	重さ
Clarity	:	透明度(傷の有無)
Color	:	色合い
Cut	:	カット(プロポーション)

薄く色づいたダイヤモンドの原石。ここから小さくカットされ、宝石となっていく。

F.モース（ドイツの鉱物学者、1773〜1839）の硬度スケール（1819年）

宝石や金属を含めて、すべての鉱物につけられた、かたさの相対的な尺度。この尺度は、あくまで相対的なもので、各数値ごとの強度差はまちまちである。硬度10のダイヤモンドは、硬度9の鋼玉と比べて10〜100倍のかたさを持つ。

[ ]内は、モースは挙げていないが、同硬度とされる鉱物。

鉱物	硬度
ダイヤモンド	10
鋼玉 [赤：ルビー] [青：サファイア]	9
トパーズ	8
石英 [水晶・アメジスト]	7
正長石 [トルコ石]	6
燐灰石 [プラチナ]	5
ホタル石	4
方解石 [大理石・金・銅]	3
石膏	2
滑石	1

写真提供：GIA JAPAN

第5章 スポーツと遊び、おしゃれの化学
「ダイヤモンド」

● ダイヤモンドを特別にする共有結合

　黒鉛とダイヤモンド。同じ素材でもかたさや形態、透明度が異なる原因は、分子間の結合の仕方の違いにある。炭素(C)は4本の腕を持っているが、黒鉛は結合した炭素分子が何層も重なった分子構造をしており、やわらかく剥がれやすい。しかし、ダイヤモンドでは、4本の腕に4個の炭素原子が結合し、正立方体の分子構造をつくる。そのため、分子間にほとんど隙間がなくなり、不純物が混入しづらい構造をしており、また、形態としても極めて安定している。

　しかも、ダイヤモンドは結合の際、炭素同士が電子を共有し合っており(共有結合*)、化学結合の中でももっとも壊れにくい、強い構造を持っている。ダイヤモンドは、この独特の結晶構造の産物である。

ダイヤモンドと黒鉛の結晶構造

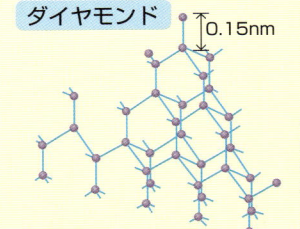

ダイヤモンド 0.15nm
1個の炭素原子の周りを正四面体形に4個の炭素原子が囲む。

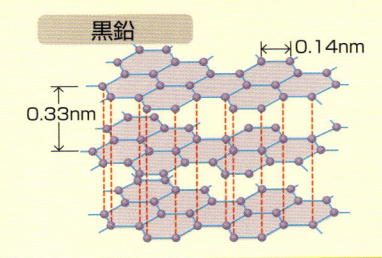

黒鉛 0.14nm　0.33nm
炭素原子が正六角形の網目状に配列し、層状に重なっている。

● 人工ダイヤモンドは夢の素材

　ダイヤモンド特有のかたさが着目され、カッターや研磨機の用途で人工のダイヤモンドが合成されてきたが、他にも、さまざまな特性があることがわかってきた。

　薄膜状態のダイヤモンドには、レーザーを照射すると紫外線を発光するという特徴がある。これを応用すれば、白熱灯で水銀に代わって高効率で環境に安全な素材となる。また、ダイヤモンドそのものは絶縁体であるが、ホウ素(B)を混ぜるとシリコンよりもはるかに電導率が高い半導体*となることが確認され、産業用の用途としても注目を集めている。

人工ダイヤモンドの生成方法

高温・高圧法	炭素粒子を、高圧下で瞬間的に爆発させる。1955年、ゼネラルエレクトリック社は、3000℃・5万気圧という条件のもと、世界で初めて人工ダイヤの生成に成功した。
気相成長法	メタンガスと水素(H)にマイクロ波をあててプラズマ*を発生させ、金属の基板にダイヤモンド結晶の膜をつくる。

■ダイヤモンドを超える試み

　最高の硬度を誇るダイヤモンドも、劈開面と呼ばれる分子の結合点に衝撃が加わると、結合がはずれて割れてしまう。現在、この弱点を克服するため、レーザーでダイヤモンドに1000万気圧を超える圧力をかけて圧縮し、ダイヤモンド以上のかたさを持つ物質に変える試みがなされている。

香りの正体と嗅ぎ分けるしくみ

香水や香辛料、お香に用いられる香料。その歴史は古く、エジプトでは大量の香料をつけたミイラが発見されている。その香りの原料は、天然の植物や動物から採取、または、石油などから人工的に合成される芳香性物質である。

香りのヘッドスペース分析

バラの香りを分析する装置。びん内の花びらの上の空間（ヘッドスペース）の空気を抜き出して、ヘッドスペース内の芳香性分子の成分を分析する。

写真提供：花王株式会社

香料の原料となるバラ──ダマスクローズ

植物の香りは、芳香性物質の混合物である精油*（エッセンシャルオイル）を抽出して、香料に利用する。精油は、花やつぼみをはじめ、枝・葉・樹皮・果実・根・茎など、あらゆるところから採取できる。ダマスクローズは、もっとも香りが豊かなバラとして世界中で愛されている。

写真提供：京王バラ園芸

植物性香料の採取法

名称	方法	適した原料
水蒸気蒸留法	原料植物に加圧水蒸気を吹きつけて成分を気化させ、冷却することで、水分から分離した精油成分を抽出する。	植物全般（ジャスミンやバイオレットなど、熱に弱い植物を除く）
圧搾法	果実の果皮や種をつぶしてしぼり、含まれる香り成分を採る。	柑橘系の植物
抽出法	原料植物を、石油エーテルやヘキサンなどの揮発性溶剤に浸して、香り成分を溶剤に溶かし出し、その後、溶剤を蒸発させて固形あるいは半固形にして採り出す。	柑橘系の植物
その他	植物の茎や幹を傷つけて、にじみ出る樹液を集め、その樹液から抽出する。	植物全般

第5章 スポーツと遊び、おしゃれの化学「香り」

● 香りをつくり出すしくみ

香水や芳香剤をはじめ、食欲をそそる香りを持つスナック菓子、嗅覚を刺激して精神的な安らぎを得るアロマテラピーなど、香りが利用されている領域は極めて幅広い。そんなさまざまな香りは、香料を調合して、巧妙につくり分けられている。

香りは、芳香性の分子によって生まれるもので、その原料によって天然香料と合成香料の2つに大別される。天然香料の場合は、動植物の細胞内で生み出された芳香性物質を採集し、合成香料の場合は物質を化学反応させて人工的につくり出している。

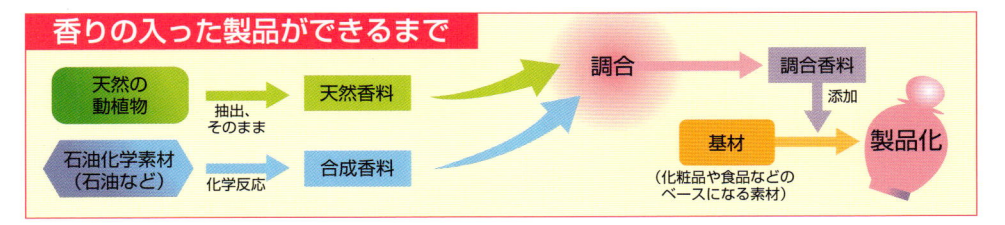

香りの入った製品ができるまで

天然の動植物 →(抽出、そのまま)→ 天然香料 → 調合 → 調合香料 →(添加)→ 製品化
石油化学素材(石油など) →(化学反応)→ 合成香料 → 調合
基材(化粧品や食品などのベースになる素材) → 製品化

● 香りを嗅ぎ分けるしくみ

化粧品の香りや香水のイメージを新しくつくり出す調香師は、嗅覚を研ぎ澄ませることはもちろん、香りや色のイメージをふくらませる想像力に加え、流行にも敏感であるなど、総合的な美的感覚が要求される。さらに調香師は、少なくとも3000種類の素材を嗅ぎ分けられるといわれる。

香りを嗅ぎ分けるとき、空気中を浮遊している芳香性分子が、鼻の奥にある鼻腔粘膜から突き出している嗅細胞の表面に吸着する。すると嗅細胞は、吸着してきた芳香性分子の形や大きさを判別して、微妙な香り成分の差を嗅ぎ分ける。そしてその感覚が、記憶の中の香りのイメージと結びついて、初めて香りとして認識されるのである。

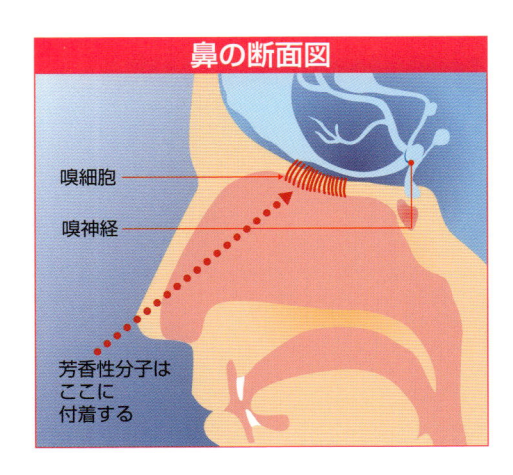

鼻の断面図

- 嗅細胞
- 嗅神経
- 芳香性分子はここに付着する

■高級な香水・香木の正体

麝香(ムスク) オスのジャコウジカが、求愛時に生殖腺から出す分泌物が乾燥したもの。主要な芳香性物質であるムスコンは、高濃度では悪臭だが、薄めるとよい芳香を発する。現在、ジャコウジカの捕獲が禁止されており、入手は極めて困難であるため、人工ムスクが主流となっている。

沈香 東南アジア原産の沈香木(ジンチョウゲ科の常緑高木)が分泌する樹脂で、自らの傷や病気などによる細菌の繁殖から身を守る働きがある。沈香の中でも、特に質のよいものは伽羅と呼ばれる。主原料はセスキテルペンという芳香性物質。

日焼けの正体——皮膚の中で起こること

太陽光に含まれる紫外線は、化学反応を促進する電磁波である。年々多くなるといわれる紫外線の量に比例し、皮膚がんや眼の疾患(角膜剥離・白内障)などにつながる危険性も高まっている。強い直射日光の下で、素肌をさらすのは控えよう。

日焼けのしくみ

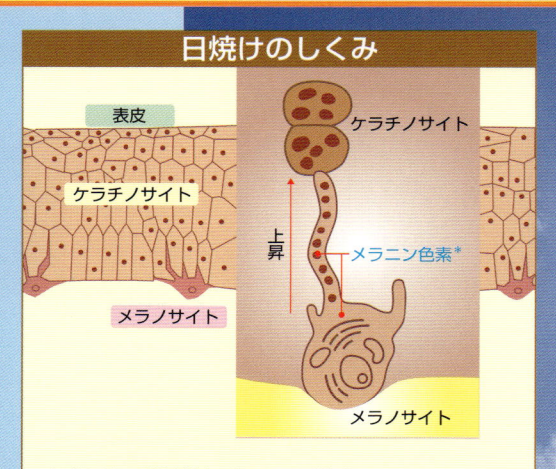

表皮／ケラチノサイト／メラノサイト／上昇／メラニン色素*／ケラチノサイト／メラノサイト

皮膚には、紫外線を受けると活性化するメラノサイトという細胞がある。メラニン色素(動物の体表にある黒または黒褐色の色素)はメラノサイトでつくられ、ケラチノサイト(胚細胞)まで移動した後、細胞核の周りに蓄えられる。

● 人体に影響を及ぼす3種類の紫外線

太陽からは、紫外線・可視光線・赤外線など、いろいろな波長の電磁波*が放射され、地球へ降り注いでいる。人体に有害な紫外線の波長は、280nm以下の短波長(UV-C)、280〜320nmの中波長(UV-B)、320〜400nmの長波長(UV-A)に分けられ、いずれも、人体に対して特有の化学反応を引き起こす。とりわけ、UV-Bは、地表によく届くとともに、皮膚に大きな影響を与え、深刻な健康被害の原因となることもある。

地表に届く太陽光線

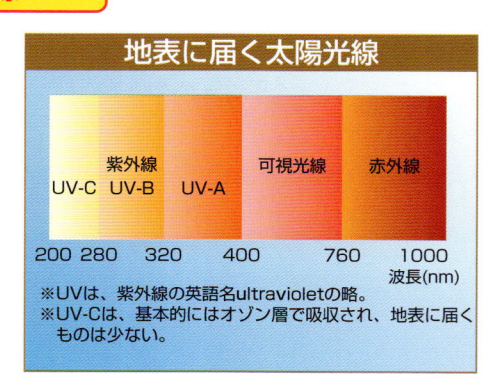

紫外線：UV-C／UV-B／UV-A　可視光線　赤外線

200　280　320　　400　　760　　1000
波長(nm)

※UVは、紫外線の英語名ultravioletの略。
※UV-Cは、基本的にはオゾン層で吸収され、地表に届くものは少ない。

第5章 スポーツと遊び、おしゃれの化学
「日焼け」

紫外線による皮膚の生理作用

長波長(UV-A)
皮膚の奥まで届き、表皮の色素細胞を刺激する。日焼け後、しばらくして黒っぽい色素沈着が起こるのは、皮膚のメラニン色素の量が増える生理作用で、UV-Aをブロックして体内まで届かないようにしている。この状態をサンタンといい、シミやシワの原因となる。

中波長(UV-B)
UV-Aに比べて皮膚表面に作用し、浴びるとすぐに赤くなり、やがて皮がむけたり、水泡ができるほどの日焼けになる。この状態をサンバーンといい、シワや皮膚がんの原因となる。

短波長(UV-C)
DNAの中のタンパク質を切断したり、結合させるなど、目に見えない化学反応を起こし、皮膚がんの原因となることがある。

● シミやシワができるしくみ

人間の皮膚は、通常、28日周期で表面が垢となって脱落し、新しい皮膚組織と入れ替わる。ところが、UV-Aの照射によってメラニン色素の量が増えると、それが真皮にまで侵食し、残ってしまう。これがシミである。強い直射日光にさらされる、赤道直下で暮らす人達の皮膚の色が濃いのも、同じ理由による。

また、真皮には皮膚組織の間に張り巡らされたコラーゲン*という長めの繊維と、それを束ねているエラスチンという輪ゴムのように弾力のある繊維(ともに、タンパク質)とがあり、そのすき間は水分が豊富な組織で満たされている。ところが、UV-AやUV-Bを浴びるとコラーゲンが切れてしまい、長く使っている輪ゴムがゆるむように、ピンと張っていた皮膚がたるんでしまう。これが小ジワの原因で、さらに水分が少なくなって全体的に真皮が収縮してしまうと、深いシワが刻まれる。

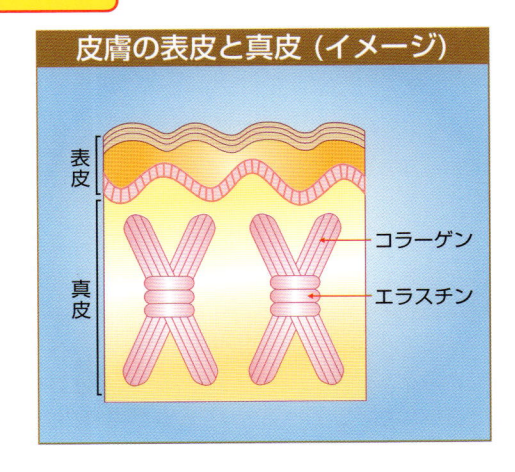

皮膚の表皮と真皮(イメージ)

表皮
真皮
コラーゲン
エラスチン

シミやシワだけでなく、紫外線は体内の酸素を不安定な活性酸素*(酸化力が強く、細胞を破壊する酸素)に変え、からだの正常な働きを失わせてしまうこともある。その結果、筋肉や内臓の老化をはじめ、いろいろな病気を引き起こす原因となるのだ。

個性いろいろ 天然繊維と化学繊維

世界各地では、それぞれの気候風土のもと、衣食住について、独自の文化が成立している。衣服についても、古くからの天然繊維に加えて、科学技術の発達にともなって開発された新素材を用い、カラフルな衣服が発表され、特に、女性の関心が高い。

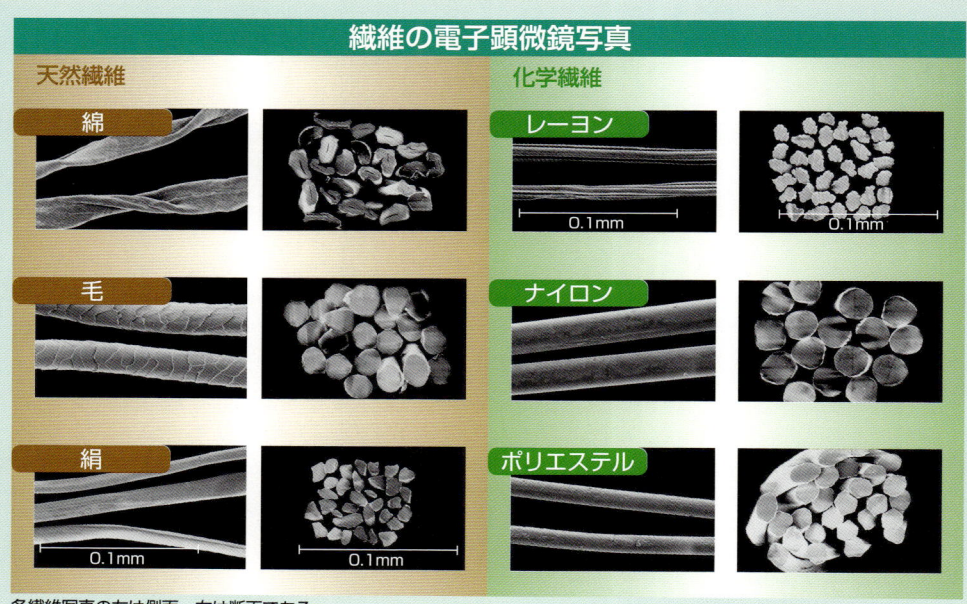

繊維の電子顕微鏡写真

天然繊維
- 綿
- 毛
- 絹

化学繊維
- レーヨン 0.1mm
- ナイロン
- ポリエステル 0.1mm

各繊維写真の左は側面、右は断面である。

「家庭科掲示資料 第2集 生活の科学と文化」（教育図書株式会社）より

● 古い歴史を持つ天然繊維

人類がつくった初めての織物は、紀元前5000年、古代エジプト時代に亜麻（アマ）を用いたもので、エジプトのミイラもこれに包まれている。紀元前2500年頃、中国で絹糸が見い出されたといわれている。これを織物にし、西方諸国に運ぶため、西安とトルコを結んだ7000kmの道がシルクロードである。以後、中国以外でも生産されるようになり、日本では弥生時代からつくられた。今でも、絹は、中国だけで全世界の約50%が生産されている。羊毛を衣服にしたのは、紀元前18世紀頃のバビロン王朝時代といわれる。

綿がつくられたのは5000年以上前で、原産地のインドからアラビア商人が西方へ伝え、イタリアからスペインを経由してヨーロッパに広がった。日本には、平安朝初期に中国から貢物として伝えられた。現在、綿花は世界約90か国で栽培され、Tシャツやジーンズなど、衣料用繊維の消費量の約40%を占めている。

第5章 スポーツと遊び、おしゃれの化学
「繊維」

● 繊維は高分子化合物からなる

　繊維は、それぞれの素材分子が無限につながってできた高分子化合物*である。綿や麻などの植物繊維は、セルロース*($C_6H_{10}O_5$)を一つの単位分子とするくり返し構造を持つ。羊毛は、人間の毛髪と同じように、ケラチン*という硬タンパク質の繊維が何層にも重なってできている。

　絹は、セリシンという硬タンパク質が表面を覆って光沢を出し、内部はフィブロイン*というタンパク質でできている。このような天然繊維の構造に似せてつくり出されたのが、化学合成繊維である。レーヨンは、高価な絹に代わるものとして、1884年にフランスのシャルドンネ伯が硝酸セルロースからつくった。1905年にはイギリスのコートルズ社がビスコース法によりレーヨンを大量生産した。ナイロンは、1935年にアメリカのデュポン社によって石炭と空気と水から"くもの糸よりも細く、絹よりも美しく、鋼鉄より強い"というキャッチフレーズで発表され、ストッキングをはじめ、多くの衣料品に使われるようになった。

● 天然繊維と化学繊維、その特徴の違い

　衣料に表示される繊維の種類と特徴は、下表の通りである。天然繊維の表面は、絹以外はザラザラしていて吸湿性がある。綿は、水を吸収しやすく、放出しやすい構造をしている。逆に、化学繊維は滑らかで均一な構造をしているため、一般に汗などを吸いにくい。しかし、レーヨンはセルロースを原料としてつくられているため、化学繊維では、もっとも吸湿性・放湿性がある。

　合成繊維を多く使った衣料では、特に冬に静電気を起こしやすい特徴がある。また、繊維の種類によって洗濯時の取り扱いも異なり、間違うと衣類が縮んだり、しわになったりするため、洗濯表示に注意することが必要である。最近では、水分によって発熱する防寒用の肌着なども開発されている。

繊維の種類と特徴

分類		繊維名	原料	性質	用途
天然繊維	植物繊維	綿	綿花	肌触りがよく、吸湿性・吸水性が高い。洗濯に耐えるが、しわになりやすい。	肌着・服地・寝具類・靴下・タオル
		麻	亜麻などの茎	表面が平滑で冷感がある。吸湿性・吸水性が高い。洗濯に耐えるが、弾力性が低く、しわになりやすい。	夏服地・ハンカチ・テーブルクロス
	動物繊維	毛	羊などの獣毛	保温性が高く、吸湿性に富むが、水をはじく性質がある。ぬれてもまれると、フェルト化し、縮みやすい。虫害を受けやすい。	コート・スーツ・セーター・毛布・カーペット
		絹	繭繊維	しなやかな感触で光沢に富み、吸湿性が高い。紫外線で黄変しやすく、虫害を受けやすい。	服地・和服地・スカーフ・ネクタイ
化学繊維	再生繊維	レーヨン	木材パルプ	吸湿性・吸水性が高く、ぬれると極端に弱くなり、縮みやすい。摩擦に弱く、しわになりやすい。	裏地・服地
	半合成繊維	アセテート	木材パルプと酢酸	絹に似た光沢がある。ひっぱり・摩擦に弱く、ぬれるとさらに弱くなる。	服地
	合成繊維	ポリエステル*	石油	強く、しわになりにくい。型くずれしにくく、プリーツ性に優れる。吸湿性が低く、静電気を帯びやすい。	服地・ブラウス・ズボン・スポーツウェア
		アクリル		軽く、保温性に富む。毛に似た風合いを持ち、毛玉ができやすい。静電気を帯びやすい。	セーター・毛布
		ナイロン		ひっぱり・摩擦に強い。紫外線で黄変しやすく、熱に弱い。	ストッキング・水着・スポーツウェア
		ポリウレタン		伸縮性に優れ、伸びても強度が落ちない。塩素系漂白剤で黄変する。	女性用下着、靴下・水着

アイロンをかけなくて済む形状記憶シャツの秘密

　ピンとえりが立ち、しわのないワイシャツの袖に腕を通すと、気持ちが引き締まる。しかし、1日着ればよれよれになり、洗濯をして乾かした後はアイロンがけが必要である。そんな面倒な労力を軽減したのが形状記憶シャツだ。

形状記憶シャツの新旧比較

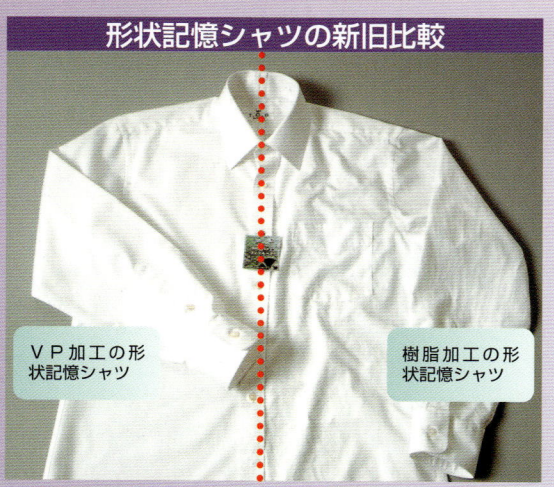

形状記憶は進歩している。左の写真と下のグラフは、従来の樹脂加工と、新しいVP（ベーパーフェーズ）加工を比べたものである。

VP加工の形状記憶シャツ

樹脂加工の形状記憶シャツ

ともに素材は綿100％で、洗濯を5回した状態。VP加工の形状記憶シャツには、しわがほとんどなく、アイロンをかけたようにパリッとしている。

洗濯後の残留水分

- 加工なしの生地
- 樹脂加工した生地
- VP加工した生地

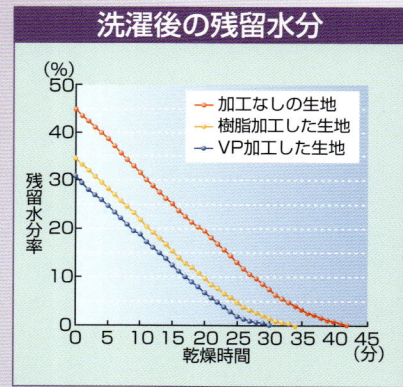

VP加工した生地は、従来の樹脂加工や加工なしの生地に比べて、洗濯後の残留水分が短時間でなくなっていく。乾きが速い証拠だ。

写真・資料提供：東洋紡績株式会社

● 衣類のしわとアイロンがけ

　衣類は、洗濯をしてそのまま乾かすと、しわくちゃのままである。特に吸水性が高い綿のシャツや麻製品などは、干すときにピンと張っても、繊維レベルではしわだらけなので、全体としてはしわが残ってしまう。では、アイロンをかけると、なぜ、しわが伸びるのだろう。

　着用前のしわなしシャツは、棒状の綿の繊維（セルロース*）が、ピンと伸びて全体に方向性を持っている。しかし、着用後あるいは洗濯後にしわができたシャツでは、繊維に不自然な機械的な力がかかったため、繊維の方向はでたらめに向き、その形に沿って生地に凹凸ができる。虫眼鏡でよく見ると、繊維表面にもたくさんのささくれが生じ、表面がザラザラしているのがわかる。

　アイロンをかけるとき、霧吹きで湿らせたり、スチームアイロンを用いると、よりピンと張った状態に仕上がるのは、水分が加わって繊維がやわらかくなり、それに高温・高圧がかかることで繊維が伸ばされ、そのまま乾燥状態が維持されるためである。

第5章 スポーツと遊び、おしゃれの化学
「形状記憶シャツ」

綿の生地断面の拡大模式図

使用前のしわがないシャツ　　　　　　使用後のしわがあるシャツ

セルロース（綿繊維）
水分子

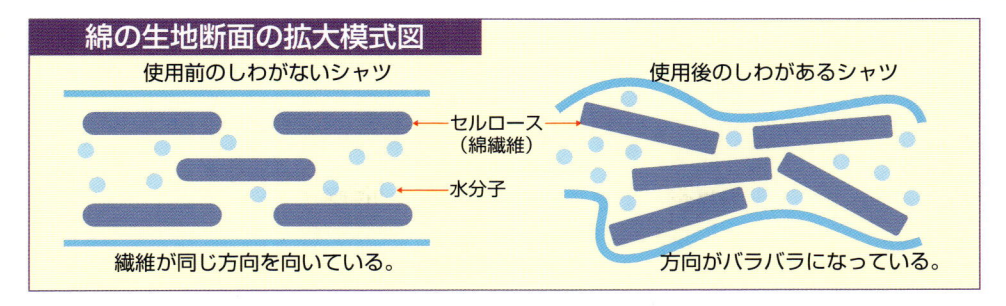

繊維が同じ方向を向いている。　　　　方向がバラバラになっている。

● 形状記憶加工の特徴

　形状記憶シャツは、以前はパーマネントプレス加工が用いられ、ポリエステル*と綿を混ぜたEC混紡糸で織った生地に、樹脂加工と熱処理を施し、洗濯してもアイロンがけが簡単に済むようにつくられていた。しかし、樹脂加工では、樹脂が繊維表面に集まりやすく、樹脂を繊維内部まで浸透させるのが困難なため、着心地も、綿100％なのに汗を吸収しにくく、蒸し暑いという欠点があった。

　最新の加工方式は、VP(vapor phase)加工と呼ばれ、ホルマリンガス(HCHO)を主成分とするガスの中でワイシャツを型にはめて処理するものである。繊維の分子と分子は、ガスを吹きつけられて架橋結合*で固定され、シャツの折り目のところは折れたまま、平らなところは平坦なままで、しわになりにくくなる。

　VP加工は、気体状態での加工なので、内部までよく架橋剤が浸透し、まんべんなく架橋結合が行われる。また、樹脂加工のように、樹脂が水の通り道をふさぎ、水の移動を妨げることがないため、吸水・速乾性にも優れている。VP加工は、水分子(H_2O)とほぼ同じ約0.3nmという、非常に微細な架橋構造を実現したナノテクノロジー*である。

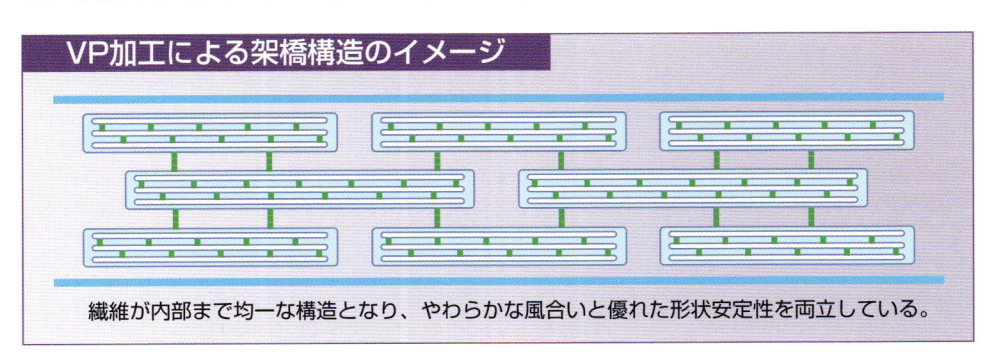

VP加工による架橋構造のイメージ

繊維が内部まで均一な構造となり、やわらかな風合いと優れた形状安定性を両立している。

■アンモニア(NH_3)で加工した形状記憶シャツも登場

　VP加工で使用されるホルマリンガスには毒性があり、家庭用品規制法で規制値が定められているため、人体に影響がない量しか使われていないが、中には過剰に反応してしまう人もいる。そのため、最近はホルマリンガスではなく、アンモニアを使用して加工した形状記憶シャツも開発されている。

顔やからだの皮膚を美しく健康に保つ化粧品

化粧品には、顔に色をつけて美しく見せるだけではなく、からだ全体の皮膚を健康に保つ働きもある。肌のトラブルを防ぐビタミンC*配合化粧品やUVカット化粧品、色が落ちにくい口紅など、さまざまな機能を持つ製品が販売されている。

ビタミンC

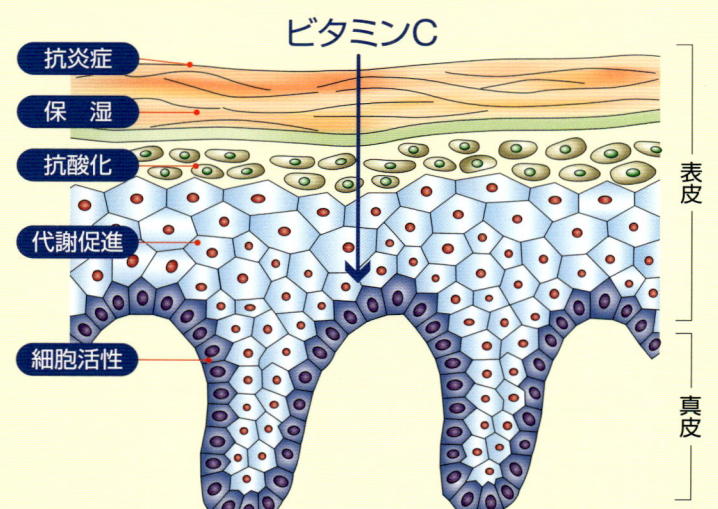

抗炎症
保湿
抗酸化
代謝促進
細胞活性

表皮から真皮まで浸透したビタミンCは、メラニンの生成を抑え、コラーゲン*の生成を促進する。これにより、しわやたるみのない美しい肌をつくる。

表皮
真皮

ビタミンCの効果

紫外線を遮断	皮膚がんの予防
皮膚の新陳代謝を活発化	しみやあざの除去
メラニンの着色・生成を抑制	しみの予防
コラーゲンの生成を促進	美白効果
	しわの予防
	皮膚の張りを保つ
	にきび痕の修復を早める
活性酸素*を抑制	皮膚の酸化を防ぐ

● 美肌に欠かせないビタミンC

ビタミンCが肌によいことはよく知られており、現在はビタミンCを配合した化粧品が数多く出回っている。ビタミンCには、肌の張りや瑞々しさを保つために必要なコラーゲンの生成を促進し、美しく健康的な肌をつくる働きがある。また、しみの正体であるメラニン色素*をつくる酵素の働きを抑制し、濃色(黒色)メラニンを淡色(白色)メラニンに還

元してしみを改善させる効果がある。こうした美肌効果に加え、白血球に作用して免疫力を高めたり、コラーゲンの生成に関与して、血管の壁を強くしたり、抗酸化作用により皮膚がんの予防にも役立つといわれている。

ビタミンC配合の化粧品は、従来は皮膚や体内への吸収があまりよくなかったが、ナノテクノロジー*の進歩により改善され、またコエンザイムQ10など、代謝をよくするとされる化粧品材料が次々と開発されている。

● 紫外線から肌を守るUVカット化粧品

紫外線(UV)をカットする化粧品は、吸収剤と散乱剤の2つでそれをブロックする。吸収剤は、オキシベンゾン($C_{14}H_{12}O_3$)などのベンゼン系有機化合物で構成され、紫外線を皮膚に届く前にその物質に吸収して可視光線などに変換する。吸収された紫外線は、すぐに熱となって放出されるので、吸収剤は元の化合物に戻る。

散乱剤には、白粉の原料である二酸化チタン(TiO_2)や酸化亜鉛(ZnO)などの微粒子が用いられ、物理的に紫外線を遮断する。散乱剤を使用した化粧品には、光防御指数(SPF:sun protection factor)が表示され、この数値が大きいほど日焼け防止の効果も高まる。散乱剤を肌に塗ると、白く浮き上がりやすいので、微粒子をアミノ酸でコーティングして浮き上がりにくくしている場合が多い。

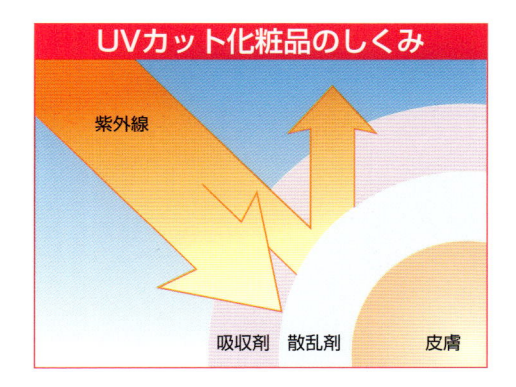

UVカット化粧品のしくみ

紫外線／吸収剤／散乱剤／皮膚

● "落ちにくい口紅"の秘密

食事をしているとき、グラスなどに口紅の色がついてしまうことがある。この現象は、摩擦や熱などにより、口紅の主成分である色素と油分が剥がれてしまうために起こる。現在、人気を集めている"落ちにくい口紅"は、色素と油分に加え、昆布などに含まれるアルギン酸という物質が配合されている。

アルギン酸は、水分と迅速に反応し、皮膜形成力が高い。唇にはもともと水分が含まれているため、この口紅を塗るとアルギン酸が水分と反応し、唇に密着した膜をつくり、さらに口紅の外側にも膜をつくる。この2枚の膜に守られ、色が落ちにくくなるのである。

■歌舞伎に用いられる白粉や隈取りの原料は?

歌舞伎役者の顔や首筋に塗られる白粉や隈取りは、かつては炭酸鉛($PbCO_3$)を主成分とする鉛白が用いられていた。しかし、水銀(Hg)と同じ重金属である鉛は、人体に有害で、江戸時代には死者が出たこともあった。現在は、二酸化チタン(TiO_2)などの白色の顔料*が主成分となり、これに赤・黄・黒などの着色料となるさまざまな種類の酸化鉄(Fe_2O_3)や酸化亜鉛(ZnO)を加え、あの豪華な色どりをもたらしている。

眼鏡・コンタクトレンズと、目が見えるしくみ

近眼は文明病といわれ、細かな文字情報を見たり、目まぐるしく動く画像情報を追うことがない人に、視力矯正はほとんど必要ない。外科的手術による視力矯正が普及しているものの、視力の悪い人にとって眼鏡やコンタクトレンズは欠かせない。

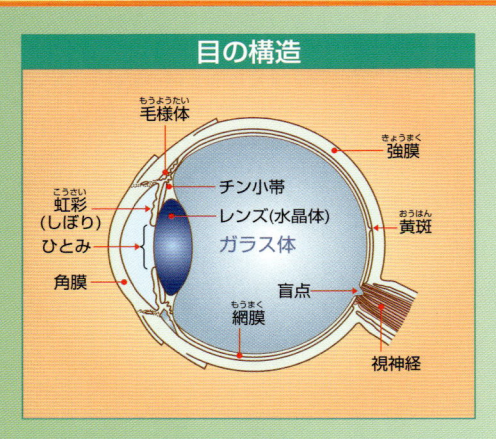

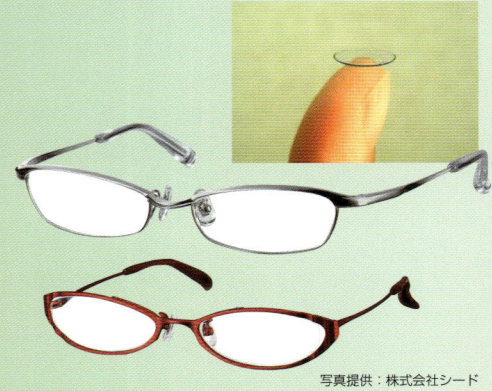

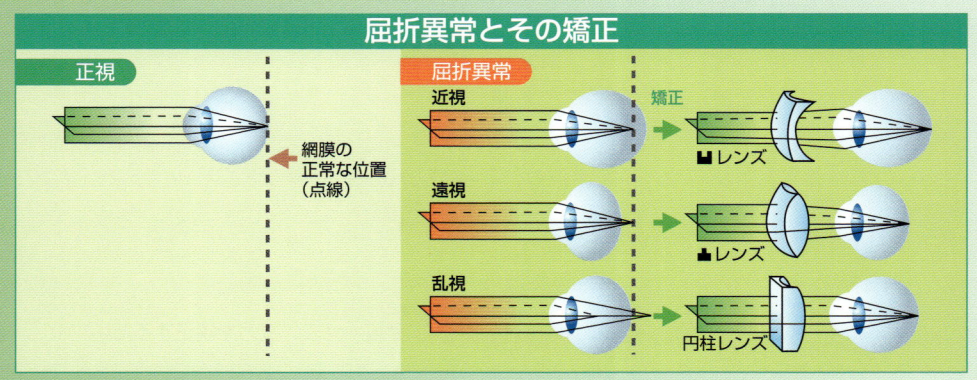

目の構造

毛様体、チン小帯、強膜、虹彩(こうさい)(しぼり)、レンズ(水晶体)、黄斑(おうはん)、ひとみ、ガラス体、角膜、盲点、網膜(もうまく)、視神経

写真提供：株式会社シード

屈折異常とその矯正

正視／網膜の正常な位置（点線）

屈折異常：近視 → 矯正 ■レンズ

遠視 → ■レンズ

乱視 → 円柱レンズ

● 目が見えるしくみとは？

目に入ってきた可視光線は、角膜と水晶体を通って屈折し、網膜に像を結ぶ。網膜上の黄斑にピントが合うとよく見える。屈折の程度は、眼球の奥行き(眼軸長(がんじくちょう))や水晶体の厚さによって決定される。これらの器官に異常があると、網膜上にピントが合わず、はっきりと見えなくなる。そのため、ピントを合わせる視力矯正が必要となる。

第5章 スポーツと遊び、おしゃれの化学
「眼鏡とコンタクトレンズ」

● 近視・遠視・乱視になる理由

　人間が目から得られる外部情報は、全情報を100％とすると80％以上ともいわれる。そのため、視力の異常は、日常生活で文章や画像を認識する必要の多い今日、生活に大きな支障をきたすことになる。

　近視や遠視、乱視は、医学的には屈折異常といい、これを矯正するために眼鏡やコンタクトレンズが使用されている。正常な目であれば、眼球の一番奥にある網膜に像が結ばれる。ところが、眼球の奥行きが長かったり、目の中のレンズ(水晶体)が厚くなったりすることで近視になる。逆に、眼球の奥行きが短かったり、水晶体が薄くなってしまうことで遠視になる。また水晶体の表面に凹凸があると、眼内で光が直進せずに像がぼやけ、乱視となる。

● 眼鏡レンズとコンタクトレンズ

　眼鏡レンズの材質には、ガラスとプラスチックとがあり、どちらも傷つきにくく、紫外線を遮蔽したり、光の透過率をよくするためのコーティングが施されている。販売比率としては、現在では、プラスチックが約9割を占める。ガラスの比重は2.2～2.5と重いが、屈折率が高く、より強度の屈折矯正ができる。プラスチックの比重はガラスの約1／2であるが、屈折率が低いためレンズが分厚くなってしまう。プラスチックの素材はPMMA(ポリメチルメタクリレート)で、比重は1.49。これは初期のハードコンタクトレンズの素材としても使われた。近年の眼鏡レンズは、CR-39(ジエチレングリコールビスアリルカーボネイト)が使われている。

　一方、コンタクトレンズも酸素透過や使い捨てなどのタイプが発売され、安全に快適に使えるよう、日々改良されている。

比較項目	眼鏡	コンタクトレンズ
取り扱い	簡単	やや難しい
装用時間制限	なし	あり
装用練習	不要	必要
スポーツ	不便	便利
視野	狭い	広い
見え具合	倍率・距離感が変化する	眼鏡ほど変化しない
合併症の危険性	なし	あり
紛失・破損	少ない	多い
寿命	長い	短い
定期検診	1～数年	1～3か月毎
費用	安い	高い

いろいろなコンタクトレンズの種類とその特徴

コンタクトレンズとは、いわゆる眼鏡とは異なり、角膜に密着させて、視力を矯正する薄いプラスチックのレンズである。

ハードコンタクトレンズ
光学性が高く、乱視の矯正にも優れる。洗浄・保存などのケアが簡単で、普通は連続8～10時間程度の使用であるが、最長1週間の連続装用ができるものもある。

ソフトコンタクトレンズ
黒目より大きく、レンズが水分(涙)を含んだやわらかいプラスチックのコンタクトレンズ。ズレにくく、はずれにくいため、スポーツをする人などに適している。

使い捨てコンタクトレンズ
ソフトコンタクトレンズの一つだが、1日で捨てるタイプと、2週間で交換するタイプなどがあり、便利で衛生的であるが、年間の費用が割高になる。

靴やバッグの素材——天然皮革と人工皮革

有史以前から人類は、動物の皮などを利用して、厳しい環境からからだや足を保護してきた。一方、皮の加工は技術や手間がかかり、そのため、価格は高く、また、革製品は重い。そこで、軽くて安価な人工皮革が開発され、多方面で利用されている。

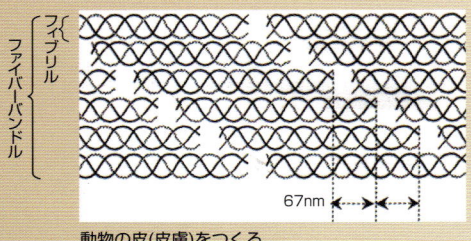

フィブリル
ファイバーバンドル
67nm

動物の皮(皮膚)をつくる、コラーゲンの分子配列(模式図)

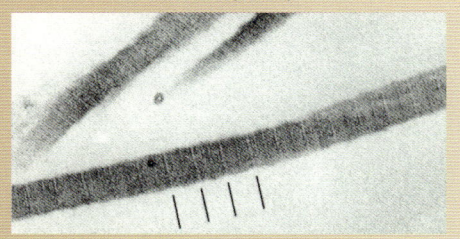

コラーゲン繊維の電子顕微鏡写真(6万倍)

天然皮革製品
牛革製の靴とバッグ。独特の風合いと重厚感がある。 

人工皮革製品
人工皮革の靴やバッグなど。丈夫で軽く、手入れが簡単なことが魅力。 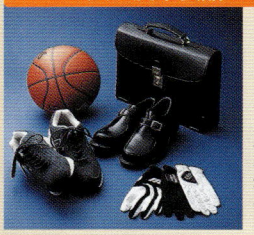

写真提供：株式会社ニッピ　株式会社クラレ

● 天然皮革の素材と加工(皮なめし)

　天然の革素材としては、多くが牛か豚の革が用いられている。動物の皮膚は、人間の皮膚も含めて、コラーゲン*という繊維状のタンパク質でできている。コラーゲン分子は、長さが約300nm、直径が約1.5nmの棒状の物質で、3本の鎖が絡み合った三重らせん構造が基本単位の微細繊維(フィブリル)になっている。この三重らせんは、数百本が束になっており、さらにこの束が数本～数十本集まって、太い繊維束(ファイバーバンドル)が形成されている。皮革(皮膚)は、この太い繊維束が三次元的に絡み合った構造をしている。

　皮革をなめす工程には、次のような作業がある。
❶原料皮革：生のままか、塩漬け。
❷水漬け：汚れや塩分を除いて、水分を補う。
❸裏打ち：皮の裏側にある脂肪や肉片を剥ぐ。
❹脱毛、石灰漬け：石灰液に漬け込み、余分な毛や表皮を溶かし、皮の繊維をほぐす。
❺脱灰・ベーチング：皮の中の石灰を薬品で除き、酵素で皮をやわらかくする。
❻ピックル：次工程のクロムなめし剤がよく浸透するよう、あらかじめ酸に漬ける。
❼クロムなめし加工：クロムなめし剤を用い

第5章 スポーツと遊び、おしゃれの化学
「皮革」

て、柔軟で強度のある丈夫な革にする。
❽**脱水・調整**：革を絞って脱水し、肉面を削って厚さを揃え、染料がしみやすいように酸を中和する。
❾**染色と加脂**：用途に応じた染色を行い、革に適当な油分を与え、やわらかさなどを調整する。
❿**仕上げ**：柔軟加工などの後処理を行い、スプレーや手塗りなどで着色する。

これらの工程を経て、皮革には、表面に光沢のある銀面層という緻密なコラーゲンの繊維束が露出し、つやと柔軟性を持ち合わせた感触が得られる。内側の網様層は、繊維がやや太くて立体的に絡み合い、皮革の強度を保っている。以上の工程は、ほとんどが牛皮革のものだが、さまざまな動物の革が同様の加工を経て利用されている。

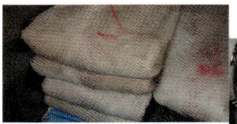

原料皮革：生か塩漬けで工場に運ばれる。

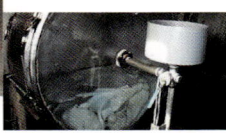

脱灰ドラム：脱毛、石灰漬け、ピックルなどの工程で使う。

クロムなめし

染色・加脂

写真提供：東京都立皮革技術センター

● 人工皮革の素材と製造法

「革なめし」という手間・ひまのかかる工程や、人体や環境に有害なクロム(Cr)の使用を避け、天然皮革と同様の感触を持つ、より軽く強い素材として、人工皮革が開発された。
人工皮革には、次のようなものがある。
❶**擬革**：織物などの表面に塩化ビニルなどをコーティングしたもの。強度は弱いが、銀面層の風合いが得られる。
❷**合成皮革**：織物などの表面に発泡ウレタンを施してクッション効果を高め、その上に樹脂をコーティングしたもの。
❸**人工皮革**：コラーゲン構造に似せた三次元立体構造を持つナイロン*やポリエステル*不織布の上に、弾性ポリウレタン樹脂をコーティングしたもの。

中でも、人工皮革は、表面仕上げによって、つや消しの毛羽立ち表現を施したスエード調と、つや有りの銀面調の2種類がつくられている。

人工皮革の製造工程に使われる技術は、❶**極細繊維製造技術**　❷**不織布製造技術**　❸**ポリウレタン樹脂技術**　❹**表面仕上げ技術**　の4つに大別される。人工皮革は、これらの技術を組み合わせた複合素材といえる。

天然皮革には、網様層の極細繊維によって皮革独特の触感がある。人工皮革においてもこの極細繊維を人工的に開発できたことによって人工皮革が得られた。極細繊維には次の3種類がある。
❶**海島型**：2種の異なる成分を複合紡糸し、布状にした後、一つの成分を溶解除去することにより、極細繊維をつくる。ちょうど海の中に島が浮いたような構造をしており、外側の海の部分を溶かすと、残りの島部分が繊維として取り出せる。
❷**分割型**：2種の異なる成分を複合紡糸し、布状にした後、分割させて極細繊維をつくる。断面を星状にしたものなどがある。
❸**直紡型**：紡糸の際、そのまま細く長く引き伸ばす。

海島型極細繊維
写真提供：東レ株式会社

分割型極細繊維
写真提供：KBセーレン株式会社

133

心身が爽快になるレジャーの代名詞
温泉を化学する

入浴がからだを癒す

　私達日本人にとって、温泉は、昔から疲れを癒したり、医療効果の形(湯治)で庶民の愉しみとして愛好された。最近では、レジャーの場としても高い人気を誇る。

　一般的に、入浴することで、からだが温まり血管が広がり、血行の流れを促進する効果がある。そのため、酸素(O_2)や栄養分が、体内に効率的に供給されるとともに、二酸化炭素(CO_2)や乳酸などの老廃物もより多く排出されるようになる。また、42℃以上の高温では、筋肉や関節が緩んで痛みが和らげられ、38℃程度の低温の湯では、身体的・精神的な鎮静効果があるとされる。

　さらに、温泉には、温泉水に含まれているさまざまな化学的な溶存物質が直接皮膚に作用したり、皮膚から成分が浸透することにより、疲労回復や皮膚病の改善といったさまざまな医療効能がある。ただし、成分により禁忌症などもあるので、ただ温泉に入ればよいという訳ではない。

どこからどこまでが温泉?

　温泉は、地中からの地熱によって気温以上に熱せられて湧出する、鉱水及び水蒸気その他のガス(炭化水素(C_nH_{2n})を主成分とする天然ガスを除く)で、温泉源での温度が摂氏25℃以上のものか、鉱水1kg中に1g以上の溶存物質が含まれているものをいう。

　温泉の種類は、溶存物質によりさまざまあり、下表のように分類される。いわゆる「温泉法」では、泉温25℃以上を温泉と定義しているが、それ以下のものは鉱泉または冷泉と呼ばれ、あたためて入浴すると温泉と同じ効果がある。

　火山活動が盛んな日本には数多くの温泉地があるが、最近では地中深く(通常は1000m以上)掘削すれば、温泉が湧出することがわかり、各地で新しい温泉地が出現している。その反面、著名な温泉地では温泉が湧出しなくなっており、地熱と水脈との関係が深いことを示している。

主な温泉の種類

温泉の種類	泉質の例(主な溶存物質)	主な入浴適応症
塩化物泉	カルシウム塩化物泉(Ca^{2+}イオン、Cl^-イオン)	切り傷・やけど・慢性皮膚炎・虚弱体質
炭酸水素塩泉	ナトリウム炭酸水素塩泉 (Na^+イオン、HCO_3^-イオン)	切り傷・やけど・慢性皮膚炎
硫酸塩泉	マグネシウム硫酸塩泉 (Mg^{2+}イオン、SO_4^{2-}イオン)	動脈硬化症・切り傷・やけど・慢性皮膚病
二酸化炭素泉	単純二酸化炭素泉(遊離二酸化炭素)	高血圧症・動脈硬化症・やけど・切り傷
鉄泉	鉄-炭酸水素塩泉(Fe^{2+}、HCO_3^-イオン)	月経障害
アルミニウム泉	アルミニウム硫酸塩泉(Al^{3+}イオン、SO_4^{2-}イオン)	慢性皮膚炎・水虫・湿疹
放射能泉	単純放射能泉(ラドン　Rn)	痛風・高血圧症・動脈硬化症・慢性皮膚病
酸性泉	単純酸性泉(H^+)	打ち身・五十肩・慢性皮膚炎
硫黄泉	単純硫黄泉(硫化水素イオンなど)	糖尿病・動脈硬化症・高血圧症・しもやけ
単純温泉	アルカリ性単純温泉 (上記に当てはまらないもの)	神経痛・筋肉痛・関節炎・うちみ・冷え性・疲労回復・慢性消化器病

第6章

環境と災害の化学

光化学スモッグのしくみと対策(1)
大気汚染物質の正体

光化学スモッグは大気汚染現象の一つであり、自動車や工場などから排出される大気中の窒素酸化物*(NOx)や揮発性有機化合物*(VOC：volatile organic compounds)、石油製品の燃焼排ガスが太陽の紫外線を受けて、光化学反応を起こすことによって発生する。

光化学スモッグにより、空全体が灰色になっている。

左・下とも、兵庫県尼崎市の市街(ともに7月)。左の写真は、光化学スモッグ注意報が発令された日に撮影。スモッグのために、後方の山はほとんど見えない。

写真提供：尼崎市衛生研究所

光化学スモッグが発生すると、一時的な息切れや、目がチカチカしたり、のどがいがらっぽくなったりする。命に及ぶほどの危険はないが、慢性的なぜんそくや気管支炎を引き起こす恐れがある。

● 大気汚染物質とは

光化学スモッグの原因となる物質は、光化学オキシダント*(O_x)である。光化学オキシダントは、工場や事業場・自動車などから排出された窒素酸化物(NOx)や揮発性有機化合物(VOC)などの一次汚染物質が、太陽の紫外線を受けて複雑な化学反応を起こすことによってできた二次汚染物質である。

光化学オキシダントは強い毒性を持っている。そのほとんどはオゾン*(O_3)で、他にパーオキシアシルナイトレート(PAN：

peroxyacylnitrate)及び二酸化窒素(NO_2)などの酸化性物質である。大気汚染物質として監視されている物質には、光化学オキシダントの他、二酸化硫黄(SO_2)、一酸化炭素(CO)、二酸化窒素(NO_2)などがあり、これらに浮遊粒子状物質(SPM：suspended particulate matter)が混ざっている。このSPMが太陽の光を散乱させるため、光化学スモッグが発生した空はもやがかかったようにかすんで見える。

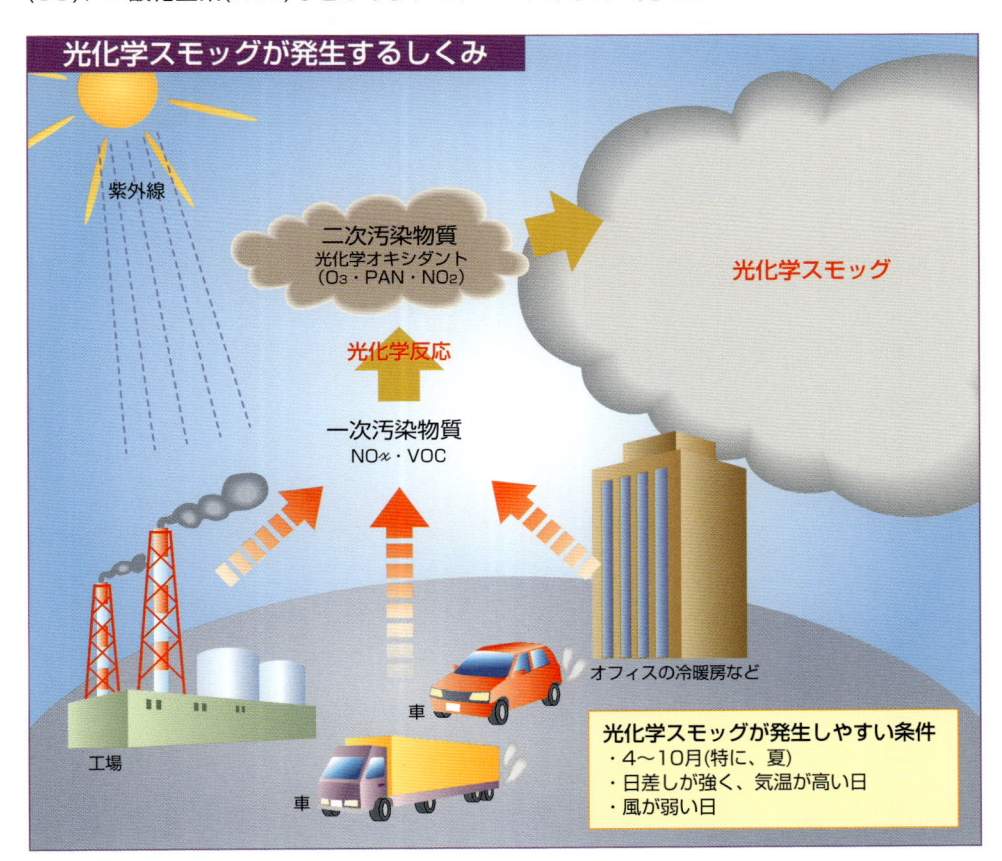

光化学スモッグが発生するしくみ

- 紫外線
- 二次汚染物質 光化学オキシダント (O_3・PAN・NO_2)
- 光化学スモッグ
- 光化学反応
- 一次汚染物質 NO_x・VOC
- 工場
- 車
- オフィスの冷暖房など

光化学スモッグが発生しやすい条件
・4～10月(特に、夏)
・日差しが強く、気温が高い日
・風が弱い日

● 揮発性有機化合物(VOC)の正体

　光化学オキシダントに変化するVOCは、紫外線にあたると初めて化学変化を起こす。VOCは、多くの化学薬品の原料になるベンゼンやトルエン・キシレンをはじめ、各種塗料の溶剤、クリーニングの溶剤にも含まれている非メタン系炭化水素(NHMC)などがその代表である。"常温で揮発する有機化合物"がその定義で、現在、多くの化学製品に100種類を超えるVOCが含まれている。洗剤や壁紙の接着剤などにも含まれるホルムアルデヒド*(HCHO)もVOCで、シックハウス(室内空気汚染)症候群の一因となっている。2004年5月に「大気汚染防止法」が改正され、VOCが規制対象として新たに追加された。

光化学スモッグのしくみと対策(2)
大気汚染が悪化する理由

近年、中国をはじめとするアジア諸国の経済の活性化や、さまざまな環境の変化にともない、一時減少していた光化学スモッグが再び増加している。地球規模での、抜本的な対策が求められている。

定時観測によるある日の首都圏における光化学スモッグ発生状況
(環境省大気汚染物質広域監視システム「そらまめくん」の観測値)

8時 — 朝はO_x濃度がもっとも低くなっている。

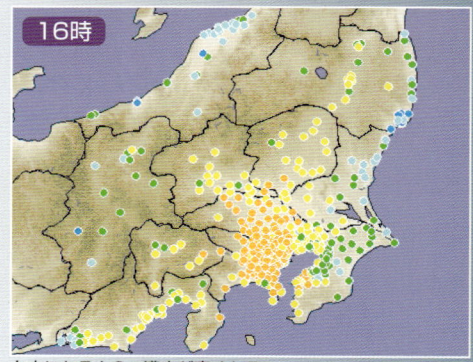

16時 — 夕方になるとO_x濃度が高くなる。

24時 — 深夜になるとO_x濃度が再び低くなる。

O_x濃度(ppm)
- 0.000〜0.020
- 0.021〜0.040
- 0.041〜0.060
- 0.061〜0.119
- 0.120〜0.239
- 0.240〜

光化学注意報発令のべ日数の4年ごとの推移

年度	1984	1988	1992	1996	2000	2004
日数	135	86	184	99	259	189

資料提供:環境省、独立行政法人国立環境研究所

● オゾンの危険な側面

NO_xに含まれている二酸化窒素(NO_2)は、紫外線を吸収すると光化学反応を起こし、一酸化窒素(NO)と酸素原子(O)が発生する。一酸化窒素は空気中でVOCに、酸素原子は大気中の酸素(O_2)と反応してオゾン*(O_3)となる。上空10〜50kmのオゾン層は、有害な紫

第6章 環境と災害の化学
「光化学スモッグ」

外線をブロックし、生物を守っている。だが、地上で発生した光化学スモッグの中のオゾンは、化学反応性が高く、生物に害を与える。

オゾンは、酸素分子にもう一つ酸素原子がくっついた物質である。しかし、本来は非常に不安定な物質で、安定になろうとして、隣りの物質から電子を奪う性質があり、正常な細胞を破壊する活性酸素*の親戚である。存在場所によって、オゾンは、ヒーローにもなれば、悪役にもなるのである。

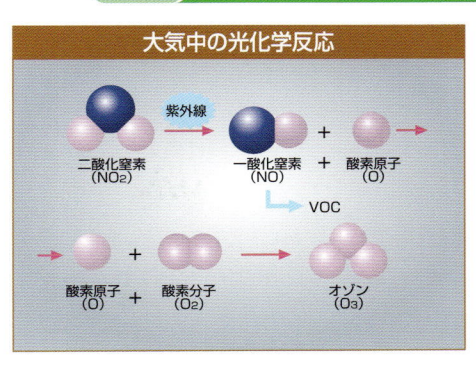

大気中の光化学反応

二酸化窒素(NO_2) →[紫外線] 一酸化窒素(NO) + 酸素原子(O) →[VOC]

酸素原子(O) + 酸素分子(O_2) → オゾン(O_3)

● 光化学スモッグへの対策

光化学スモッグへの根本的な対策は、光化学スモッグの原因物質である地上のオゾン量を減らし、VOC量を削減することである。自動車の塗装や建築用塗料では、これまで、キシレンやトルエンなどの溶剤を使ってきたが、現在、これを減らすための努力がなされている。トヨタや日産自動車・ホンダなどの自動車工場の塗装ラインでは、VOCをほとんど含まない水性塗料を導入し始めている。

偏西風の経路

偏西風

北極・南極を中心に中緯度で西から東に吹く大規模な帯状の空気の流れ。日本では、中国大陸から広範囲にわたって到来する。

ヒートアイランド現象の温度分布モデル (首都圏)

図版提供：気象庁「ヒートアイランド監視報告」

都心部を中心に、高温の地域が広がっている。

● 再び増加している光化学スモッグ

さまざまな対策が功を奏し、光化学スモッグは、一時沈静化するかにみえた。ところが、高度経済成長期の日本で大気汚染がひどくなったのと同じように、近年、中国などの経済活動から生じた光化学オキシダント*などの二次汚染物質が、偏西風にのって日本上空に飛来しているのである。

また、ヒートアイランド現象の影響も考えられる。二酸化炭素(CO_2)やメタン(CH_4)などの温室効果ガス*の増加に加え、自動車や工場の排気、エアコンの排熱、アスファルトの放熱などで、都市上空の水蒸気があたためられ、海に島が浮かんでいるように温度が上昇している。温度が上昇すると、大気中の化学反応が加速してオゾンが大量に増加する。このようなことから、大気汚染には、地球規模で複雑な因果関係を念頭において対応する必要がある。

破壊が進むオゾン層——オゾンホールの正体

オゾン層は、上空10〜50kmの成層圏にあり、動植物に有害な太陽からの紫外線を吸収する作用がある。近年、フロン*などの有機塩素化合物がオゾン層を破壊してオゾンホールができ、紫外線による被害が問題となっている。

世界のオゾン全量分布

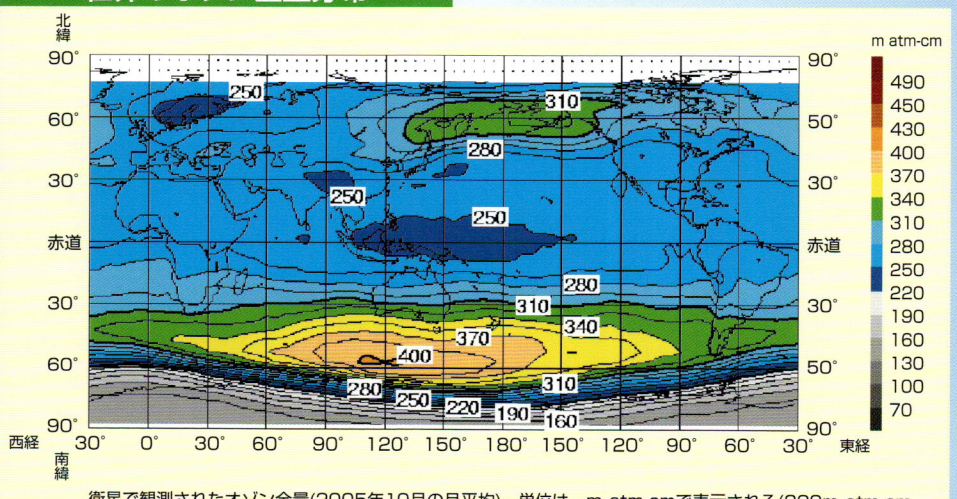

衛星で観測されたオゾン全量(2005年10月の月平均)。単位は、m atm-cmで表示される(300m atm-cmは、オゾンを0℃・1気圧に圧縮したとき、3mmの厚さに相当する)。NASAのTOMSデータをもとに作成。

気象庁ホームページより

● 太古の地球とオゾンの生成

オゾン*(O_3)は、酸素(O_2)の親戚関係にある物質で、酸素を原料にできている。太古の地球(45億年前)には酸素はなく、大気の97%は二酸化炭素(CO_2)であった。40億年前に誕生した海中の微生物(藻類)が、この二酸化炭素を吸収し、光合成によって酸素をつくり出すようになった。その20億年後、酸素は地球上空に広がり、太陽からくる紫外線によって酸素原子に分解され、酸素原子が3個集まってオゾンができたとされている。

オゾンができるまで

酸素分子(O_2)
安定した状態。

$O_2 \rightarrow O+O$
強い紫外線によって分解される。

オゾン分子(O_3)
オゾン分子が集まってオゾン層になる。しかし結合が不安定であるため、やがて分解して酸素分子に戻る。

$O_2+O \rightarrow O_3$
酸素原子(O)と酸素分子(O_2)が結びついて、オゾン分子(O_3)ができる。

第6章 環境と災害の化学「オゾン層」

● オゾン層と紫外線との関係

　植物がつくり出した酸素の反応をうながす太陽光に含まれる紫外線は、主に中波長のUV-Bである。UV-Bは、浴びるとすぐに皮膚が赤くなり、日焼けや皮膚がんの原因となる。紫外線の種類は、波長が短い方から、UV-C、UV-B、UV-Aとなるが、オゾン層は、生物の遺伝子のタンパク結合を切ってしまう有害なUV-Cを吸収している。

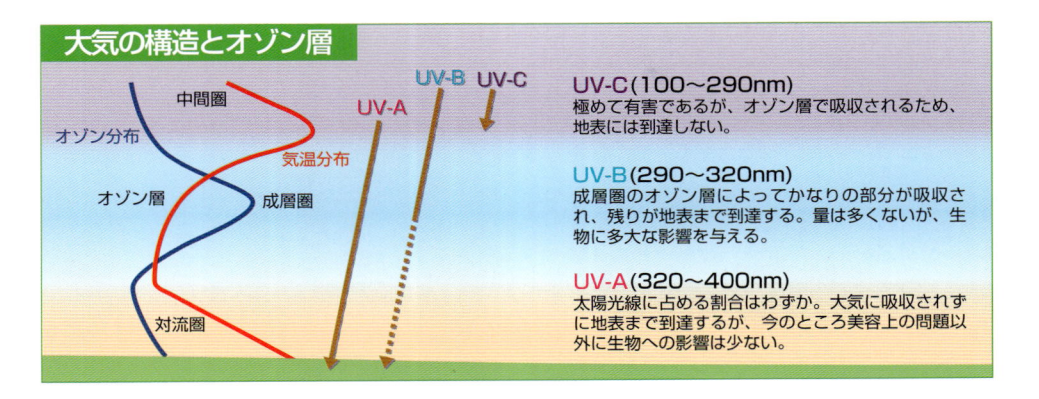

大気の構造とオゾン層

中間圏 / オゾン分布 / オゾン層 / 成層圏 / 対流圏 / 気温分布 / UV-A / UV-B / UV-C

UV-C（100～290nm）
極めて有害であるが、オゾン層で吸収されるため、地表には到達しない。

UV-B（290～320nm）
成層圏のオゾン層によってかなりの部分が吸収され、残りが地表まで到達する。量は多くないが、生物に多大な影響を与える。

UV-A（320～400nm）
太陽光線に占める割合はわずか。大気に吸収されずに地表まで到達するが、今のところ美容上の問題以外に生物への影響は少ない。

● 人類の産業活動によるオゾン層の破壊

　ここ数十年の人類の産業活動により、オゾンの原料となる酸素を供給する世界の森林が減少してしまった。しかも、高層を飛ぶ航空機は、オゾン層が含まれる大気圏上層10km近辺の酸素を大量に消費する。また、冷媒や機器の洗浄剤として、大量に使われるフロンなどの有機塩素化合物が無防備に大気中へ放出され、それが上空に蓄積して紫外線によって分解され、反応性の高い塩素原子（Cℓ）が発生し、オゾンを連鎖的に破壊する。火山噴火による硫酸粒子（H_2SO_4）の表面でも、同様にオゾンの破壊反応が起こる。酸性雨や自動車の排ガスも、窒素酸化物*（NOx）や硫黄酸化物*（SOx）などオゾン層を破壊する物質を含んでいる。

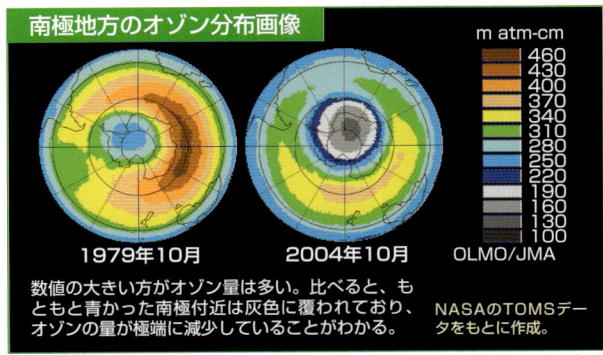

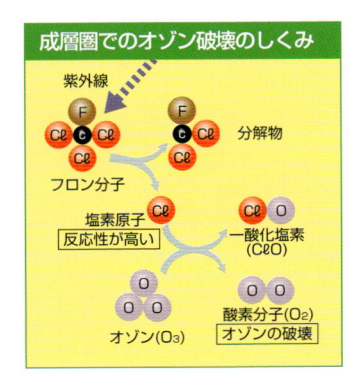

南極地方のオゾン分布画像

1979年10月 ／ 2004年10月　　m atm-cm：460／430／400／370／340／310／280／250／220／190／160／130／100　OLMO/JMA

数値の大きい方がオゾン量は多い。比べると、もともと青かった南極付近は灰色に覆われており、オゾンの量が極端に減少していることがわかる。

NASAのTOMSデータをもとに作成。

気象庁ホームページより

成層圏でのオゾン破壊のしくみ

紫外線 → フロン分子（F, Cℓ, C, Cℓ, Cℓ）→ 分解物
塩素原子（Cℓ）【反応性が高い】
一酸化塩素（CℓO）
酸素分子（O_2）
オゾン（O_3）【オゾンの破壊】

人体に悪影響を与える酸性雨とその被害

空気中には、酸素(O_2)や窒素(N_2)などの自然の気体の他に、車の排気ガスや工場から排出される窒素酸化物*(NO_x)や硫黄酸化物*(SO_x)、火山の爆発で拡散した粒子など、酸性の物質がたくさん浮遊しており、酸性雨の原因となっている。

酸性雨は、森林の木々を枯れさせてしまう場合がある。日本の森林でも、その影響が指摘されている。

酸性雨などの影響で立ち枯れした森林(長野県乗鞍岳)

日本・長野の緑豊かな森林

● 酸性雨とはどのような雨なのか

酸性雨とは、水素イオン指数*(pH)が5.6以下の雨のことをいう。pHは、酸の強さの度合いをあらわし、値の範囲が0〜14となっている。7が中性で、6以下が酸性、8以上がアルカリ性である。pHが1違うだけで、酸性の強さには10倍もの差がある。梅干しをアルミ箔でくるんでおくと、アルミ箔に穴があいていることがあるが、梅干しの酸っぱい成分は酸性のクエン酸*で、pHは2〜3である。酸性雨には、それよりも強いpH値が検出されることもあり、金属に穴をあけるほどの被害をもたらす場合もある。

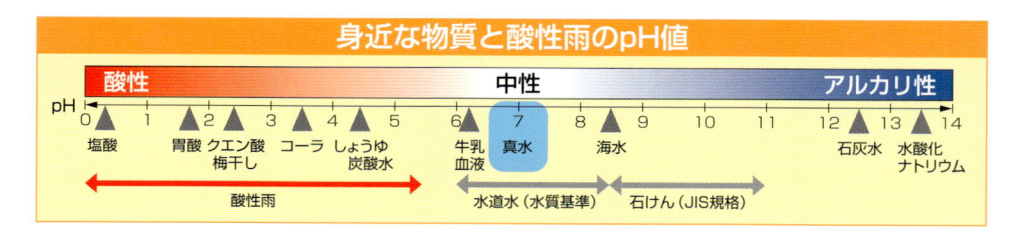

身近な物質と酸性雨のpH値

pH	酸性					中性					アルカリ性
0	1	2	3	4	5	6	7	8	9	10	11	12	13	14
塩酸		胃酸 クエン酸 梅干し	コーラ	しょうゆ 炭酸水		牛乳 血液	真水		海水			石灰水	水酸化 ナトリウム

酸性雨 ←――――――――→
水道水(水質基準) 石けん(JIS規格)

第6章 環境と災害の化学「酸性雨」

● 酸性雨が発生する原因とその被害

酸性雨は、自動車の排気ガスに含まれていたり、石油コンビナートや火力発電所で化石燃料を燃やした際に発生したりした窒素酸化物・硫黄酸化物が、空気中の水蒸気に溶け、雨となって地上に落ちてきたものである。近年、この大気中の酸性物質の粒子は、日本国内だけでなく、中国の工業の急速な発展にともなって大量に発生したものが、偏西風に乗って飛来してきている。

特に降り始めの酸性雨は、酸性度がpH2～3と非常に強い。硝酸（HNO_3）や硫酸（H_2SO_4）といった強い酸に変化した雨は、コンクリートにしみ込み、主成分のカルシウムを溶かしてしまい、いろいろな建造物を劣化させる。屋外のブロンズ像や歴史的建造物も、酸性雨で腐蝕・変形しているものがある。

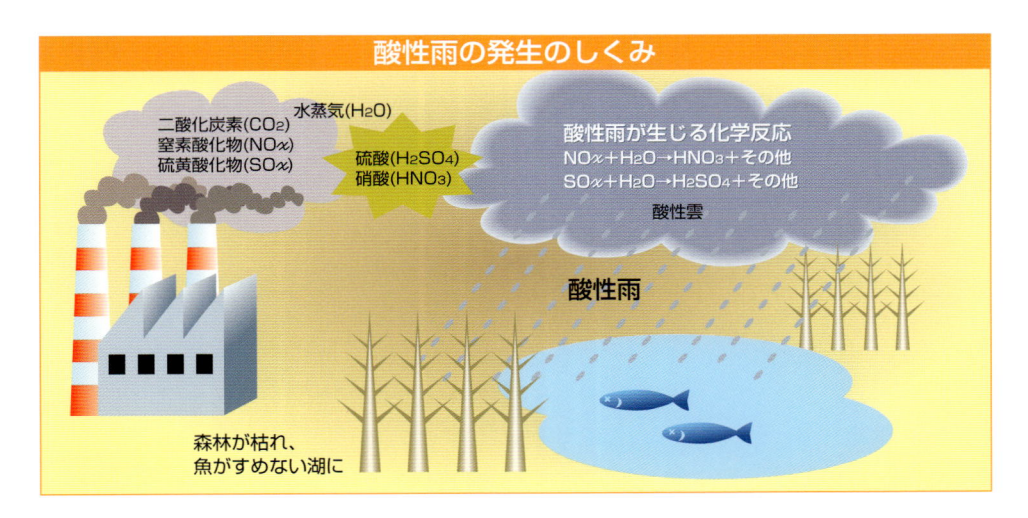

酸性雨の発生のしくみ

二酸化炭素（CO_2）
窒素酸化物（NOx）
硫黄酸化物（SOx）
水蒸気（H_2O）
硫酸（H_2SO_4）
硝酸（HNO_3）

酸性雨が生じる化学反応
$NOx + H_2O → HNO_3 +$ その他
$SOx + H_2O → H_2SO_4 +$ その他
酸性雲

酸性雨

森林が枯れ、魚がすめない湖に

● 酸性雨による動植物への被害

花をはじめ、植物には酸性・アルカリ性の変化に反応するものがある。アサガオの花は、pH4.5では色が薄くなり、pH2～3では花びらが斑になってしまう。農作物も、酸性雨を浴びると野菜の表面の色素が酸で分解されて、白い斑点ができてしまい、商品価値が低下する。

さらにヨーロッパでは、酸性の雪が春先に河川へ溶け出し、魚や水棲生物が死滅してしまうことがあった。酸性の雪の影響で土壌が酸性となり、河川のpHが急変してしまったためで、植物や森林が枯れることもある。人間も、髪の色が脱色したり、免疫力が弱まったりする恐れがある。

酸性雨で色が斑に落ちたアサガオ
写真提供：岐阜大学総合情報メディアセンター

リサイクルされる PETボトルのゆくえ

清涼飲料水や焼酎・しょう油などの容器としておなじみのPETボトル。当初は、土に埋めても腐らず、かさばることから、やっかいもの扱いされていた。しかし、今では、圧縮や粉砕などの工程を経て、さまざまなものに再生されている。

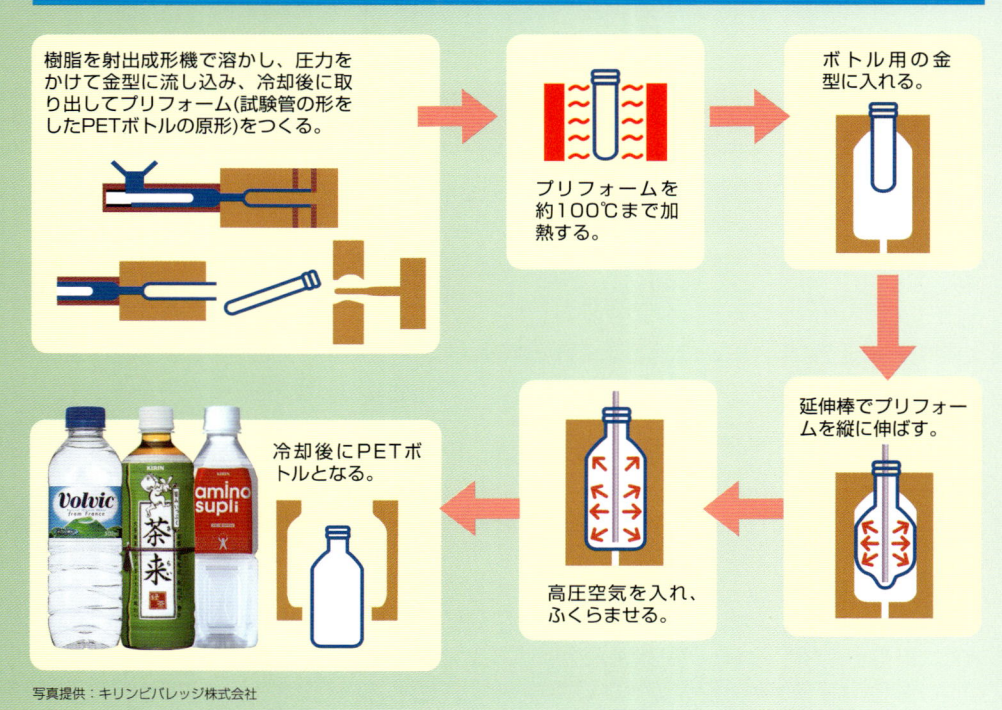

ペットボトルができるまで

樹脂を射出成形機で溶かし、圧力をかけて金型に流し込み、冷却後に取り出してプリフォーム(試験管の形をしたPETボトルの原形)をつくる。

→ プリフォームを約100℃まで加熱する。

→ ボトル用の金型に入れる。

→ 延伸棒でプリフォームを縦に伸ばす。

→ 高圧空気を入れ、ふくらませる。

→ 冷却後にPETボトルとなる。

写真提供：キリンビバレッジ株式会社

● PETボトルの原料は？

　PETボトルのPETとは、ポリエチレンテレフタレートという化学物質の樹脂(高分子化合物*)のことで、英語名(polyethylene terephthalate)を略して名づけられた。ポリエチレンテレフタレートは、石油からつくられるテレフタル酸とエチレングリコール($C_2H_6O_2$)を原料に、高温かつ高度な真空状態の下で化学反応させてつくられる。ポリエチレンテレフタレートを溶かして糸にしたものが繊維(ポリエステル*)、フィルムにしたものがビデオテープ、加熱後に高圧空気を入れてふくらませたものがPETボトルになる。

144

第6章 環境と災害の化学
「PETボトル」

● PETボトルリサイクルのしくみ

　PETボトルをリサイクルする場合、もともとの原料である石油にまで戻すことは技術的に難しい。そこで、PETをそのまま素材として加工し、資源循環の一環とするために考え出されたのがPETボトルリサイクルである。

　そのしくみは、まず、PETボトルが家庭や事業所などから分別回収された後、各自治体や委託業者がキャップや他のプラスチックと混ざっていないかを点検する。その後、ボトルのままではかさばるので、圧縮して容積を減らし(減容)、細かく切った粉状のフレークやチップにする。それをPETの融点である255℃前後の温度で加熱・溶解し、さまざまな製品に再加工していくのである。

PETボトルがリサイクルされるまで(ボトルからユニフォームへ)

PETボトル → 分別排出・収集・洗浄 → 減容・粉砕 → フレーク → 加熱・溶解 → チップ → 原綿 → 紡績糸 → リサイクルユニフォーム

写真提供：株式会社自重堂

さまざまなリサイクルマーク

1 PET	2 HDPE	3 PVC	4 LDPE	5 PP	6 PS	7 OTHER
ポリエチレンテレフタレート	高密度ポリエチレン	塩化ビニル樹脂	低密度ポリエチレン	ポリプロピレン	ポリスチレン	その他の石油製品
PETボトル・ビデオテープ など	レジ袋・バケツ・弁当箱 など	ラップ・農業用ビニル・ホース など	農業用シート・ポリ袋 など	食品容器・収納容器・入浴用品 など	トレー・植木鉢 など	

腐らないプラスチックと腐るプラスチック

プラスチックは、生活を便利にする20世紀の発明として、幅広い用途に使われる人工的な高分子化合物*で、耐久性や可塑性に富む。その一方で、他の天然高分子化合物に比べて分解されにくく、腐りにくいという困った特徴も合わせ持っている。

生分解性プラスチックが分解される様子

0日 / 14日 / 28日 / 42日後

生分解性プラスチックでつくられた容器を土に埋め、6週間の経過を観察したもの。

写真提供：生分解性プラスチック研究会

● 汎用プラスチックが環境にやさしくないわけ

ほとんどのプラスチックの原料は石油である。石油系(汎用)プラスチックは、製造過程で不純物を分離・精製したり、可塑剤を加えるなど、多くのエネルギーを必要とし、さらに硫黄酸化物*(SO_x)を多く発生させてしまう。また、廃棄過程でも、焼却処分の際はもちろん、リサイクル工程も複雑で、二酸化炭素(CO_2)を多く排出することになる。

石油系プラスチックは腐敗しないからこそ、これまでは各種容器や日用品・電気製品などの耐久性を必要とする製品に用いられてきたのである。しかし、石油系プラスチックは、分子の結合状態が安定しており、紫外線照射や高温による燃焼など、自然には得られない条件でしか分解しないのが難点である。

化学的には炭素数が多いほど、プラスチックの耐久性が上がれば上がるほど、分解や廃棄がしにくくなってくる。

第6章 環境と災害の化学「プラスチック」

● 生分解性プラスチックとは？

　石油系プラスチックの欠点を補うものとして、近年、生分解性プラスチック(愛称：グリーンプラ*)が開発されている。これは、❶比較的、強度と耐久性があり、しかも、❷土中へ埋めれば、土壌微生物によって分解され(腐る)、無機化される(土に還る)というものである。また、❸汎用プラスチックの燃焼カロリー約11000cal以上に比べて、4000〜7000calと、紙と同じ程度のエネルギー量で燃やすことができるので、焼却炉の消耗が防げる。さらに、❹ダイオキシンのような有害物質も発生しない　などの利点がある。

　生分解性プラスチックには、微生物系・石油系・天然高分子系など、右表のようなものがつくられている。

いろいろな生分解性プラスチック

微生物系
バイオポリエステル(ポリ-β-ヒドロキシブチレートなど)
バクテリアセルロース
微生物多糖(プルラン・カードランなど)

化学合成系
脂肪族ポリエステル*(ポリカプロラクトン・ポリブチレンサクシネート・ポリエチレンサクシネート・ポリグリコール酸・ポリ乳酸など)
ポリビニルアルコール
ポリアミノ酸類(PMLGなど)
その他、ポリウレタン・ナイロンオリゴマーなど

天然物系
キトサン+セルロース
デンプン・酢酸セルロースなど

複合物
デンプン+脂肪族ポリエステル・デンプン+ポリビニルアルコール
上記のブレンドやラミネートなど

● 腐るとは？

　微生物は、有機物を食べて繁殖していく。微生物が有機物を食べて繁殖するということは、高分子化合物たる有機物の分子を、微生物自身が持つ酵素でバラバラに分解し、二酸化炭素(CO_2)や水(H_2O)などのような無機物にするということである。生分解性プラスチックの多くは、飼料用トウモロコシデンプンなどから原料を取り出しているため、土壌微生物によって腐らせることができるのである。環境問題もあり、近年、生分解性プラスチックが見直され、各国で研究開発の道がつくられている。

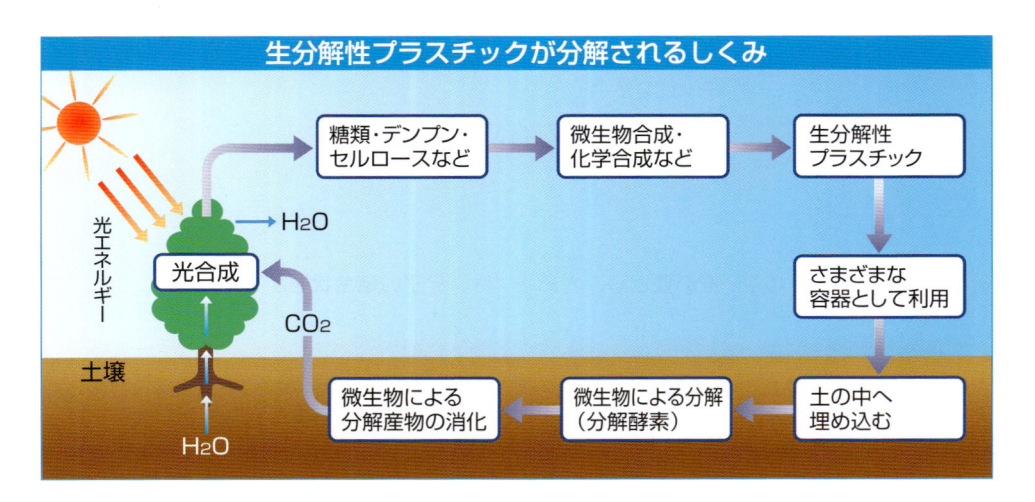

生分解性プラスチックが分解されるしくみ

環境保全に有効な食物連鎖と環境浄化

　人間は、外界から食物を摂り入れ、老廃物を外界へ排泄する。その食物は、米や野菜などの植物、魚や豚などの動物、それらを微生物の働きで変化させた加工食品である。これらの生物同士の関係は、食物連鎖のピラミッドであらわされる。

生態系における物質循環

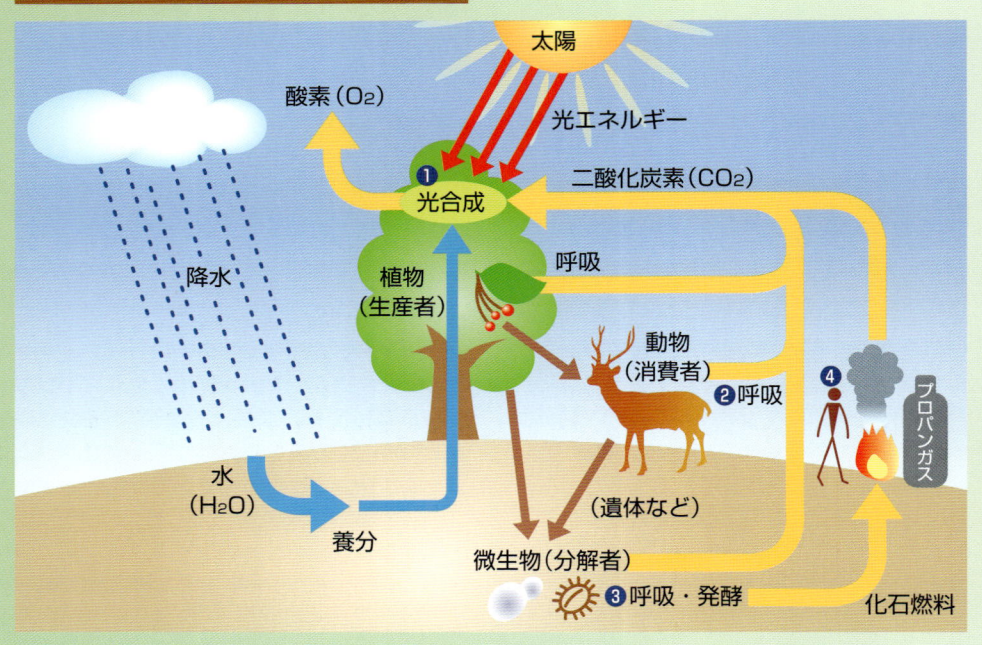

❶ 光合成　植物の中で起こる化学反応
$6CO_2 + 6H_2O \rightarrow C_6H_{12}O_6$（ブドウ糖・デンプン）$+ 6O_2$

❷ 呼吸　生物の体内で起こる化学反応
$C_6H_{12}O_6 + 6O_2 \rightarrow 6CO_2 + 6H_2O +$ 化学エネルギー

❸ 呼吸・発酵　微生物による有機物の分解（アルコール発酵）
$C_6H_{12}O_6 \rightarrow 2C_2H_5OH$（エタノール）$+ 2CO_2$

❹ 燃焼　化石燃料（プロパンガス）の燃焼反応
$C_3H_8 + 5O_2 \rightarrow 3CO_2 + 4H_2O +$ 熱エネルギー

● 食物連鎖と生態系

　生物の食物連鎖には、食う・食われるという関係で、相手を食べたものが生き残るという有機物のままで利用される生の食物連鎖と、食べられないまま死に、細菌（バクテリア）などの栄養として分解されて無機物となり、土に帰って再び植物などに利用される腐の食物連鎖とがある。
　緑色植物は、太陽の光エネルギーを利用し

第6章 環境と災害の化学
「食物連鎖」

て無機物の二酸化炭素(CO_2)と水(H_2O)とからブドウ糖($C_6H_{12}O_6$)などの有機物をつくり出している(光合成)が、多くの動物は、その有機物を、食物連鎖を通して利用している。

植物が鬱蒼と茂る熱帯降雨林などでは、生と腐の食物連鎖のバランスがよく、生物の生存に適した環境といわれ、植物量の多いアマゾンの森林などには、まだ、たくさんの未知の動植物がうごめいていると想像されている。

一方、これらの生物と、土や岩石・空気・水など、生物を取り巻く環境をひとまとまりとしてみる生態系もあるが、そこでの物質循環の基本は、炭素(C)と酸素(O)である。両者とも、光合成や有機物の基本元素であり、大部分の生物は、生きていくために呼吸によって酸素(O_2)を取り入れている。

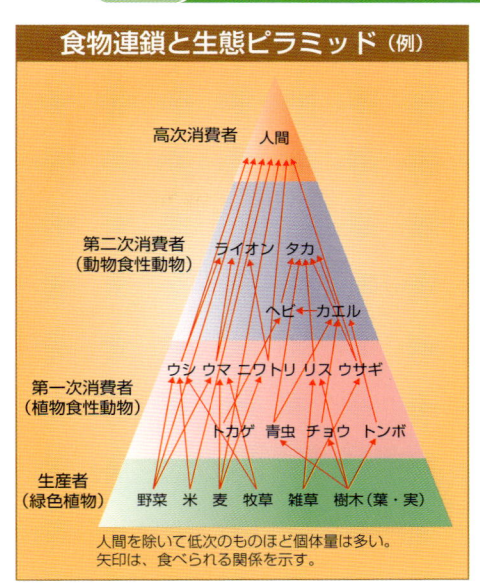

食物連鎖と生態ピラミッド(例)

高次消費者　人間
第二次消費者(動物食性動物)　ライオン　タカ
ヘビ　カエル
第一次消費者(植物食性動物)　ウシ　ウマ　ニワトリ　リス　ウサギ
トカゲ　青虫　チョウ　トンボ
生産者(緑色植物)　野菜　米　麦　牧草　雑草　樹木(葉・実)

人間を除いて低次のものほど個体量は多い。
矢印は、食べられる関係を示す。

● 大気・水の浄化と環境保全

地球上で、唯一、物質循環のバランスを崩す活動をしているのが人間である。地球温暖化の一因は、石炭や石油などの化石燃料を燃やして生じる自然には発生しない二酸化炭素(温室効果ガス*)が、生態系における炭素の循環を乱しているためである。左ページの反応式を改めて見直してみると、水と二酸化炭素は密接に関係しており、大気と水の環境浄化は、生態系のバランスをいかに維持するかにかかっている。すなわち、食物連鎖のうえに成り立っている生態系に配慮し、水と土と太陽が果たす役割を、人間活動の際に十分に照らし合わせていくことが大切である。

環境を保全するためには、人間活動による二酸化炭素の排出をできるだけ控え、木材資源を得るためや農地拡大のために伐採された森林を復活させ、都市部では、街路樹や公園樹を増やし、さらにはビルの屋上緑化を推進するなどの活動が必要であろう。

■河川・湖沼の自浄作用

河川や湖沼には、人間の活動によって洗剤や産業排水など、多くの有機物が流れ込んで、水質を悪化させている。これらの水質の浄化にも食物連鎖が関係している。すなわち、これらの有機物が少なければ、それらを栄養とする好気性微生物*が消費して、やがて無機化され、河川水は浄化される(河川の自浄作用)。増えた微生物は、河川中に生息する動物プランクトンの餌となり、それらは水生昆虫や魚の餌となり、昆虫や魚はカモやウに捕食されるというように、水中と水辺の食物連鎖が成り立ち、河川・湖沼の生態系は保持される。この自浄作用を超える有機物が流入すると、河川は汚染されてしまう。河川や湖沼の水質の汚濁度をあらわす指標として、BOD*(生物化学的酸素要求量)とCOD*(化学的酸素要求量)とがある。微生物による浄化能力を超えると、腐敗してBODやCODが異常に増えることになるのである。

備長炭や竹炭で、水や空気がきれいになるしくみ

備長炭や竹炭には、直径数μm(マイクロ)の小さな孔(あな)が無数にあいている。孔の表面積は炭1gあたり約150〜300m²以上、広さは畳約180〜200枚分に相当する。水や空気をきれいにできるのは、この孔が有機物を吸着するからだ。

備長炭の断面　電子顕微鏡500倍

電子顕微鏡300倍　竹炭の断面

備長炭

竹炭

写真提供：炭パワードットコム　西京庵有限会社　株式会社一ノ瀬鐵工所

● 備長炭と竹炭の違い

備長炭と竹炭の一番大きな違いは、比表面積という孔の面積である。それぞれの炭にあいた孔の面積を比べると、備長炭より竹炭の方が広い。これは木と竹の成長のしかたに関係があり、木は何十年もかかって数十mの高さに成長するが、竹はもっとも伸びの速い時期で1日に1mも成長する。そのため、縦方向の孔の構造や繊維の方向は、竹の方が細く、孔の数自体もたくさん存在することになり、不純物の吸着や水分の吸収が備長炭よりも強力になるのだ。

備長炭の原料となるウバメガシ

竹炭の原料となる竹(孟宗竹(もうそうちく))

写真提供：紀州炭工房　西京庵有限会社

しかし、竹炭の表面は一見、かたいものの、密度そのものは備長炭よりも小さい(やわらかい)ため、燃料として使うには、よりかたくて密度の高い備長炭の方が適している。

第6章 環境と災害の化学
「炭」

● バクテリア(細菌)がきれいにする

　植物には、動物の血液のように栄養や老廃物を運ぶ血管がない。そのかわり、根から水や土の中の養分を吸い上げ、枝や葉に運ぶための維管束という細いチューブ状の器官が存在し、縦方向にたくさん並んでいる。竹を、節がないところで切り、細く割って一方を水に浸し、もう一方から息を吹き込んでみると、ぶくぶくと細かい泡が出る。これは、竹の縦方向の構造の中に空気や水を通すチューブが通っている証拠である。

　木や竹が炭になっても、この孔構造は残り、孔の表面には、水や空気の通りがよい場所を好む好気性微生物*(バクテリア)がすみつく。孔に汚れや臭いのもとになる有機物がたくさん吸着すると、孔にすみついたバクテリアが有機物を栄養にしようとして活発な分解処理を行う。すなわち、有機物を、その化学的な成分である炭素(C)、酸素(O)、水素(H)、窒素(N)、リン(P)などの無機物レベルまで分解できるため、水や空気をきれいにしたり、不快な臭いをとることができる。

炭の主な効果

空気清浄	冷蔵庫・食器棚・収納タンス・トイレ・洗面所・車などに炭を置くことで、消臭・脱臭効果がある。
ご飯がおいしく炊ける	研いだ米の上に炭を置いて炊飯することで、炭の持つ遠赤外線の働きにより、米粒の芯まで熱がいきわたり、ふっくらとしたご飯が炊き上がる。また、米びつの中に炭を入れておくと米に虫がつかず、古米は臭いもとれる。
防湿	押入れ・収納タンス・下駄箱・靴などに炭を入れておくと、湿気を防ぐことができる。また、枕や布団の中に炭を入れると、炭が熱と水分を調整し、ダニなどの発生を防ぐ効果がある。
鮮度保持	冷蔵庫の野菜室の底に炭を入れておくと、野菜が放出するエチレンガスを炭が吸収し、野菜の新鮮さを保持できる。

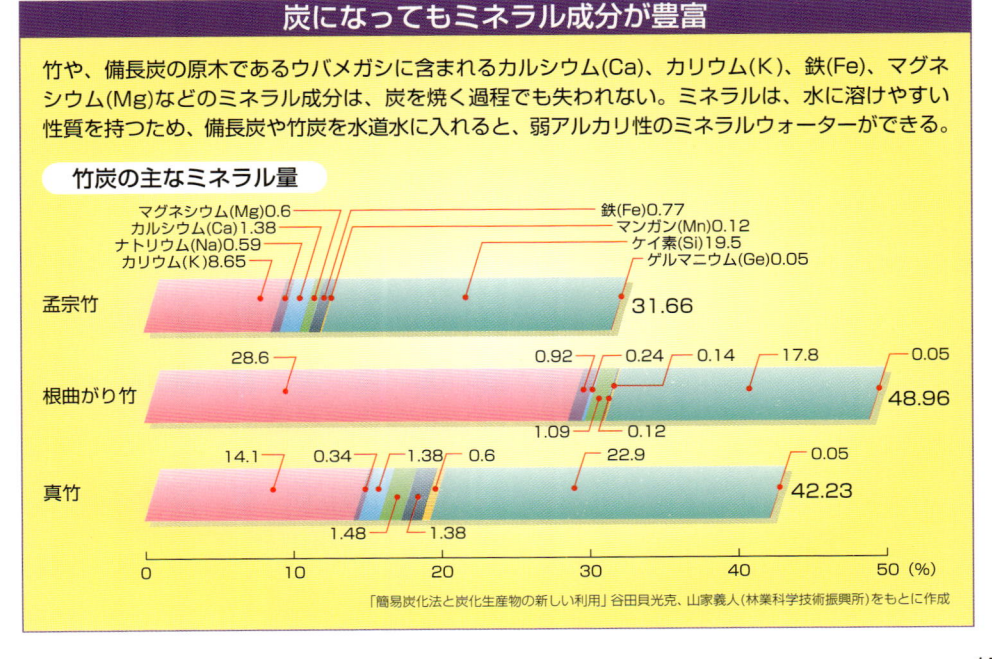

炭になってもミネラル成分が豊富

竹や、備長炭の原木であるウバメガシに含まれるカルシウム(Ca)、カリウム(K)、鉄(Fe)、マグネシウム(Mg)などのミネラル成分は、炭を焼く過程でも失われない。ミネラルは、水に溶けやすい性質を持つため、備長炭や竹炭を水道水に入れると、弱アルカリ性のミネラルウォーターができる。

竹炭の主なミネラル量

孟宗竹
- カリウム(K) 8.65
- ナトリウム(Na) 0.59
- カルシウム(Ca) 1.38
- マグネシウム(Mg) 0.6
- 鉄(Fe) 0.77
- マンガン(Mn) 0.12
- ケイ素(Si) 19.5
- ゲルマニウム(Ge) 0.05
- 計 31.66

根曲がり竹
- 28.6
- 1.09
- 0.92
- 0.24
- 0.12
- 0.14
- 17.8
- 0.05
- 計 48.96

真竹
- 14.1
- 0.34
- 1.48
- 1.38
- 1.38
- 0.6
- 22.9
- 0.05
- 計 42.23

(単位: %、横軸 0〜50)

「簡易炭化法と炭化生産物の新しい利用」谷田貝光克、山家義人(林業科学技術振興所)をもとに作成

創造と破壊を生み出す両刃の剣——ダイナマイト

ダイナマイトは、アルフレッド＝ノーベルによって1866年に発明された。ノーベルは、その後、世界各地での多数の爆薬工場の経営や、石油の掘削の成功など、巨万の富を築き、それを資金として「ノーベル賞」を設定するよう遺言した。

ノーベルが発明したダイナマイトは、産業用の爆薬として、資源の開発や国土・海洋開発などに欠かせないものとなっている。

写真提供：株式会社ジャペックス

アルフレッド＝ノーベル
（1833～1896）
ノーベル賞は、「物理学」、「化学」、「生理・医学」、「文学」、「平和」、「経済学」の6部門からなり、世界的な権威を持っている。

写真提供：テルモ株式会社

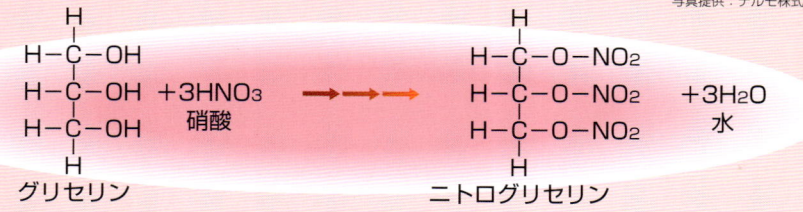

$$\begin{matrix} H \\ H-C-OH \\ H-C-OH \\ H-C-OH \\ H \end{matrix} + 3HNO_3 \longrightarrow \begin{matrix} H \\ H-C-O-NO_2 \\ H-C-O-NO_2 \\ H-C-O-NO_2 \\ H \end{matrix} + 3H_2O$$

グリセリン　　　硝酸　　　　　　　　ニトログリセリン　　　水

● グリセリンとニトロ

グリセリン*は、石鹸が加水分解するとできる脂肪の一種であり、まったく危険性のない安全な化合物である。ところが、これに硝酸（HNO_3）などを使ってニトロ基（$-NO_2$）を導入すると、わずかな振動でも、いきなり爆発する危険性のあるニトログリセリンができる。

このニトログリセリンは、1846年にイタリアの化学者アスカニオ＝ソブレーロが発明したが、彼自身も実験のたびに負傷をしていたという。これを扱いやすいように工夫したのがノーベルで、彼は、ニトログリセリンを約7％の割合で珪藻土にしみ込ませ、安定状態にした。これによって、ダイナマイトなどの爆薬として使用できるようになり、数々の産業の開発や、技術・文明の進展に多大な貢献をすることとなった。

ニトログリセリンの他に、爆発性のあるニトロ化合物には、トリニトロトルエン（TNT）などがある。TNTは少量でも破壊力が強い高性能爆薬として知られている。

第6章 環境と災害の化学
「ダイナマイト」

🔴 ダイナマイトの使われ方

　代表的な爆薬であるダイナマイトは、その大きな爆発力によって、兵器になり、また、産業や生活に役立つようにもなる。

　ダイナマイトの創造的・建設的な使われ方には、トンネル工事や井戸掘り、鉱物資源の採掘、地下調査のためのボーリング、ビルの解体などがある。日本では、1882年に愛媛県の別子銅山で、日本の鉱山としては初めてダイナマイトが本格的に使用された。昔は発破による落盤で死者が発生することもあったが、最近は労働安全性が徹底されているため、ダイナマイトなどによる事故は減少している。

🔴 トンネル掘りに活躍するダイナマイト

　岩山などを掘削してトンネルを通し、鉄道や道路をつくるときになくてはならないのがダイナマイトである。昔のトンネル掘りは、長い年月をかけて手作業で行われていた。しかし、ダイナマイトが発明されてからは、それが一変することになった。まず、小さな孔を掘ってダイナマイトを詰め込み、爆破する(発破作業)。1回の発破作業によって1～1.5m進むことができるので、それを何回か繰り返した後、土砂を取り除き(ズリ出し)、支柱を組み立て、コンクリートを吹き付けるなどの作業を経てトンネルはつくられていくのである。

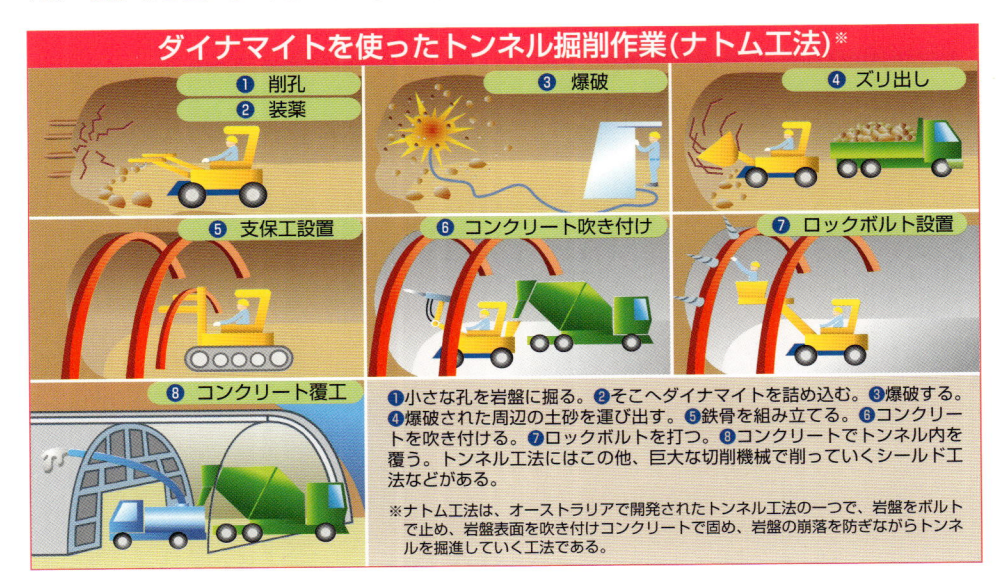

ダイナマイトを使ったトンネル掘削作業(ナトム工法)※

❶ 削孔　❷ 装薬
❸ 爆破
❹ ズリ出し
❺ 支保工設置
❻ コンクリート吹き付け
❼ ロックボルト設置
❽ コンクリート覆工

❶小さな孔を岩盤に掘る。❷そこへダイナマイトを詰め込む。❸爆破する。❹爆破された周辺の土砂を運び出す。❺鉄骨を組み立てる。❻コンクリートを吹き付ける。❼ロックボルトを打つ。❽コンクリートでトンネル内を覆う。トンネル工法にはこの他、巨大な切削機械で削っていくシールド工法などがある。

※ナトム工法は、オーストラリアで開発されたトンネル工法の一つで、岩盤をボルトで止め、岩盤表面を吹き付けコンクリートで固め、岩盤の崩落を防ぎながらトンネルを掘進していく工法である。

■爆発物のニトログリセリンのもう一つの顔――医薬作用

　ニトログリセリンは狭心症の薬にも使われ、1錠につき0.6mgの極微量が用いられている。狭心症は、心臓の冠状動脈がせまくなるために心臓が締めつけられ、大変、苦痛をともなう症状を呈する。一方、ニトログリセリンは体内で分解され、一酸化窒素(NO)を発生する。このNOが血管拡張作用を持つため、心臓の冠状動脈を広げて、心臓が締めつけられる苦しい症状を和らげるのである。

ダイオキシン・サリン・青酸カリ——猛毒を有する化学物質

ダイオキシンやサリンなど、科学技術は、しばしば自らの文明を危機にさらしてきた。科学の進歩は、大いなる繁栄をもたらすと同時に、生態系全体に甚大な影響をもたらす可能性があることも認識しなければならない。

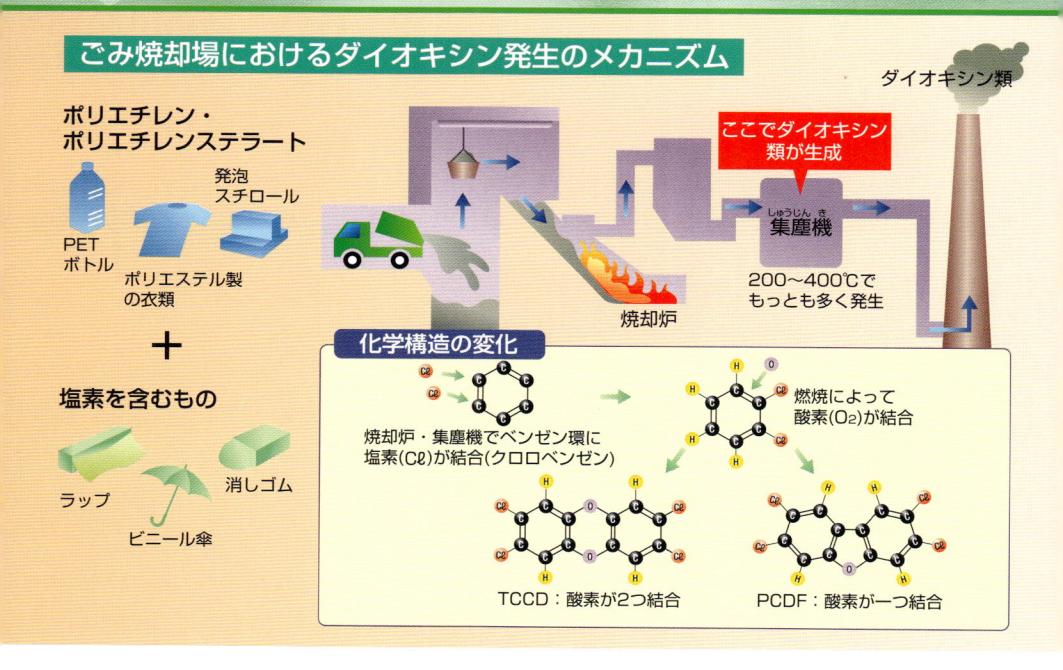

ごみ焼却場におけるダイオキシン発生のメカニズム

ポリエチレン・ポリエチレンステラート
- PETボトル
- 発泡スチロール
- ポリエステル製の衣類

＋

塩素を含むもの
- ラップ
- ビニール傘
- 消しゴム

ここでダイオキシン類が生成
集塵機
$200〜400℃$でもっとも多く発生
焼却炉
ダイオキシン類

化学構造の変化

焼却炉・集塵機でベンゼン環に塩素(Cl)が結合(クロロベンゼン)

燃焼によって酸素(O_2)が結合

TCCD：酸素が2つ結合
PCDF：酸素が一つ結合

● ダイオキシンの危険性

　ダイオキシン(dioxin)の名が知れ渡ったのは、ベトナム戦争において使用された枯葉剤によってであり、敵味方を問わず、奇形児やがんなどの重大な健康被害をもたらした。現在、この"史上最強の毒"は、ごみ焼却場の集塵機からも発生するなど、身近にも存在することが明らかとなっている。

　ダイオキシンは、炭素(C)を中心に構成される有機化合物に、農薬や除草剤の合成・漂白及び燃焼などの過程で塩素(Cl)が加わり、化学変化を起こして生成したものである。ダイオキシン類には、テトラ塩化ジベンゾ-p-ダイオキシン(TCDD)やポリ塩化ジベンゾフラン(PCDF)がある。毒性は、発がん性・催奇形性の他、環境ホルモン*(内分泌攪乱物質)ともいわれ、免疫系や肝臓・甲状腺機能の低下、性ホルモンや中枢神経への影響、皮膚障害などもある。特に、胎児・乳児への影響が懸念され、乳児へは、母乳を通して蓄積するといわれている。

第6章 環境と災害の化学
「ダイオキシン・サリン・青酸カリ」

毒性が強い化学物質の種類とその特性

毒性が強い化学物質

種類	系統	吸入毒性※	性状(常温)	作用速度	残留時間
VX	神経系	10	液体・無色・無臭	ごく早い	数日
サリン	神経系	100	液体・無色・無臭	ごく早い	1～2日
ソマン	神経系	100	液体・無色・無臭	ごく早い	1～2日
タブン	神経系	400	液体・無色・無臭	ごく早い	数時間～1日
マスタード	びらん系	1500	液体・黄色・からし臭	数時間	2～3日
ルイサイト	びらん系	1500	気体・淡青色・無臭	数時間	2～3日
ホスゲン	血液系	3200	気体・無色・干草臭	早い	数分～数十分
シアン系(青酸)	窒息系	4500	気体・無色・ピーチ臭	早い	数分～数十分

※揮発性の化学物質を含む大気中で、ラットやマウスを24時間飼育して、半数が死亡する薬物の濃度をあらわしており、数値が小さいほど毒性・致死性が高いことを示す。

●**シアン化カリウム** 青酸カリウム*(KCN)ともいい、青酸ソーダ(シアン化ナトリウム NaCN)とともに、安定した塩として存在する。反応性が強く、冶金やメッキ産業では欠かせない。だが、人体に入り込むと、シアン化カリウムが胃酸と反応して猛毒のシアン化水素(青酸)を発生し、これがヘモグロビンと結合するため、最後は呼吸困難に陥ってしまう。

●**サリン** ナチスドイツ政権下の1938年、4名のドイツ人化学者の名前の頭文字をとってサリン(SARIN)と呼ばれる神経ガスが開発された。サリンは、農薬や殺虫剤に応用される有機リン系化合物の一種である。皮膚の粘膜や肺から吸入されやすく、神経細胞から神経細胞への伝達部分(シナプス)の働きを阻害する。日本で起きた、狂信的新興宗教(オウム真理教)による1995年の地下鉄サリン事件では、無差別テロとして使用され、多くの死傷者を出した。

化学の技術水準は大きな進歩を遂げたが、それにつれて与える被害もより大きくなる危険がある。科学技術がより一層発展する今後、その背後に潜んでいる危険性については常に細心の注意が必要である。

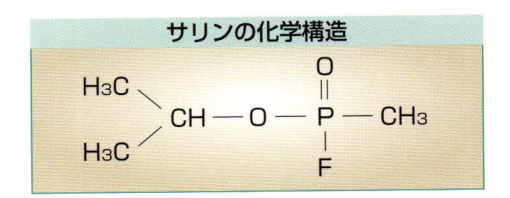

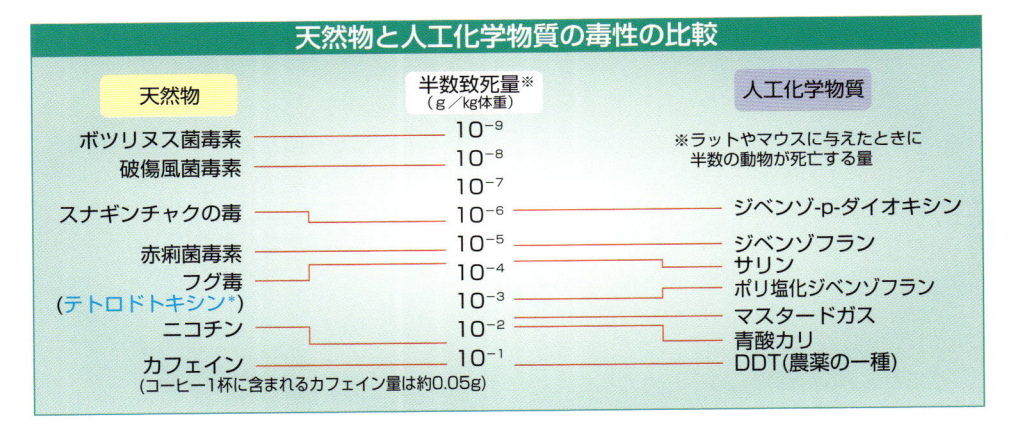

サリンの化学構造

$$H_3C\diagdown \atop H_3C\diagup CH - O - \underset{F}{\overset{O}{\overset{\|}{P}}} - CH_3$$

天然物と人工化学物質の毒性の比較

天然物	半数致死量※ (g/kg体重)	人工化学物質
		※ラットやマウスに与えたときに半数の動物が死亡する量
ボツリヌス菌毒素	10^{-9}	
破傷風菌毒素	10^{-8}	
	10^{-7}	
スナギンチャクの毒	10^{-6}	ジベンゾ-p-ダイオキシン
赤痢菌毒素	10^{-5}	ジベンゾフラン
フグ毒	10^{-4}	サリン
(テトロドトキシン*)	10^{-3}	ポリ塩化ジベンゾフラン
		マスタードガス
ニコチン	10^{-2}	青酸カリ
カフェイン	10^{-1}	DDT(農薬の一種)
(コーヒー1杯に含まれるカフェイン量は約0.05g)		

ビルの耐震・免震構造とコンクリートの秘密

地震列島である日本では、地震による被害や、恐怖・不安などを最小限に抑えることが求められている。その知恵の一端を、住居やビルの設計構造の工夫や、その主要な建材となっているコンクリートにみることができる。

住居やビルの耐震構造と免震構造

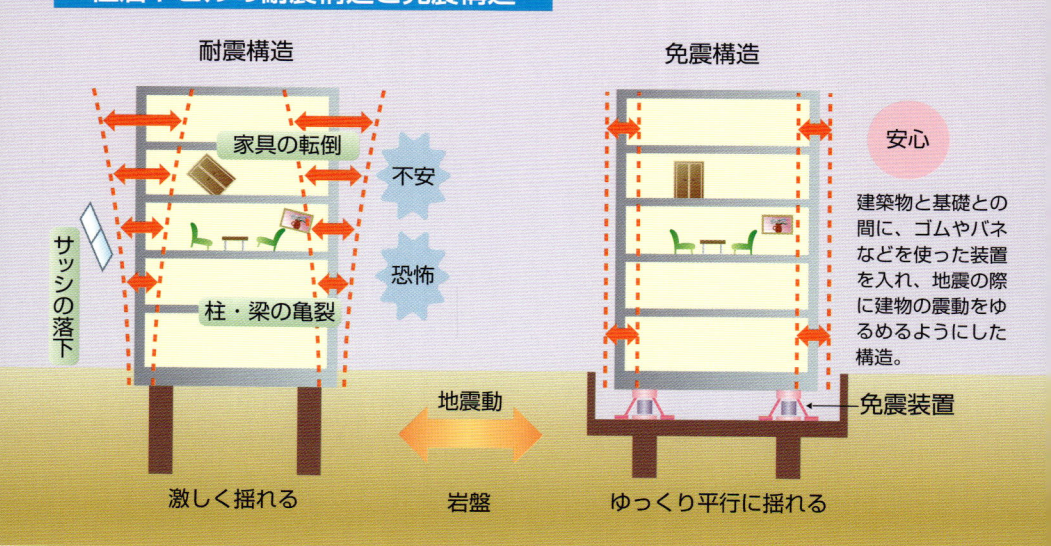

耐震構造
- 家具の転倒
- 柱・梁の亀裂
- サッシの落下
- 激しく揺れる
- 不安
- 恐怖

免震構造
- 安心
- 建築物と基礎との間に、ゴムやバネなどを使った装置を入れ、地震の際に建物の震動をゆるめるようにした構造。
- 免震装置
- ゆっくり平行に揺れる

地震動　岩盤

● コンクリートの命――セメント

コンクリートとは、ポルトランドセメント（セメント）・細骨材・粗骨材を、およそ1:2:4の割合で混合し、水で練り、固化させたものである。カルシウムを主成分とした4つの化合物によって形成されている。❶ケイ酸三カルシウム［$(CaO)_3(SiO_2)$］ ❷ケイ酸二カルシウム［$(CaO)_2(SiO_2)$］ ❸アルシン酸三カルシウム［$(CaO)_3(Aℓ_2O_3)$］ ❹鉄アルミ二酸四カルシウム［$(CaO)_4(Aℓ_2O_3)(Fe_2O_3)$］

セメントの粒子を水に混ぜると、セメントを構成する化合物が水と反応して水和物がつくられる（水和反応）。そして、コンクリート部材間のすき間が、水和物や水酸化カルシウム［$Ca(OH)_2$］の結晶によって埋められていき、固化していく。

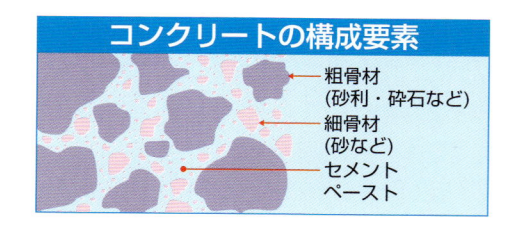

コンクリートの構成要素
- 粗骨材（砂利・砕石など）
- 細骨材（砂など）
- セメントペースト

第6章 環境と災害の化学
「コンクリート」

セメントの製造工程

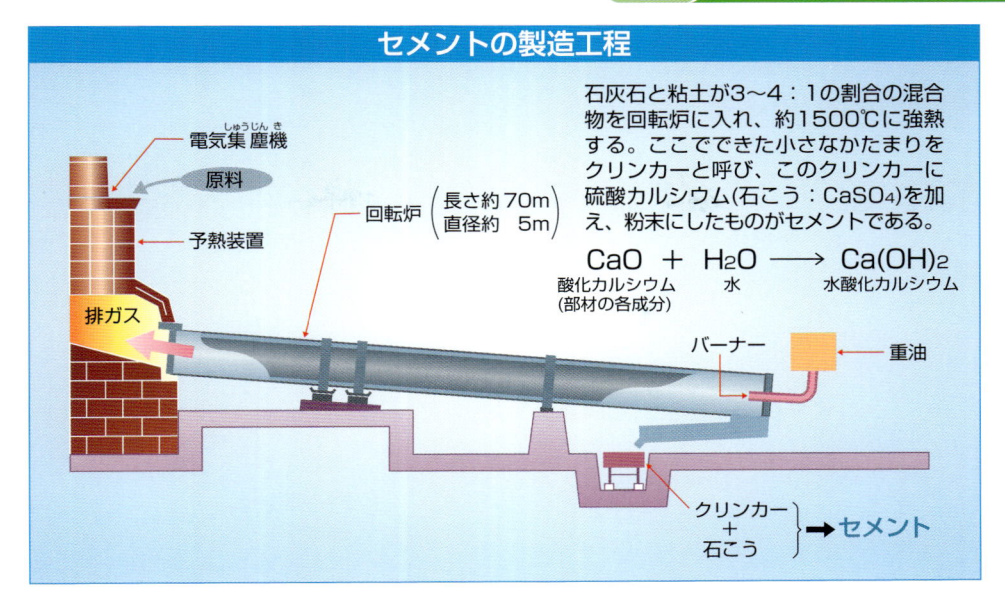

石灰石と粘土が3〜4：1の割合の混合物を回転炉に入れ、約1500℃に強熱する。ここでできた小さなかたまりをクリンカーと呼び、このクリンカーに硫酸カルシウム（石こう：$CaSO_4$）を加え、粉末にしたものがセメントである。

$$CaO + H_2O \longrightarrow Ca(OH)_2$$
酸化カルシウム　水　　　水酸化カルシウム
（部材の各成分）

電気集塵機
原料
予熱装置
排ガス
回転炉（長さ約70m 直径約5m）
バーナー
重油
クリンカー + 石こう → セメント

● 耐震構造を担う鉄筋コンクリート

　コンクリートは、圧縮には強いが、引っ張られたり、横方向に耐性以上の力が加わったりすると、もろく、崩れてしまう弱点がある。そこで、耐震性を高めるために、コンクリート内部を鉄で補強して、コンクリートが引っ張られても壊れないように、鉄筋コンクリートが使用されている。また、コンクリートはアルカリ性が強いため、鉄筋を鉄(Fe)の酸化物(FeO)である錆から防ぐことができる。しかし、50〜60年経つと、空気中の二酸化炭素(CO_2)によってアルカリ性から中性に変化し、鉄筋に対する防錆能力が落ちてくる。これが、鉄筋コンクリートの寿命といわれている。

鉄筋コンクリート壁の構造

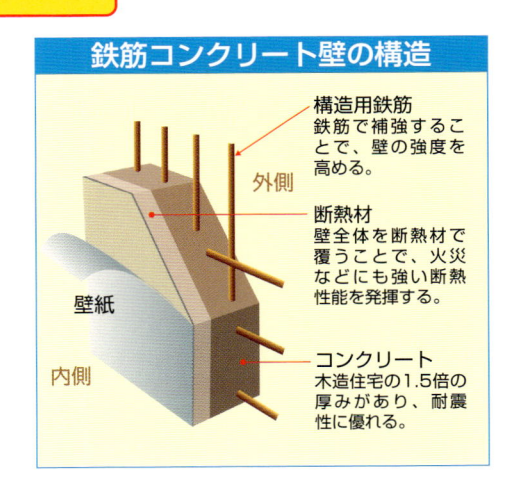

構造用鉄筋
鉄筋で補強することで、壁の強度を高める。

断熱材
壁全体を断熱材で覆うことで、火災などにも強い断熱性能を発揮する。

コンクリート
木造住宅の1.5倍の厚みがあり、耐震性に優れる。

外側
壁紙
内側

■免震構造

　従来の耐震構造は、横揺れに対し耐性の低いことが、1995年の「阪神・淡路大震災」で証明されてしまった。そのため、その後、耐震構造の研究・開発が一層進み、免震構造として高層ビルディングなどで採用されつつある。免震構造は、鉄筋コンクリート構造の横揺れに強いという長所を生かしつつ、横揺れに対する負荷が大幅に低減されるという特色を持っている。

人の生命と財産を奪う、恐ろしい火災

1657年に江戸を襲った「振り袖火事」は、江戸市街の大半を焼き尽くし、焼死者数は10万人を超えたと伝えられる。火災は、恐ろしいものの例えである"地震・雷・火事・親父（おやじ）"の一つで、歴史の中でくり返されてきた災害である。

燃焼と消火のしくみ

燃焼

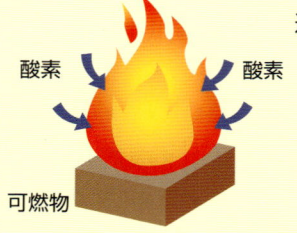

酸素　連鎖反応　酸素
可燃物

燃焼の4要素
1. 可燃物
2. 酸素(O_2)
3. 熱
4. 連鎖反応

消火

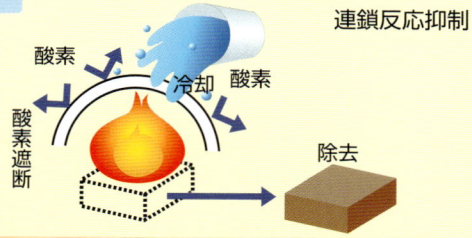

酸素　連鎖反応抑制　酸素
冷却
酸素遮断　　　除去

消火の4要素
1. 除去
2. 酸素遮断
3. 冷却
4. 連鎖反応抑制

● 燃焼の4要素と消火

　火災は、物質が燃焼して火が燃え広がることから起こる。燃焼とは、物質が酸素(O_2)と反応して熱と光を出す現象であり、可燃物・酸素・熱、連鎖反応という4つの要素が結びついたときに発火する。そして、燃焼が続くには、この連鎖反応が続く環境が必要である。この4つを合わせて燃焼の4要素という。

　可燃物の種類によって、火災は油火災・電気火災・普通火災の3種類に分けられる。いずれのケースでも、消火には、燃焼の4要素のすべて、もしくは、どれか一つでも除去することが重要であり、4要素に対応して、除去、酸素遮断、冷却、連鎖反応抑制の方法がある。

有機物（可燃物）の完全燃焼の化学式（一般式）

$$C_xH_yO_z + O_2 (+熱) \rightarrow CO_2 + H_2O$$

可燃物　　　酸素　　　二酸化炭素　水

※可燃物 $C_xH_yO_z$ の O_z がないものもある。

消火器による消火のしくみ

火災が発生したとき、消火の初期活動には消火器が有効とされている。

消火器には、火災の種類に応じて3つの種類があり、その一つである粉末消火器の中身は、炭酸水素ナトリウム(重曹　$NaHCO_3$)やリン酸アンモニウム($(NH_4)_3PO_4$)などの細かい粉末と、窒素ガス(N_2)や圧縮空気が一緒に充填されている。黄色いピンを引き抜いて、ホースを燃えている対象物に向け、取っ手のレバーを握ると粉末が噴射される。炭酸水素ナトリウムは、火災の炎で加熱されると分解して二酸化炭素(CO_2)と水(H_2O)が発生し、可燃物と酸素とを遮断する。一方、リン酸アンモニウムは、水に触れると周りの熱を奪い、冷却する性質(吸熱反応)があるため、火災を止めることができる。

熱分解反応の化学式

$$2NaHCO_3 \rightarrow Na_2CO_3 + CO_2 + H_2O$$

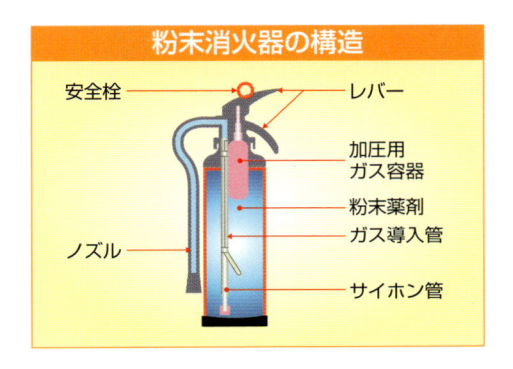

炭酸水素ナトリウム　炭酸ナトリウム　二酸化炭素　水

粉末消火器の構造

- 安全栓
- レバー
- 加圧用ガス容器
- 粉末薬剤
- ガス導入管
- ノズル
- サイホン管

火よりも恐ろしい煙の中身

物質が完全に燃焼すると、二酸化炭素と水とが発生する。どちらも空気中に存在するありふれた物質であるが、空間内に二酸化炭素が充満すると酸素が不足し、息苦しくなる。

さらに恐ろしいのは、酸素の不足が原因で、炭素(C)を含む可燃物が不完全燃焼することによって煙が充満し、発生する一酸化炭素(CO)中毒である。私達は、呼吸によって酸素を体内へ取り入れ、酸素は赤血球中のヘモグロビンと結びついて全身へ運ばれ、代謝に使われて生命活動に役立っている。ところが、一酸化炭素は、酸素の約300倍もヘモグロビンとの結合力が強いため、酸素に代わってヘモグロビンと結びついてしまう。そのため、酸素が体内へ行き渡らなくなり、酸素不足による頭痛・吐き気・めまい・耳鳴り・発汗などの中毒症状があらわれる。これが窒息のしくみである。

燃えるものの量が増えるにしたがって、一酸化炭素ガスも増加する。ビルや文化施設などの天井につけられている火災報知器には、火の検知に加えて、この不完全燃焼ガスや、暖房器具のガス漏れを検知する機能が併設されているものが多い。

一酸化炭素の中毒症状

一酸化炭素濃度(%)	吸入時間：中毒症状		
0.02	2～3時間　：前頭部に軽度の頭痛		
0.04	1～2時間　：前頭部痛・吐き気	2.5～3.5時間　：後頭部痛	
0.08	45分間　：頭痛・めまい・吐き気・けいれん	2時間　：失神	
0.16	20分間　：頭痛・めまい・吐き気	2時間　：死亡	
0.32	5～10分間　：頭痛・めまい	30分間　：死亡	
0.64	1～2分間　：頭痛・めまい	15～30分間　：死亡	
1.28	1～3分間　：死亡		

エコツーリズムを知っていますか？

2005年、世界自然遺産の一つに「知床半島」が加わった。日本が世界に誇る「白神山地」「屋久島」につぐ快挙だ。大自然の風景は私達に何を問いかけるだろう？

地球と生命の誕生

真空の宇宙は、エネルギーであふれていた。あるとき、エネルギーが物質に変化し、渦を巻きながら広い空間に偏在していった。化学変化の始まりだ。そして、多くの物質が集合して重さを持ち、表面に多様な無機物が堆積して、地球という星が誕生した。地球に降り注ぐ太陽からのエネルギーは、無機物から有機物をつくり、さらにアミノ酸をつくり出した。やがて、単純な生命体が生まれ、環境に適応して複雑な生命体に進化した。

地球が誕生してから経過した約46億年という長大な地球年齢を24時間とすると、人類の登場は1日のうちの最後の1分間に収まってしまう。人間はちっぽけな存在にすぎないが、その、さらに小さな脳みそが、地球や宇宙について知りたいと興味を持ったからこそ、科学が生まれ、発展した。

エコツーリズムとは？

科学技術の進歩は、生活を便利にする一方で、自然を破壊しつつある。私達には、その自然を保護し、後世に引き継ぐ責務がある。京都議定書やユネスコの世界遺産登録は、その反省である。自然環境について知識を得、観察する旅なら、いつでも、誰にでも学べる。それがエコツーリズムだ。自然写真家の西森有里氏は、これを「自然を満喫し、自然を体験し、自然を考える旅行」とまとめている。文明から距離をおき、非日常の自然の中に溶け込んでみる。逆に、自然の中から人間社会を見つめてみる。「地球に生きる我々に、何が必要で、何が要らないか？」

化学の世界からのぞくエコツーリズム

宇宙や地球を構成する元素の99％は、わずか10種類ほどの元素で占められている。しかし、その他の元素も含めると、人間はこれまで113の元素を発見してきた。

地球（地殻）は、ケイ素（Si）や鉄（Fe）など重い元素からできている。それに対して、生物などの有機体は、水素（H）や酸素（O）・炭素（C）などの軽い元素を多く含んでいる。地球という環境は、重い無機物（地殻）と軽い有機体（生物）とが渾然一体となって構成されているのだ。

このように、化学的な知識と地球の歴史を組み合わせて、エコツーリズムの理解が進められるとよいであろう。

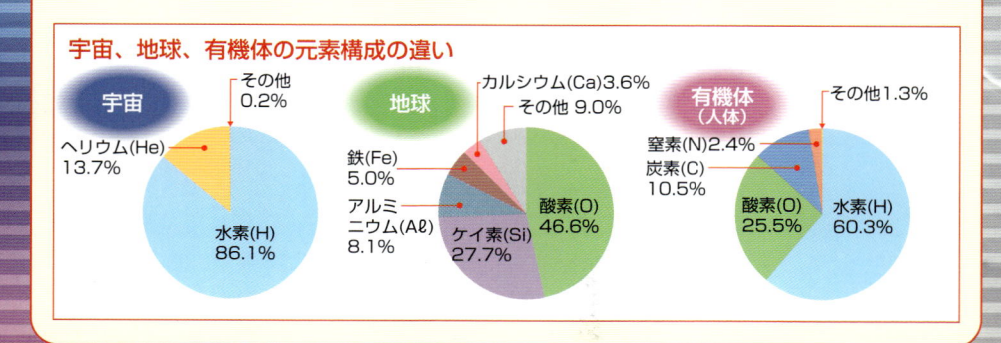

宇宙、地球、有機体の元素構成の違い

宇宙
- 水素（H）86.1％
- ヘリウム（He）13.7％
- その他 0.2％

地球
- 酸素（O）46.6％
- ケイ素（Si）27.7％
- アルミニウム（Aℓ）8.1％
- 鉄（Fe）5.0％
- カルシウム（Ca）3.6％
- その他 9.0％

有機体（人体）
- 水素（H）60.3％
- 酸素（O）25.5％
- 炭素（C）10.5％
- 窒素（N）2.4％
- その他 1.3％

第7章
自然と宇宙の化学

ダイナミックに噴火する火山の秘密を探る

　火山活動は、地球全体及び各構成部の化学組成やその発生・移動・変化などを化学的に研究する学問"地球化学"の領域に含まれる。日本は火山列島としても有名で、昔から火山周辺で暮らす住民を不安にさせている。

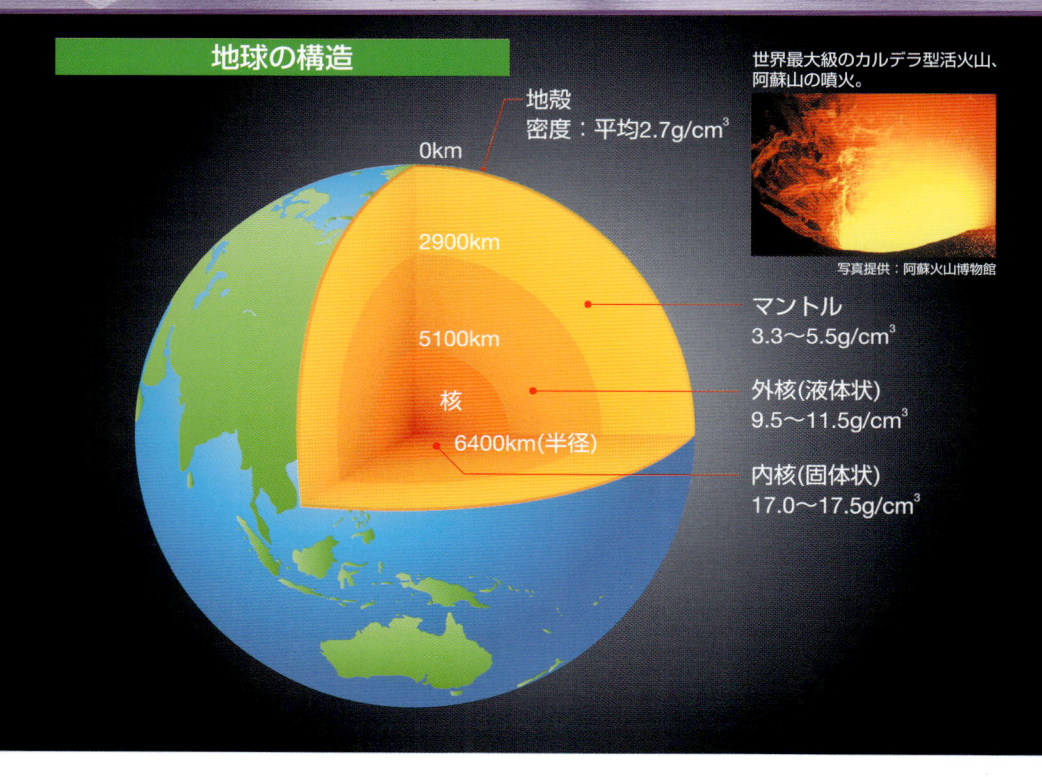

地球の構造

- 地殻　密度：平均2.7g/cm³
- 0km
- 2900km
- 5100km
- 核
- 6400km(半径)
- マントル　3.3〜5.5g/cm³
- 外核(液体状)　9.5〜11.5g/cm³
- 内核(固体状)　17.0〜17.5g/cm³

世界最大級のカルデラ型活火山、阿蘇山の噴火。
写真提供：阿蘇火山博物館

● 地球の中でうごめくマグマ

　私達の住む地球の内部は、地殻・マントル・外核・内核という層によって形成されている。このうち、地震活動や地殻変動に関わっているのが、地球の体積の約80％を占めるマントルである。

　マントルは、地球内部の熱で溶け、固体ながら流動性のある、かんらん岩という岩石で構成されている。やわらかく溶けた下層をアセノスフェア、比較的かたい上層及び地殻をリソスフェアと呼び、その流動性ゆえに、2億年かけて地球を1周するという、緩やかな速度で対流している(マントル対流)。この、溶けたかんらん岩が、火山から流れ出るマグマである。

第7章 自然と宇宙の化学
「火山」

🔴 火山が爆発を起こすメカニズム

　火山の地下10kmほどの深さのところには、マグマ溜まりと呼ばれるマグマのプールがある。マグマには、水蒸気(H_2O)や二酸化炭素(CO_2)・二酸化硫黄(SO_2)などが含まれている。これらの物質は、高温・高圧の環境にある地球深部では、液体としてマグマに溶けているが、地表へ上昇するにつれて温度と圧力が下がり、液体が気化して急激に膨張する。例えば、水は気化して水蒸気になると、体積が1700倍に膨張する。こうして体積が急膨張したガスは、噴火口で一気に爆発する。この力が、火山の噴火によってマグマを火口から押し出す力となる。また、噴気口から吹き出すガスの正体もこれである。

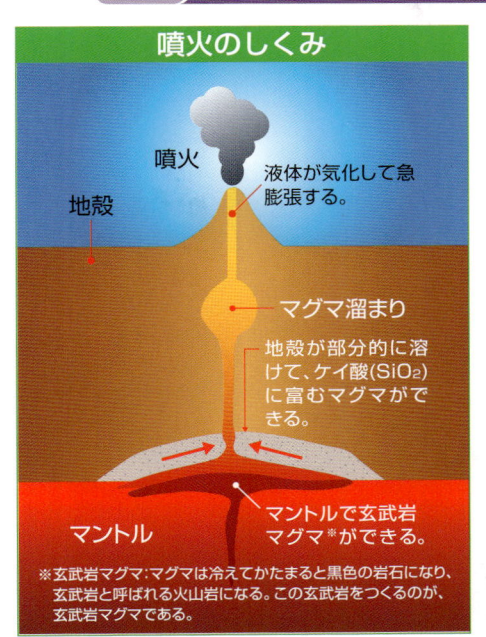

噴火のしくみ

- 噴火
- 液体が気化して急膨張する。
- 地殻
- マグマ溜まり
- 地殻が部分的に溶けて、ケイ酸(SiO_2)に富むマグマができる。
- マントル
- マントルで玄武岩マグマ※ができる。

※玄武岩マグマ：マグマは冷えてかたまると黒色の岩石になり、玄武岩と呼ばれる火山岩になる。この玄武岩をつくるのが、玄武岩マグマである。

🔴 プレートテクトニクス

　マントルのリソスフェアは、プレートと呼ばれる巨大な何枚かの板に分かれており、マントルのわき出しの部分で新しいプレートが生まれ、左右に広がっていく。プレート同士が衝突したとき、双方が押し合えば山脈が形成され（例：ヒマラヤ山脈　エベレスト山8848m など）、一方が他方に沈み込めば海溝が形成される（例：日本海溝8020m など）。この地球規模の運動をプレートテクトニクス*という。初めは一つの大陸であったと考えられる南アメリカ大陸とアフリカ大陸とを分離したのも、この力であり、今から2億2000万年前には、パンゲアというたった一つの超大陸しかなかったと考えられている。

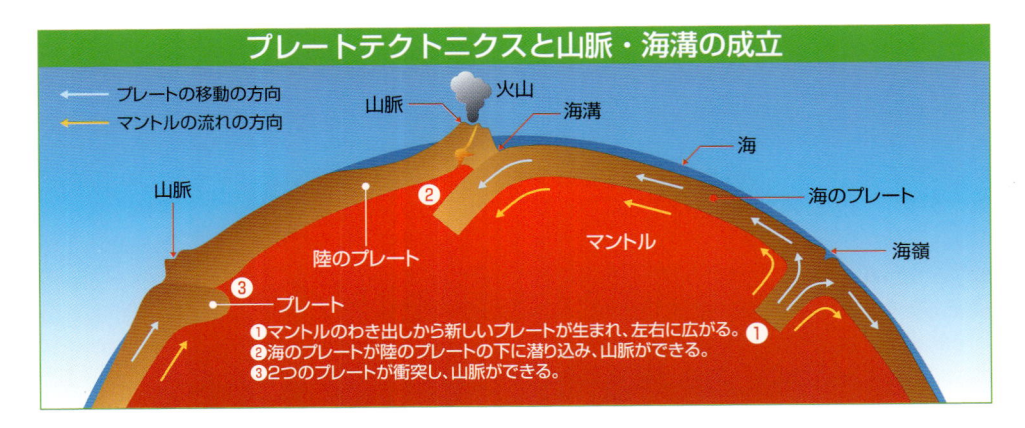

プレートテクトニクスと山脈・海溝の成立

- ← プレートの移動の方向
- ← マントルの流れの方向
- 山脈
- 火山
- 海溝
- 海
- 山脈
- 陸のプレート
- ②
- 海のプレート
- マントル
- 海嶺
- ③ プレート

① マントルのわき出しから新しいプレートが生まれ、左右に広がる。
② 海のプレートが陸のプレートの下に潜り込み、山脈ができる。
③ 2つのプレートが衝突し、山脈ができる。

地球に生物を誕生させた化学的な条件とは？

今から約38億年前、原始地球は、マグマから放出された水蒸気(H_2O)やメタン(CH_4)、アンモニア(NH_3)、水素(H_2)などからなる大気で覆われていた。このような生物に厳しい環境から、化学進化[*]を経て、現在、繁栄している生物の祖先が誕生した。

原始地球の想像図

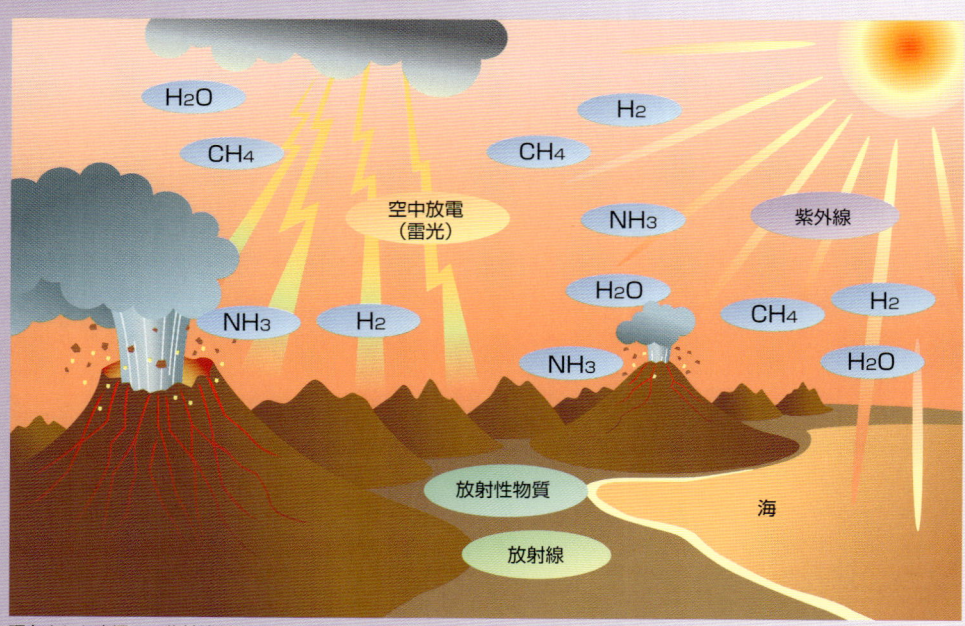

現在よりも高温で、紫外線が強く、火山活動や空中放電(雷)も多かったとみられる原始地球。これらのエネルギーによって、まず、大気を構成する気体から有機物がつくられたと考えられる。

● 生物誕生への化学物質の進化

自然界には92種の元素が存在し、生物はそのうちの22種で成り立っている。炭素(C)、水素(H)、酸素(O)、窒素(N)が全体の96%以上を占めるが、特に炭素を持つ有機体であることが、生物を特徴づけている。

1936年、ロシアの生化学者A.I.オパーリン(1894～1980)は、「生命の起源」を著し、その中で次のように主張した。「無機物から簡単な有機物が生まれ、生物のからだをつくるアミノ酸や炭水化物などの有機化合物となり、さらにタンパク質や核酸[*]といった複雑な高分子化合物[*]を生成して、生命の誕生へ結びついた」。このような過程を化学進化と呼ぶ。

第7章 自然と宇宙の化学 「生物誕生」

　1953年、アメリカのシカゴ大学の大学院生であったS.L.ミラーは、原始地球の大気中でしばしば空中放電(雷)が起こっていたという想定を実験して、メタン(CH_4)・アンモニア(NH_3)・水素(H)・水蒸気(H_2O)をフラスコに入れ、その中で火花放電をさせた。そして1週間後、フラスコ内部に、グリシンやアラニンなどのアミノ酸、その他の有機化合物が生成されているのを確認した。この実験によって、オパーリンの化学進化仮説は実証されたのである。

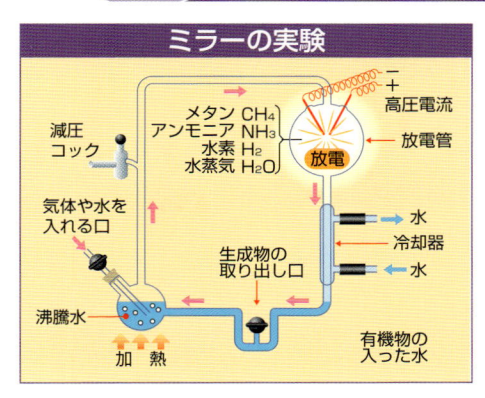

● 生物への進化

　原始海洋には酸素が存在しなかったため、酸素を利用しない嫌気性の細菌は、硫酸イオン(SO_4^{2-})を硫化水素(H_2S)に変換して生存のためのエネルギーを得ていたと考えられる。そこへ、二酸化炭素(CO_2)を取り込んで光合成を行い、酸素を放出するラン藻(シアノバクテリア)が登場し、進化の流れは加速した。ラン藻類の繁殖によって、海中で飽和した酸素は、地表にあふれるようになり、オゾン*(O_3)層を含む大気層をつくり出した。

　その後、酸素を利用する好気性細菌が活動範囲を広げた。空気のあるところでは生存できない偏性嫌気性細菌にとって酸素は猛毒であり、酸素のない環境へ活動の場を移したが、そのうち、嫌気性細菌の中には、好気性細菌を自らの細胞内に取り込み、共生するものが現れた。

　そして、細胞の核とは別にDNAを持ち、独自に分裂して増殖するミトコンドリア*がつくられ、多細胞化することで動物細胞が生まれた。その後の進化については、核を持つ真核生物となったバクテリアの中で、光合成を行うシアノバクテリアを取り込んで葉緑体に変え、植物へと進化したとする考え方などがある。

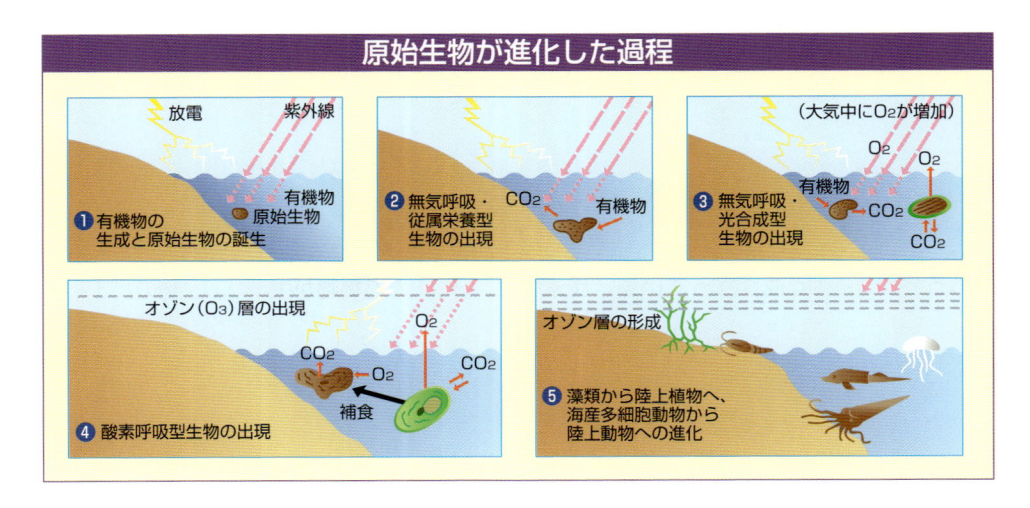

空や海が青く見える──
色の不思議なメカニズム

「海の色は？」と問われると、普通は"青"と答える。また、水色は青系の色であるが、水そのものは色素となる何らかの物質が溶け込んでいない限り、無色透明である。水が青色を連想させる理由は、太陽から届く光のスペクトルによるものだ。

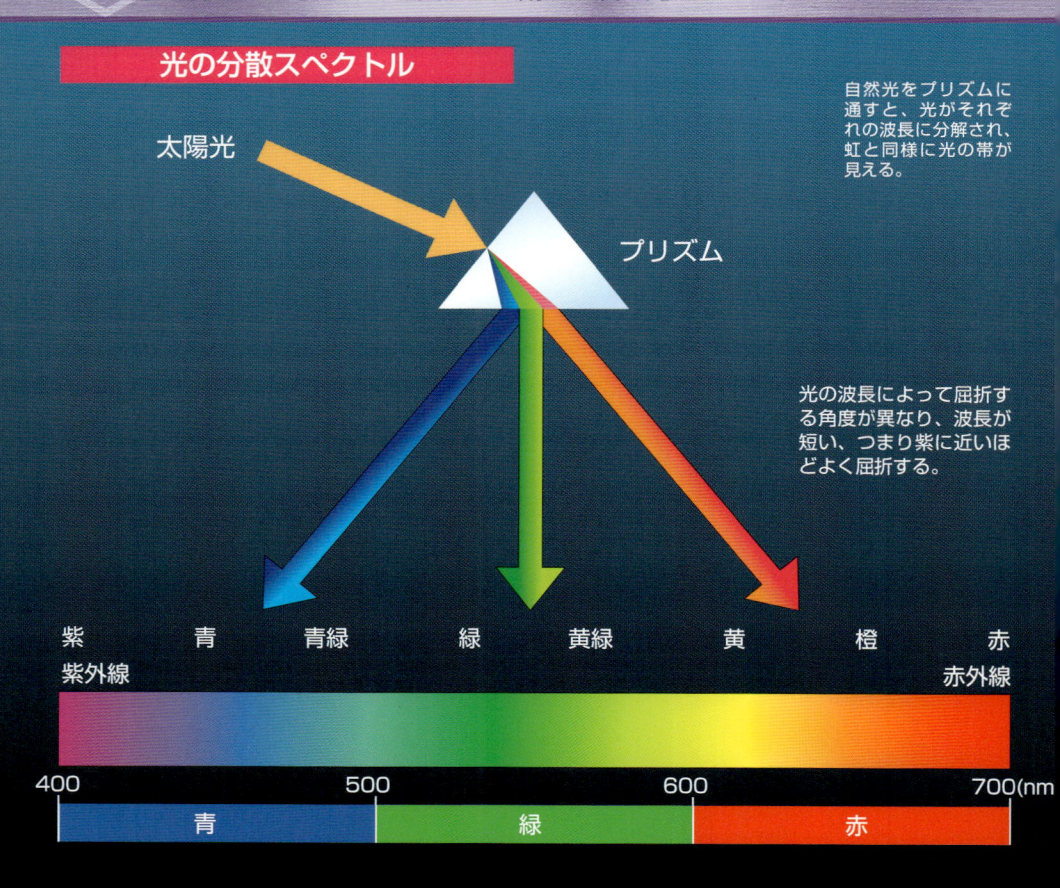

光の分散スペクトル

太陽光

プリズム

自然光をプリズムに通すと、光がそれぞれの波長に分解され、虹と同様に光の帯が見える。

光の波長によって屈折する角度が異なり、波長が短い、つまり紫に近いほどよく屈折する。

| 紫 | 青 | 青緑 | 緑 | 黄緑 | 黄 | 橙 | 赤 |
| 紫外線 | | | | | | | 赤外線 |

400　　　　500　　　　　　600　　　　　700(nm)

| 青 | 緑 | 赤 |

● 空気による光の散乱

人間が感じる光は、可視光線（400〜700nm）といい、多くの波長の光が集まった電磁波*の一種である。太陽光をプリズムで通して見ると、虹と同じように、紫から赤に分かれる。赤色の波長は長く、青から紫への波長は短い。

第7章 自然と宇宙の化学 「空や海の青さ」

　地球を取り巻く大気圏の元素組成は、窒素(N_2)78％と酸素(O_2)21％のガスがほとんどである。太陽光は、大気中のガスのように、光の波長より1/10以下の大きさの粒子にあたると、光がさまざまな方向に散乱するレイリー散乱*が起きる。このとき、波長の短い紫や青などの光の方が、波長の長い赤などの光よりも強く散乱されるため、空全体が青く見えるのである。

　また、水蒸気やほこりなど、光の波長とほぼ同じ大きさの粒子は、すべての波長の光を散乱し、白く見える。これをミー散乱*と呼び、空に浮かぶ雲や水辺の朝霧が白く見えるのはこのためである。

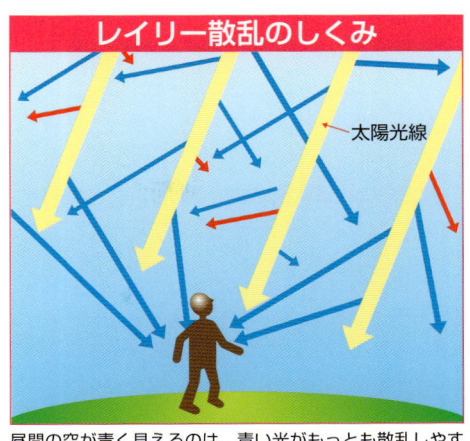

レイリー散乱のしくみ

太陽光線

昼間の空が青く見えるのは、青い光がもっとも散乱しやすいためである。

● 海が青く見える理由

(1) 光の吸収による

　海中に太陽光が入射すると、水の分子(H_2O)は、赤や黄色などの波長の長い光を吸収して振動する。エネルギーを奪われた赤い光は消え、青い光だけが海中を進み、浮遊している粒子や海底に反射する。そのため、海は青く見えるのである。また、海中の超微粒子とのレイリー散乱によっても青色が優勢になる。

　コップの水や浅い海が青く見えないのは、吸収される赤い光が少ないためである。例えば、魅力的なコバルトブルーを帯びた珊瑚礁の海は、空が曇っていても青く見える。これも、海底に進んだ青い光が、珊瑚礁や白砂に反射しているためである。

(2) ラマン光による

　インドの科学者C.V.ラマン(1888～1970)は、水に光をあてると、わずかだが青色の光成分が出ることを発見した。この光をラマン光*と呼ぶ。このラマン光も、海が青く見える理由の一つである。

(3) 青空が映っている

　青空が海に映ると、反射によって海が青く見える。この現象は、太陽が水平線に沈む間際に海が赤く染まることにもあらわれている。

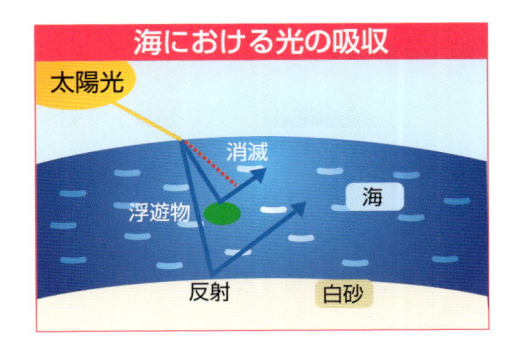

海における光の吸収

太陽光　消滅　浮遊物　海　反射　白砂

コバルトブルーが美しい珊瑚礁の海

森の中に潜む隠された力とは

緑あふれる森のすがすがしさ。そして、樹木から発散されるほのかな芳香。これは、外敵から身を守り、環境に適応するために、植物が働かせている目に見えない力の一端に他ならない。最近では、森林浴というものが重視されてきている。

フィトンチッドがつくられるしくみ

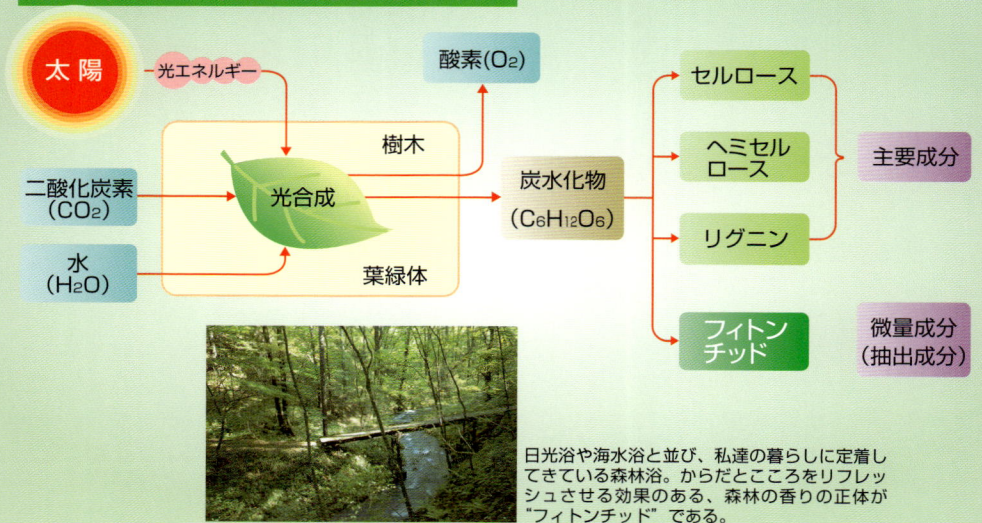

太陽 — 光エネルギー
二酸化炭素（CO_2）
水（H_2O）
→ 光合成（樹木・葉緑体）
→ 酸素（O_2）
→ 炭水化物（$C_6H_{12}O_6$）
→ セルロース／ヘミセルロース／リグニン（主要成分）
→ フィトンチッド（微量成分（抽出成分））

日光浴や海水浴と並び、私達の暮らしに定着してきている森林浴。からだとこころをリフレッシュさせる効果のある、森林の香りの正体が"フィトンチッド"である。

● 自らを守るフィトンチッドを分泌する植物

　針葉樹を主とする森林には、フィトンチッド（フィトンシド）という物質が漂っている。フィトンチッドとは、樹木から発散される揮発性物質で、アルコール類*やフェノール類*・テルペン類*などが主成分である。

　植物は、光合成を行って、二酸化炭素（CO_2）と水（H_2O）から、炭水化物をつくり出し、酸素（O_2）を放出する。このとき、二次的に発生するのがフィトンチッドである。フィトンチッドには、他の植物への成長阻害作用、昆虫や動物に葉や幹を食べられないための摂食阻害作用、昆虫や微生物を忌避したり、逆に、引きつけたり、さらには、病原菌の殺菌を行ったりなど、さまざまな働きがあり、そのどれもが、自らを防衛する手段であるという共通点がある。これは、長い進化の過程の中で、フィトンチッドを分泌する形質を身につけた植物が生き延びてきた結果と見ることができるのである。

　フィトンチッドのおかげで、本来なら虫などの死骸から悪臭が漂うはずの森林に、すがすがしい芳香があふれている。

第7章 自然と宇宙の化学「森林」

● 寿司屋にみるフィトンチッドの活用

握った寿司をのせる寿司台には、ヒノキが使われている。ヒノキには、テルペン類（芳香性化学物質）が多く含まれており、抗菌作用がある。また、寿司ネタを入れたガラスケース内には、サワラの葉が添えられている。サワラの葉には、ピシフェリン酸という物質が含まれており、これは、強い酸化作用を持っている。さらに、寿司の中に握り込むワサビには、アリルイソチオシアネート、寿司に添えられているガリ（ショウガ）には、ゲラニルアセテートという成分が含まれており、どちらも強い抗菌作用がある。

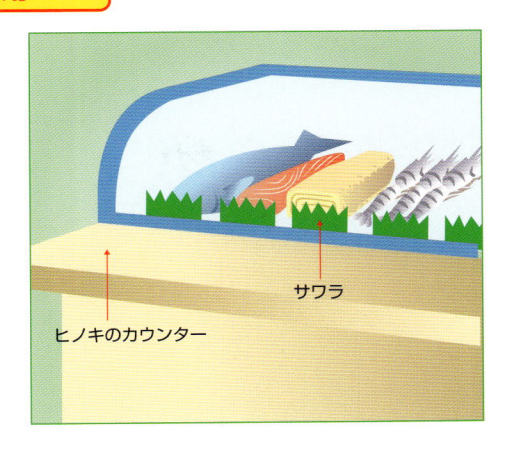

サワラ
ヒノキのカウンター

● 食生活で活用されているフィトンチッド

桜餅や柏餅。餅の包装に使われている葉には、それぞれ、クマリン・オイゲノールという抗菌性物質が含まれている。サクラの葉を塩漬けにすることで、特有の芳香を放つようになり、食欲を増す効果が生まれている。樽酒のすがすがしい杉材の香り。これも、香りだけでなく、防腐効果がある。香辛料もフィトンチッドの一種で、コショウ・クローブ・ナツメグなどの香辛料には、抗菌作用・酸化防止作用だけでなく、消化を助けたり、コレステロールを低下させる働きがある。

杉材の香りにより、味わいが増す樽酒。
写真提供：菊正宗酒造株式会社

● 住まいにも活用されているフィトンチッド

「総ヒノキ造りの家には3年は蚊が入らない」という言い伝えがある。ヒノキやスギなどでつくられた木造家屋では、これらの木が放出するフィトンチッドに、シロアリ・ダニ・蚊や微生物を寄せつけない成分が含まれるためである。また、「クスノキでつくったタンスには防虫剤がいらない」ともいわれてきた。これも、クスノキには、樟脳（しょうのう）の原料となるカンファーという防虫・防腐作用に優れた成分が含まれているためである。

かたく、安定感があり、シロアリなどの害虫にも強いヒノキは、家造りの材種として人気がある。
写真提供：株式会社石田工務店

地球の営みが生み出した岩石、鍾乳洞の神秘

46億年前に地球が誕生して以来、地球内部や地表では、物質が絶え間なき変成をくり返してきた。その長大な時間をかけた地球の営みの結果、岩石や鉱物・鍾乳洞など、地殻のさまざまな形状がつくられてきた。

岩石や鍾乳洞の形成過程

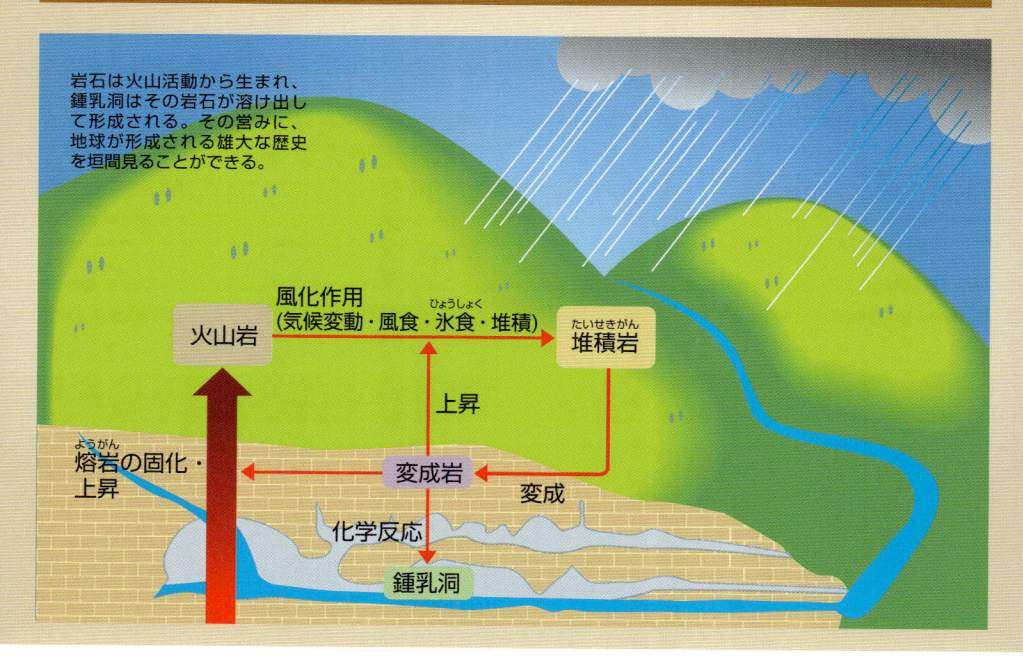

岩石は火山活動から生まれ、鍾乳洞はその岩石が溶け出して形成される。その営みに、地球が形成される雄大な歴史を垣間見ることができる。

火山岩 — 風化作用（気候変動・風食・氷食・堆積） → 堆積岩
熔岩の固化・上昇
変成岩 ← 変成
上昇
化学反応
鍾乳洞

● 岩石をつくり出す地球の営み

火山活動によって地球深部で生じた熔岩は、地球内部の表面近くや地表で冷えてかたまる。これが玄武岩や花崗岩などの火成岩*として、岩石となる。岩石は、気候の変動や、長期間にわたる雨などの水の影響で風化・浸食され、細かく砕けていく。そして、河川の下流域や海へ運ばれ、他の破片ともくっついてかたまり、堆積岩となる。

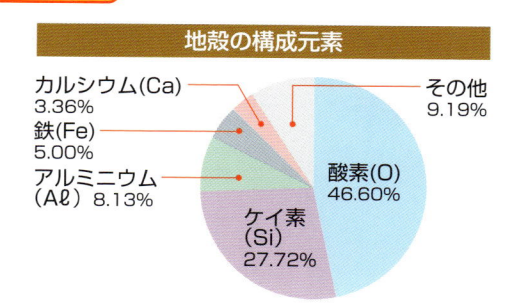

地殻の構成元素

- 酸素(O) 46.60%
- ケイ素(Si) 27.72%
- アルミニウム(Aℓ) 8.13%
- 鉄(Fe) 5.00%
- カルシウム(Ca) 3.36%
- その他 9.19%

また、海中に棲息する、サンゴ・ウミユリ・貝類・有孔虫などの殻や骨格を持つ生物の死骸が堆積すると、炭酸カルシウム($CaCO_3$)を主成分とする石灰岩となる。中でも結晶が高密度に成長すると、大理石となる。このように岩石は、地球で起こるあらゆる営みから形成されるのである。

洞窟の神秘——鍾乳洞

鍾乳洞は、空気中の二酸化炭素(CO_2)が雨水に溶けて酸性を帯びた炭酸水になり、それが堆積岩や石灰岩に含まれる炭酸カルシウムと化学反応を起こして形成されたものである。洞窟の天井から垂れ下がったり、それが地底まで届いたものが鍾乳石、地底から上方へ向かって筍状に成長したものが石筍である。

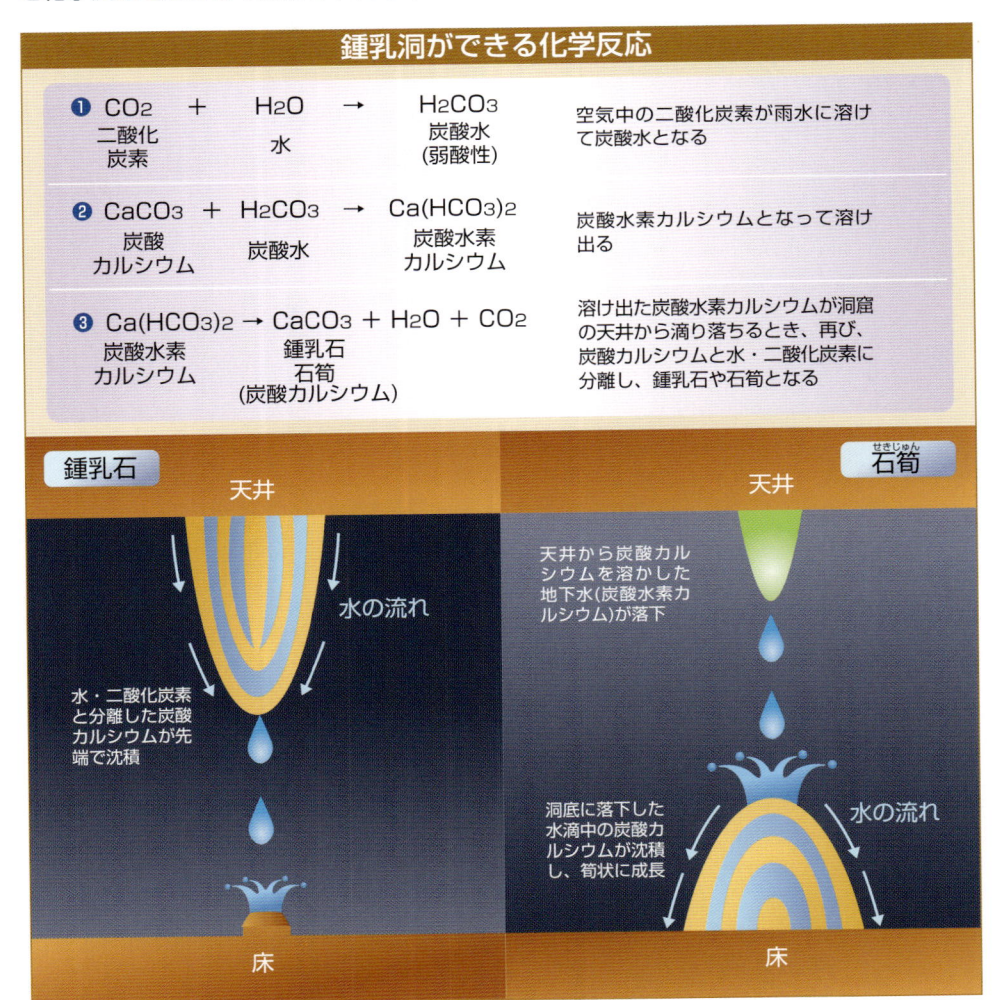

鍾乳洞ができる化学反応

❶ CO_2 + H_2O → H_2CO_3
二酸化炭素　水　炭酸水(弱酸性)

空気中の二酸化炭素が雨水に溶けて炭酸水となる

❷ $CaCO_3$ + H_2CO_3 → $Ca(HCO_3)_2$
炭酸カルシウム　炭酸水　炭酸水素カルシウム

炭酸水素カルシウムとなって溶け出る

❸ $Ca(HCO_3)_2$ → $CaCO_3$ + H_2O + CO_2
炭酸水素カルシウム　鍾乳石 石筍(炭酸カルシウム)

溶け出た炭酸水素カルシウムが洞窟の天井から滴り落ちるとき、再び炭酸カルシウムと水・二酸化炭素に分離し、鍾乳石や石筍となる

鍾乳石 天井／水の流れ／水・二酸化炭素と分離した炭酸カルシウムが先端で沈積／床

石筍 天井／天井から炭酸カルシウムを溶かした地下水(炭酸水素カルシウム)が落下／洞底に落下した水滴中の炭酸カルシウムが沈積し、筍状に成長／水の流れ／床

宇宙の誕生と星の死──
チリが物語る宇宙の歴史

　宇宙のチリとは、宇宙空間を浮遊している星間物質のことである。宇宙のチリは、星が死ぬ際に宇宙空間に放出され、再び新たな星の誕生に関わると考えられている。チリの構成成分などの調査によって、宇宙の歴史が明らかとなりつつある。

大爆発を起こした星

死に瀕した星(超新星)の大爆発によって、ガスが宇宙空間へ放出される。

宇宙のチリ──隕石(いんせき)

宇宙のチリの一種である隕石は、火星と木星との間を漂っている小惑星群から落下した星のかけらである。地球には、年間約1万9000個もの隕石が飛来するが、そのほとんどは面積の広い海や砂漠に落下しているため、稀にしか発見されない。

● 宇宙の誕生と星の死が生む宇宙のチリ

　約140億年前、ビッグバンと呼ばれる大爆発によって誕生したと考えられている宇宙。この爆発の正体は謎に包まれているものの、明らかなのは、それから約10万年の間に、水素(H)やヘリウム(He)といった、もっとも軽い元素の原子核が生まれ、電子を引きつけて原子になったということである。

　原子は、長い時間をかけて、結びつき合うようになり、さまざまな分子が生まれ、石や鉄(Fe)などの物質の形に成長した。これらの物質は、引力によってより大きな物質に引き寄せられて、やがて星と呼ばれるほどに巨大化する。中でも、太陽のような巨星の中心部では、原子が他の原子に生まれ変わる核融合*が行われるようになり、水素からヘリウムへ、さらに炭素(C)・酸素(O)がつくり出されるようになる。しかし、元素変換が鉄まで進むと、重量とともに重力が増し、ついには自らの重力に押しつぶされて、大爆発(超新星爆発)を起こし、星としての一生を終える。その際、星内部で生成された、金(Au)やウラン(U)などの超重量元素が、新たなチリとして宇宙空間に放出される。これが宇宙のチリである。

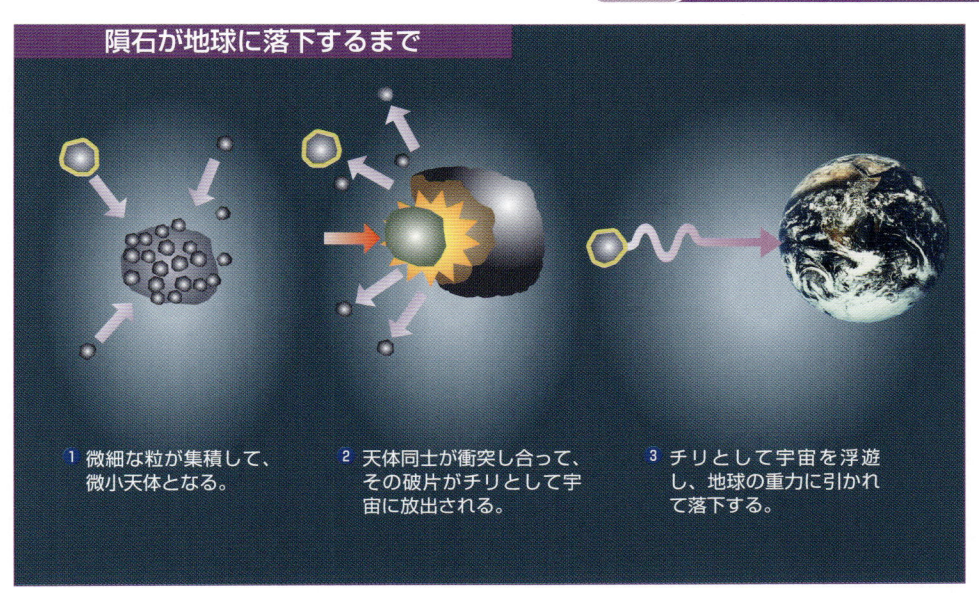

第7章 自然と宇宙の化学
「宇宙のチリ」

隕石が地球に落下するまで

1. 微細な粒が集積して、微小天体となる。
2. 天体同士が衝突し合って、その破片がチリとして宇宙に放出される。
3. チリとして宇宙を浮遊し、地球の重力に引かれて落下する。

隕鉄にみる、地球の起源

　地球に飛来した隕石のうち、鉄とニッケル(Ni)を含むものを隕鉄と呼ぶ。地球には自然鉄が存在せず、砂鉄や鉱石を加熱するなどして人工的に産出しなければならない。隕鉄は宇宙から飛来した自然鉄である。その切断面には、ウィドマンステッテン組織と呼ばれる独特な結晶模様があらわれる。これは、1℃冷却するには100万年を費やす、という条件下で形成される鉄とニッケルの結晶で、地球上の物質には決して見られない。この事実は、地球もまた、多種・多様な宇宙のチリが寄り集まったものであることを物語っているのである。

隕石の主な構成成分

二酸化ケイ素(SiO_2)	30〜40%
酸化マグネシウム(MgO)	15〜25%
鉄(Fe)	0〜20%
硫化鉄(FeS)	5〜15%
酸化鉄(FeO)	0〜25%
酸化アルミニウム(Al_2O_3)	1.5〜3%
酸化カルシウム(CaO)	1〜2.5%
炭素(C)	0.5〜3%
水(H_2O)	0〜20%
ニッケル(Ni)	0〜8%

国立天文台編「理科年表 平成18年」をもとに一部改変

ウィドマンステッテン組織の模様

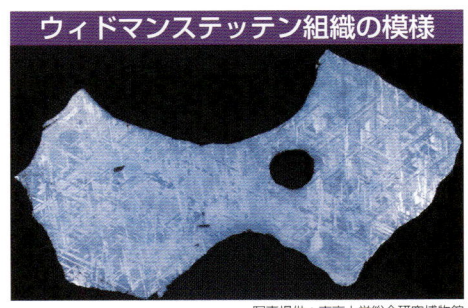

写真提供：東京大学総合研究博物館

※隕石の構成成分によってさまざまな種類の隕石に分けられる。中でも、鉄(80〜90%)とニッケル(8%程度)で構成されている隕石を隕鉄と呼ぶ。

夜空の星が光って見える理由

晴天の夜空を見上げると、光り輝く星が無数に広がっている。太陽の光がない暗闇で星が光って見えるのはなぜだろう？　その答えは、星の表面温度と、赤外線や可視光線などの電磁波、私達の目にものが見えるしくみを知ることで見えてくる。

星の色と表面温度

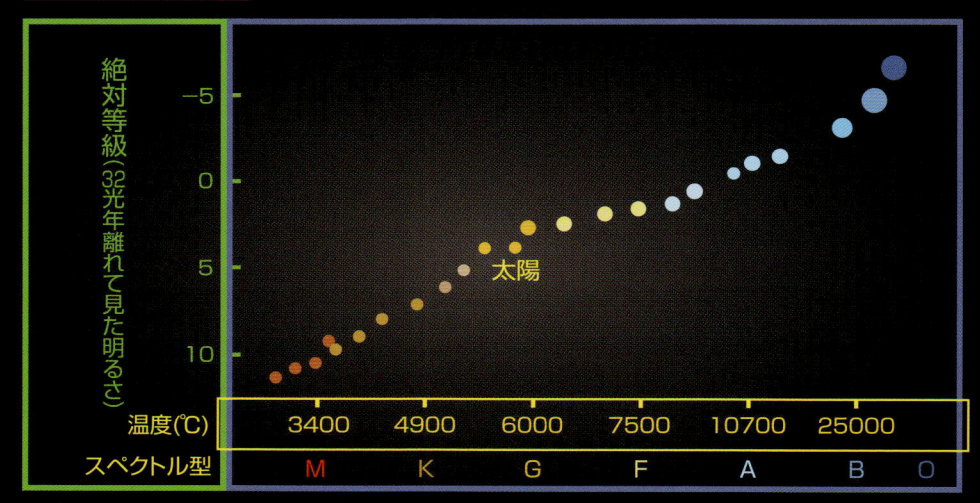

温度(℃)	3400	4900	6000	7500	10700	25000
スペクトル型	M	K	G	F	A	B	O

縦軸：絶対等級(32光年離れて見た明るさ)　−5, 0, 5, 10

星の色は、M・K・G・F・A・B・Oなどのスペクトル型(光を分光器によって波長順に分解したもの)で分類されている。星は、表面温度が高いほど青く輝き、低くなると赤くなる。ガスコンロの炎が青く、電気ストーブの電熱線が赤く見えるのと同じしくみだ。

● 太陽と、夜空の星の表面温度

太陽は、直径130万kmの巨大な水素(H)とヘリウム(He)を主とするガスのかたまりであり、中心部での核融合*のエネルギーで高温になっている。光球面と呼ばれる太陽表面の温度は約6000℃であり、主に熱線と可視光線を放出している。太陽の内部や外部には、より高温の部分があり、そこからは、可視光線より波長の短い紫外線やX線が出ている。これらは、大気圏外に人工衛星を打ち上げることで観測できる。

太陽のように、自分の内部にエネルギー源を持ち、光っている天体を恒星と呼ぶ。太陽は、銀河系に約2000万もあるといわれる恒星の中で、平均的な表面温度を持つ恒星である。私達の目には、表面温度が3000℃の恒星は赤い色で、10000℃の恒星は青白く見える。多くの恒星は、3000～10000℃の表面温度を持ち、私達は温度に応じた色で見ているのである。

第7章 自然と宇宙の化学
「星」

● この世の物体はすべて光っている

　物体は、その表面温度に応じた波長の電磁波*を放射している。温度が低いと波長の長い電波を出し、常温程度では主に赤外線、さらに数百℃くらいから目に見える光である可視光線を放射し始め、次第に波長の短い青い光を出すようになる。

　赤外線センサーの前に人が立つとセンサーが反応するのは、からだから出る赤外線をセンサーが感知するからである。また、白熱電球は、電球の中のフィラメントに電気を通すことで高温になり、可視光線を放射するから光るのである。逆に、物体が出す電磁波の波長と強度のパターンがわかれば、物体の温度を、それにさわらなくても知ることができる。

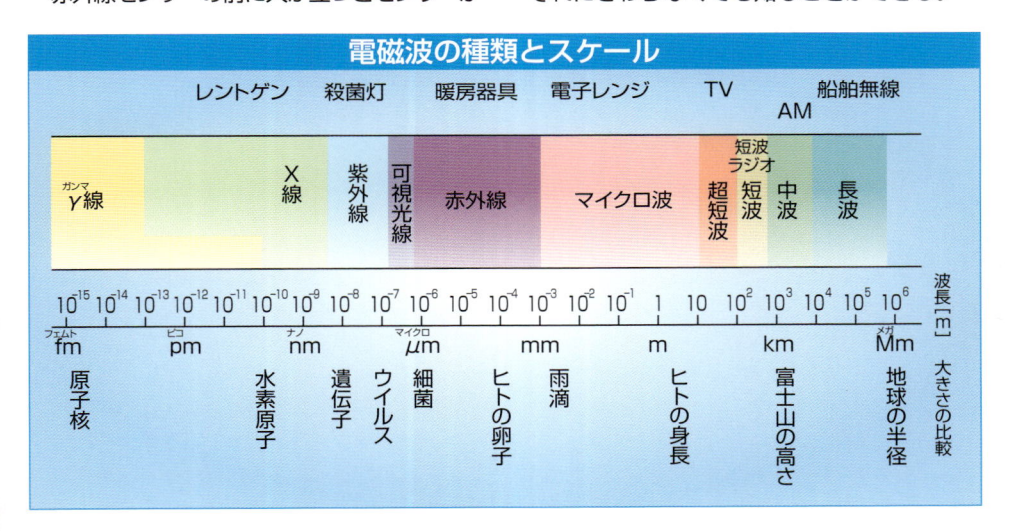

電磁波の種類とスケール

用途	レントゲン	殺菌灯		暖房器具	電子レンジ		TV	短波ラジオ			船舶無線 AM	
電磁波	γ線	X線	紫外線	可視光線	赤外線	マイクロ波		超短波	短波	中波	長波	

波長 [m]: 10^{-15} 10^{-14} 10^{-13} 10^{-12} 10^{-11} 10^{-10} 10^{-9} 10^{-8} 10^{-7} 10^{-6} 10^{-5} 10^{-4} 10^{-3} 10^{-2} 10^{-1} 1 10 10^2 10^3 10^4 10^5 10^6

fm(フェムト) pm(ピコ) nm(ナノ) μm(マイクロ) mm m km Mm(メガ)

大きさの比較: 原子核, 水素原子, 遺伝子, ウイルス, 細菌, ヒトの卵子, 雨滴, ヒトの身長, 富士山の高さ, 地球の半径

● ものが見えるということは？

　昼間、ものが見えるのは、物体から私達の目に可視光線が届いているからである。それは、その物体が太陽の光を反射しているのであって、物体自身の温度を反映しているのではない。可視光線を識別できるのは、網膜内にその波長に合わせた色素細胞があるからである。

　人類の先祖は、昼行性の動物であったために、太陽の光の波長分布に合わせて、その反射光でものを識別できるように目のしくみを発達させた。夜行性の動物の中には、哺乳動物の体温を夜間に感知し、捕食できるように、赤外線を感知する器官を持つものがいる。

ヘビが獲物を見つけるしくみ

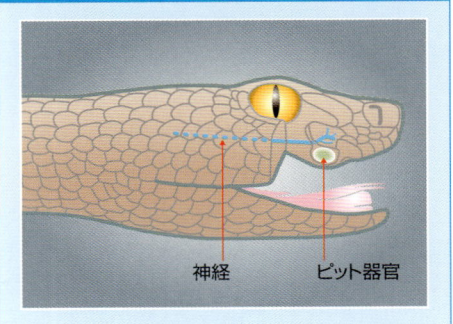

神経　ピット器官

　ガラガラヘビの目の下には、赤外線を感知するピット器官がある。捕食をするネズミなど、外気より体温の高い動物は赤外線を放射しているので、このピット器官により夜の暗闇の中でもネズミを見つけることができる。

田中耕一さんに続け!!

　2002年、民間企業の技術者である田中耕一さんが、ノーベル化学賞を受賞した。田中さんのように、博士号取得者や大学教授ではなく、民間企業で地道に研究している人でも、新たな発見によって陽の目をみることができるのである。

民間人ノーベル賞受賞者の少年時代

　「理科ばなれ」が叫ばれて久しい昨今、その危機意識から、理科実験ショーをはじめ、科学を身近に体験するイベントが盛んに行われるようになってきている。ただし、その活動は、あくまで初等教育の一環としての活動にとどまっている。その活動を通じて養われた科学への興味が、日常生活の中で、ものごとのありかたやしくみに疑問を感じ、その本質を納得が行くまで徹底的に調べるという科学的発想に成長して、はじめて意味を持つものである。実は、そのような科学的な発想こそが、田中耕一さんという希有な人材を世に送り出した土壌なのである。

　田中さんの父親は、のこぎりを修理する職人だった。欠けたのこぎりを地道に研ぐ姿を見て、田中さんは「粘り強くコツコツやった仕事は、後で実を結ぶ」と、子供ながらも感じていた。また、祖母がものを簡単に捨てずに大切にする姿を見るそばから、"もったいない"という感覚が養われた。

　小学校では、4年生のときの担任が化学専攻の理科の先生で、田中さんは進んで実験を手伝った。ある日、磁石の実験で、N極とS極がすぐに引き合わないように工夫していた先生に、田中さんは「粘り気のある油を使ったらどうか」と、秀逸な提案をしたという。こうして、少年時代の田中さんは、細かいことを注意深く観察し、自分の頭で考える科学的な目を育んでいった。

"もったいない"から生まれた快挙

　大学進学後、第一希望のメーカーへの就職に失敗した田中さんは、島津製作所に就職。専門の電気工学ではなく、レーザー光線で物質を分析する装置の開発という、畑違いの化学関連部門に配属されたが、持ち前の粘り強さを発揮して日夜実験を重ねた。

　そんなあるとき、レーザー光線を弱める補助剤を探していた最中、田中さんは混ぜる薬品を間違えてしまった。だが、その薬品が高価だったため、持ち前の"もったいない"という感覚が働き、捨てずに保管しておいた。そして、のちにその薬剤で実験すると、レーザーの信号に予想外の変化が生じた。その結果が偶然でないことを確認するために何度も実験を繰り返し、さらに念を押すべく、アメリカの著名な教授に自分の結果を検討してもらうよう依頼した。そして翌年、イギリスの科学雑誌に論文を発表して、のちのノーベル賞受賞につながった。失敗がもたらした偶然を新発見に結びつけたのは、少年時代に育まれた田中さんの人柄の賜物だった。

科学の目で日常を見直そう

　田中さんは、この発見を医療に役立てたいとの思いから、高精度な分析機器を開発し、自ら販売にも携わった。この点はまさしく、メーカーの研究者ならではであろう。

　ともすれば、技術者は会社の歯車に思われがちである。日本では、勉学に費やす時間や学費が多いにも関わらず、他職種に比べて給与も安く、昨今の理科離れの一因にもなっている。しかし、本書の読者には、給与の多寡だけではなく、田中さんのように、科学がもたらす大きな夢を心に抱き、科学の目で日常を見直してほしいと思う。そこで養われる興味こそ、田中さんに続く人材が育つ土壌なのである。

用語解説
(五十音順)

本文中では詳しく説明できなかった＊付きの青色の用語について、化学的な捉え方や関連情報などを交えてわかりやすく解説した。本文の後の数字は、用語が登場する本文中のページ番号を示す。

ア

アゴニスト あごにすと 本文 73
作動薬。細胞の受容体(レセプター)に働いて、その構造を変え、化学的な情報を細胞に伝える物質。神経伝達物質やホルモンなどと同様の機能を示す。

アセトアルデヒド あせとあるでひど 本文 56,62,83
低温では無色の液体で、引火性がきわめて強い物質。化学式はCH_3CHO。塗料、印刷インキなどの溶剤に使われる酢酸エチルや酢酸などの化学物質をつくる原料として使われるほか、防腐剤や防かび剤、写真現像用の薬品などとしても用いられる。また、天然では果実などに含まれており、低濃度ではフルーツのような香りがあることから、香料としても使用される。なお、アルコールが体内で代謝されることによって生成し、二日酔いの原因物質と考えられている。

アディポサイトカイン あでぃぽさいとかいん
本文 81
脂肪細胞から分泌され、さまざまな生理的効果を及ぼす生理活性物質の総称。アディポサイトカインの分泌異常は、糖尿病をはじめとする生活習慣病と深い関係があることが次第に解明されている。例えば、肥満の状態では、アディポサイトカインの一つであるTNF-αの血液中の濃度が高くなり、インスリンの働きが弱まる。

アデニンヌクレオシド あでにんぬくれおしど
本文 59
リボ核酸の構成成分であるアデノシンに、リン酸が結合したアデノシン一リン酸(AMP)・アデノシン二リン酸(ADP)・アデノシン三リン酸(ATP)の総称。生体内において、エネルギーの貯蔵・供給・運搬を仲介している重要物質である。

アデノシン三リン酸 あでのしんさんりんさん
本文 29,59,69
アデニンを塩基とするアデノシンの三リン酸エステル。化学式は$C_{10}H_{16}N_5O_{13}P_3$、略記号はATP(adenosine triphosphate)。分子内に高エネルギーリン酸結合2個を含み、生物においてエネルギーの直接の源泉となる重要な化合物。アデノシン三リン酸が、生体内で加水分解されてエネルギーを放出すると、アデノシン二リン酸(ADP：adenosine diphosphate)となる。

アポトーシス あぽとーしす 本文 79
生体内において眼や骨が形成されたりする分化の過程で、不要となった細胞は、死んで代謝されることで、生体内の秩序が保たれる。このような細胞の死のことをアポトーシスという。例えば、おたまじゃくしがカエルに変態する際、しっぽがなくなるのはこの現象によるものである。また、正常な生体内においてがん化した細胞は、このような細胞の死によって、悪性腫瘍として成長する前に未然に取り除かれる。

アルカリ金属 あるかりきんぞく 本文 117
元素の周期表上で1族に属する、リチウム(Li)・ナトリウム(Na)・カリウム(K)・ルビジウム(Rb)・セシウム(Cs)・フランシウム(Fr)の6つの金属元素の総称。水と反応して強塩基性の水酸化物を生じる。

アルカリ土類金属 あるかりどるいきんぞく
本文 117
元素の周期表上で2族に属する金属元素の内、カルシウム(Ca)・ストロンチウム(Sr)・バリウム(Ba)・ラジウム(Ra)の4つの金属元素の総称。水と反応して塩基性の水酸化物を生じる。

アルカロイド あるかろいど 本文 59,65
植物に含まれる、窒素(N)を含む塩基性の有機化合物。ニコチン(タバコ)やカフェイン(コーヒー)など、特殊な生理・薬理作用を持つものが多い。

アルコール あるこーる
本文 17,54,56,62,101,168
鎖式または脂環式炭化水素の水素原子(H)が、水酸基-OH-で置き換えられた化合物の総称。揮発しやすい液体で、燃えやすいことが特徴。デ

177

ンプン質や果実は、酵母や細菌の作用によって酒を生じる。

本文 タゴニスト あんたごにすと　本文 73
拮抗薬。ホルモンなどの生理活性物質の受容体に結合し、ホルモンが受容体へ結合するのを妨ぎ、ホルモンの作用を抑制する物質。それ自身は生理活性作用を持たない。

硫黄酸化物 いおうさんかぶつ
本文 107,141,142,146
一酸化硫黄(SO)・二酸化硫黄(SO_2)など、硫黄(S)の酸化物の総称。SO_x。自動車の排ガスや工場の排煙などに含まれ、大気汚染の原因となる。

イオンチャンネル いおんちゃんねる　本文 65
神経や骨格筋の細胞の生体膜にある、タンパクでできた孔。神経細胞などで、電気的な刺激を受けて細胞の内外に電位差が生じると、この孔が開閉して特定のイオンが細胞内に流れ込み、細胞の機能や信号伝達を調節する。

インスリン抵抗性 いんすりんていこうせい　本文 80
血糖を低下させる膵臓のホルモンであるインスリンの感受性を示す。「インスリン抵抗性が高い」という表現は、インスリン感受性が悪く、血糖値を下げるのに必要なインスリン量が多いことを示す。インスリンの作用が低下すると糖尿病となる。

エイコサペンタエン酸 えいこさぺんたえんさん
本文 48
5個の二重結合を持つ不飽和脂肪酸。化学式は$C_{20}H_{30}C_2$、略記号はEPA(eicosapentaenoic acid)。イワシやサバなどに多く含まれ、血中コレステロールの低下や、血栓の形成抑制などの作用がある。

エチレン酢ビコポリマー えちれんすびこぽりまー
本文 115
エチレンと酢酸ビニルを共重合して得られる、柔軟性・弾力性に富んだ固体の樹脂。略記号はEVA(ethylene vinyl acetate copolymer)。用途は酢酸ビニルの含有率によって異なり、包装資材・農業用フィルム・接着剤、一般成形品に使用される。

エネルギーギャップ えねるぎーぎゃっぷ　本文 89
半導体や絶縁体において、原子の構造から、電子が存在できないエネルギーの領域。結晶中でも、電子のとり得るエネルギーはいくつかのエネルギー帯に限られ、エネルギーギャップの大小によって物質の電気伝導性の程度が決まる。

塩基 えんき　本文 59,75,78
核酸などの構成成分で、窒素(N)を含む環状の有機化合物。プリン塩基とピリミジン塩基に大別され、アデニン(A)・グアニン(G)・シトシン(C)・チミン(T)・ウラシル(U)などがある。このうち、アデニンはチミン(DNA。RNAではウラシル)と、グアニンはシトシンと、水素結合によって結合し、これを塩基対という。

炎色反応 えんしょくはんのう　本文 117
アルカリ金属やアルカリ土類金属などの塩類を無色の炎の中に入れ、強熱することで、各金属が特有の色を呈する反応。金属の定性分析や、花火などに利用されている

オゾン おぞん　本文 122,136,138,140,142,165
特有の臭いを持つ微青色の気体。化学式はO_3。空気中で紫外線をあてると発生し、酸化力が強く、殺菌・消毒・漂白などに利用されるが、呼吸器をおかす有毒物質でもある。地上10〜50kmの成層圏には、オゾン濃度が高い大気の層が存在し、太陽からの紫外線を吸収している。ただし近年、南極や北極などで、オゾン濃度が低いオゾンホールが出現し、問題となっている。

オータコイド おーたこいど　本文 73
細胞間連絡物質。神経伝達物質・ホルモンと並ぶ、生体機能を調節する体内活性物質の総称。体内・体外の環境の変化に応じて放出され、分泌した細胞そのものや近くの細胞に拡散して、作用を発揮する。

温室効果ガス おんしつこうかがす　本文 139,149
二酸化炭素(CO_2)やメタン(CH_4)など、太陽からの熱や人類の活動に伴って発生する熱を地球に封じ込め、地表をあたためる働きを有するガスの総称。大気中にごく微量存在しており、地球の平均気温(約15℃)は、このガスがないと−18℃になると試算されている。近年では、産業の発展によるCO_2の増加や森林の過度の伐採によるCO_2の吸収の減少などに伴って、温室効果ガスの濃度が増加し、大気中に吸収される熱が増えたことにより、地球規模での気温上昇が進行している。

用語解説

カ

界面活性剤 かいめんかっせいざい 本文 15
水に溶けて水の表面張力を下げる現象を界面活性といい、その性質が特にいちじるしい物質を界面活性剤という。界面活性剤には、水によくなじむ親水基と油によくなじむ親油基があり、油を水中に分散させる性質を持つため、衣類や食器用の洗剤などに用いられている。

化学進化 かがくしんか 本文 164
宇宙や地球において、単純な炭素化合物から複雑な有機化合物が形成される過程。例えば、ジシアンから核酸の原料であるアデニンができるように、糖やアミノ酸が蓄積して、次第に生命に必要な化学物質が生成される。A.I.オパーリンは、この化学進化が生命の起源と考えた。

架橋結合 かきょうけつごう 本文 127
高分子と高分子の間に、ちょうど橋を架けるように存在あるいは生成される化学的な結合のこと。多くは、繊維と繊維の間をつなぐように形成され、網の目のようになる。架橋結合によってできあがった構造を、架橋構造または3次元網目構造という。

核酸 かくさん 本文 78,164
塩基・糖・リン酸からなるヌクレオチドが鎖状に結合した高分子物質。糖部分がリボース($C_5H_{10}O_5$)かデオキシリボース($C_5H_{10}O_4$)かによって、リボ核酸(RNA)とデオキシリボ核酸(DNA)に大別される。

核分裂 かくぶんれつ 本文 99
ウラン(U)、トリウム(Th)、プルトニウム(Pu)などの重い原子核が、2つの原子核に分裂すること。陽子・中性子・α線・β線を原子核に当てると、分裂しやすくなる。分裂の際に2、3個の中性子が放出され、これを利用してさらに連鎖反応を起こさせることで、大きなエネルギーを得ることができる。原子力発電や原子爆弾の基本的な原理。

核融合 かくゆうごう 本文 172,174
水素(H)・ヘリウム(He)・リチウム(Li)などの軽い原子核同士が反応して、より重い原子核になること。核融合の際には大きなエネルギーが放出され、恒星のエネルギー源となる。この核融合反応を制御して、エネルギーとして取り出す研究が進められている。

火成岩 かせいがん 本文 170
マグマ(ケイ酸塩溶融体　SiO_2)が地下あるいは地表で冷却・固結してできた岩石。マグマが固結した場所の深さによって、火山岩・半深成岩・深成岩に大別され、SiO_2の含有量から、花崗岩や玄武岩などに細かく分類される。

活性酸素 かっせいさんそ
本文　47,55,80,123,128,159
原子状態の酸素(O)、または電子状態が不安定な酸素分子で、著しく化学反応を起こしやすい。生体内では、白血球の殺菌作用など、多くの生理現象に関与する。また、細胞を直接的または間接的に傷つけ、老化の一因となる。

カロテノイド色素 かろてのいどしきそ 本文 46
動植物界に広く存在する、黄・橙・赤を示す脂溶性色素の総称。ニンジンの赤い色素であるカロテンがその典型であることに名前が由来している。多数の共役二重結合を持ち、カロテン類とキサントフィル類に大別される。

環境ホルモン かんきょうほるもん 本文 154
内分泌攪乱物質。内分泌系の機能に変化を与え、個体やその子孫、あるいは集団に、生殖機能等への有害な影響を引き起こす化学物質の総称で、生体内にとりこまれるとホルモンに似た働きをする。ダイオキシン・PCB・DDTなどが挙げられる。

顔料 がんりょう 本文 24,26,129
水(H_2O)やアルコールに溶けない不透明な粉末で、金属塩などの無機顔料と染料の材料になる有機顔料とがある。印刷インク・化粧品の原料・プラスチック・ゴム・絵の具などに用いる。

揮発性有機化合物 きはつせいゆうきかごうぶつ
本文　136,138
略記号はVOC(volatile organic compounds)。常温で揮発する有機化合物。代表的なものとして、ホルムアルデヒド(HCHO)・トルエン($C_6H_5CH_3$)・キシレン[$C_6H_4(CH_3)_2$]・ベンゼン(C_6H_6)・スチレン($C_6H_5C_2H_3$)などがあり、いずれも人体への有害性が指摘されている。

共有結合 きょうゆうけつごう 本文 30,119
分子や結晶が形成される際に生じる化学結合の一つで、2個以上の原子が、互いに電子対を共有してできたもの。有機化合物及び無機非金属化合物などに見られる。

クエン酸 くえんさん 本文 54,58,62,142
酢や柑橘類に含まれる有機酸の一種で、細胞内では、栄養分をエネルギーに変える代謝経路であるクエン酸回路を活性化する働きがある。酸性の度合いを示すpHは2～3と強い。金属イオンの分析試薬として、また清涼飲料の添加物として使用される。

グリコーゲン ぐりこーげん 本文 68
ブドウ糖(グルコース)の多糖類。分子全体が球状の構造を持つ。肝臓や筋肉などに含まれ、分解されるとブドウ糖となって、血糖値を維持する。また、筋肉などの組織ではエネルギーとなる。

グリセリン ぐりせりん 本文 33,61,152
アルコールの一種で、グリセロールともいう。無色で粘り気の強い甘味のある吸湿性の液体。動植物の油脂やリン脂質の成分として多量に存在する。ニトログリセリン・ウレタン樹脂などの製造原料として、工業的にも広く使用されている。

グリーンプラ ぐりーんぷら 本文 147
腐食性がなく、環境保護の観点から廃棄に適さないプラスチックを改良し、土の中に埋めると微生物によって水(H_2O)と二酸化炭素(CO_2)に分解される、生分解性プラスチックの愛称。トウモロコシやジャガイモなどのデンプンを発酵させてできるポリ乳酸などからつくられる。通常のプラスチックに比べ、廃棄時の環境負荷を低減でき、また製造に要する石油資源を節約できるという利点がある。

ゲノム創薬 げのむそうやく 本文 84
「ヒトゲノム計画」によって明らかになってきた、人の遺伝情報や遺伝子の機能をもとに、論理的かつ効率的に医薬品を創出すること。病気に関連する遺伝子や、また個人の遺伝情報を活用することで、より効果が高く、副作用が少ない医薬品の開発が可能になることが期待されている。

ケラチン けらちん 本文 125
毛髪・爪・表皮などを形成しているタンパク質で、ケラチンを構成するアミノ酸中にはシスチンが多く、毛髪はシスチン結合(－S－S－)に富んでいる。毛髪や爪を燃やすと臭うのは硫黄(S)があるためである。

光化学オキシダント こうかがくおきしだんと 本文 136,139
工場や自動車から排出される大気中の窒素酸化物と炭化水素が、太陽の紫外線を受け、光化学反応を起こして生成する、二次的汚染物質の総称。光化学オキシダントが大気中に高濃度に滞留している状態を光化学スモッグという。

好気性微生物 こうきせいびせいぶつ 本文 149,151,165
生育に酸素(O_2)を必要とする微生物。酸素呼吸によってエネルギーを得て、代謝物として酢酸・グルコン酸などを蓄積する。中には、二次代謝物として、アミノ酸や抗生物質を蓄積するものもある。

抗体 こうたい 本文 76
タンパク質や多糖類からなる抗原が生体内に侵入した際、生体が起こす免疫反応によって産生されるタンパク質の総称。免疫グロブリンともいう。抗原と特異的に結合して、その働きを失活させ、生体内から取り除く。これを抗体抗原反応という。

高分子 こうぶんし 本文 14,34,50,61,125,144,146,164
分子量が非常に大きい巨大分子からなる物質。多くの場合、同じ構造部分が繰り返される重合体である。有機高分子化学では、分子量で10^3以上を高分子と定義することが多い。

コ・ジェネレーション こ・じぇねれーしょん 本文 105
一種類のエネルギー源から複数のエネルギーを取り出すこと。特に、発電の際に生じる熱エネルギーを、再度発電に利用することを指す。ホテル・オフィスビルなどで実用化されている。

コラーゲン こらーげん 本文 46,123,128,132
動物の骨や皮などに含まれる、繊維状のタンパク質。糖質は1%以下で、人間を含む脊椎動物のからだを構成する全タンパク質の30%を占める。約10万の分子量を持つポリペプチド鎖が3本集まり、らせん構造のユニットを構成している。難溶性だが、酸やアルカリで処理して可溶化したものがゼラチンであり、組成もほぼ同じである。

用語解説

サ

サイトカイン さいとかいん 本文 73
さまざまな細胞から分泌され、細胞の情報伝達に関わるタンパク質。免疫系の調節・炎症反応の惹起・抗腫瘍作用の他、細胞の増殖・分化、分化の抑制といった、生体を正常な状態に保つために重要な役割を果たす。

集積回路 しゅうせきかいろ 本文 22,88,92
複数の回路素子と、それらを結ぶ配線とを、一体のものとして高度に集積して組み込んだ回路。IC(integrated circuit)。集積度が増すにつれて、大規模集積回路(LSI)、超高集積回路(VLSI)などと呼ぶ。

受容体 じゅようたい 本文 73
レセプター。ホルモンや光など、細胞の外部から細胞に作用する因子と反応して、細胞機能を変化させる物質。細胞膜上あるいは細胞内に存在する。

食中毒菌 しょくちゅうどくきん 本文 55,64
病原性大腸菌O-157・ボツリヌス菌・黄色ブドウ球菌・腸炎ビブリオ・ウェルシュ菌など、飲食物由来で食中毒を引き起こす原因となる細菌。

シリコーンシート しりこーんしーと 本文 113
シリコーン(silicone)はケイ素(Si)を含む高分子化合物で、安定した物質で、電気を絶縁し、耐熱性に優れ、撥水性・不揮発性があり、工業用に広く用いられる。ケイ素をあらわすシリコン(silicon)とは区別される。このシリコンを樹脂状のシートに薄く加工したものがシリコーンシートで、皮膚へのなじみがよいことから、医療用チューブや人工乳房にも用いられている。

神経伝達物質 しんけいでんたつぶっしつ 本文 73
神経細胞の末端から分泌され、隣接する神経細胞や他の細胞に情報を伝達する化学物質。神経インパルスの伝達に働くアセチルコリンや他の神経伝達物質として、ドーパミン・γ-アミノ酪酸(GABA)などがある。

水素イオン指数 すいそいおんしすう 本文 142
溶液中の水素(H^+)イオンの濃度で、その溶液が酸性またはアルカリ性(塩基性)である程度をあらわす。単位はpH。酸性はpH＜7、中性はpH＝7、アルカリ性はpH＞7。

正孔 せいこう 本文 13,100
電子の運動をあらわすための概念。ホールともいう。固体の内部は負の電気量を持つ電子で満たされているが、不純物が混入したり高エネルギー状態となるなどして電子が固体の結晶から抜けると、結晶に抜け殻(孔)が残り、正の電荷を持った電子のように振る舞う。正孔が電荷の移動を行う半導体をP型半導体、電子が行う半導体をN型半導体と呼ぶ。

精油 せいゆ 本文 61,120
植物の花・果実・葉・種子・根・幹・茎などから取り出される、特有の芳香を持つ揮発性液体。エッセンシャルオイルともいう。テルペン系及び芳香族系の炭化水素やアルコール・アルデヒド・フェノールなどの混合物で、香料の原料となる。

セルロース せるろーす 本文 47,125,126
地球上で最も存在量が多い高分子。化学式は$(C_6H_{10}O_5)n$。植物の細胞壁の主成分で、樹木では7割がセルロースからなり、セルロース同士が束になって強い組織構造をつくっている。水に不溶であるが、分子内にヒドロキシル基(−OH)を多く持ち、親水性がある。熱には強いが、酸・アルカリ・酵素などで分解される。

タ

第6の栄養素 だいろくのえいようそ 本文 47
からだの組織や筋肉を構成したり、生理機能の調節に役立ったりする5大栄養素(糖質・脂質・タンパク質・ビタミン・ミネラル)に分類されない、人の消化酵素では分解されにくい成分。特に食物繊維を指す。生命活動には関わりがないと考えられてきたが、最近になって、血糖値の抑止、腸内の有害物質の排出促進などの効用が確認され、新たな栄養素として注目されている。

脱水縮合 だっすいしゅくごう 本文 50
複数の分子同士で、水分子の脱離をともなって新しい共有結合を形成する反応。生体内反応として頻繁に見られる反応である。

断熱膨張 だんねつぼうちょう 本文 16
気体が、熱の出入りをともなうことなく、その体積を膨張させること。ボンベのような熱を通さない壁でつくられた容器から、高圧に圧縮された気体が放出されると、気体とボンベの温度は下がる。

タンパク質の変性 たんぱくしつのへんせい
本文 44, 52

さまざまな要因により、タンパク質のアミノ酸配列以外の立体構造が変化し、それに伴って生物活性が変化すること。変化をもたらす要因には、加熱、pHの変化、界面活性剤の添加などがある。

チタン合金 ちたんごうきん **本文** 111

チタン(Ti)を主成分として、鉄(Fe)やアルミニウム(Al)・クロム(Cr)などを加えた合金。その比重に対して、強度がきわめて高い。また、耐食性にも優れており、航空機の金属部分やタービン・機械のベアリング・ゴルフクラブ・眼鏡・時計・調理器具など、多くの分野で使われる。また生体適合性もよく、人工歯根など医療用の用途もある。

窒素酸化物 ちっそさんかぶつ
本文 83, 107, 136, 141, 142

一酸化窒素(NO)や二酸化窒素(NO_2)など、窒素の酸化物の総称。NO_x 自動車の排気ガスや工場の排煙などに含まれ、大気汚染の原因となる。

中性子 ちゅうせいし **本文** 99

陽子・電子とともに原子核を構成する粒子の一つ。陽子や電子などとは異なり、電荷を持たない。

デシベル(dB) でしべる **本文** 14

音響で、相対的に比較する数値として用いられるほか、音圧レベル、音の強さのレベル、音響パワーレベルの単位として用いられる。夜中のシーンとした感じが20dB、事務所で人がざわざわした感じが50dB、電車の高架下が100dB程度である。140dB以上では鼓膜が破れるほどの騒音になる。電磁気学では、電圧・電力の減衰や利得を表すために用いられる。

テトロドトキシン てとろどときしん **本文** 65, 155

フグ(テトロドン)が持つ毒(トキシン)の成分。分子式は$C_{11}H_{17}O_8N_3$。トラフグ・マフグの卵巣や肝臓に多い。猛毒で、神経及び筋に作用し、呼吸筋の麻痺により死に至る場合もある。

テルペン類 てるぺんるい **本文** 168

植物精油の主成分をなす、芳香を持つ化合物の総称。一般に、炭素原子からなる骨格を持ち、鎖式構造のものと環式構造のものとがある。香料として用いられることが多い。

電解液 でんかいえき **本文** 54, 102, 104

水(H_2O)などの溶媒に溶かしたとき、その溶液が電気を通すようになる電解質を含む溶液。水の中で電荷を持ったイオンとして解離する。体は、電解質を使って神経や筋肉の機能を調整している。また、電解質の溶液に電流を流し、陽イオン・陰イオンをそれぞれ陰極・陽極上で放電させると、電極上に反応生成物が得られる。

電磁波 でんじは **本文** 12, 20, 122, 166, 175

真空または物質中を、電磁場の振動が伝播する現象。波長が長いものから電波・マイクロ波・光・X線・γ線と呼ばれる。

ドコサヘキサエン酸 どこさへきさえんさん
本文 48

6個の二重結合を持つ不飽和脂肪酸。略記号はDHA(docosa-hexaenoic acid)。イワシ・サバ・ブリなどの魚に多く含まれ、血中コレステロールの低下や脳の働きを活発にする作用がある。

ナ

ナイロン ないろん **本文** 112, 124, 133

アミド結合(−NH−CO−)によって長く連続した鎖状の合成高分子物質を紡糸して繊維化した、ポリアミド系の合成繊維の総称。分子内の炭素数の違いと結合の仕方によって、ナイロン6やナイロン66などと分類されている。

ナノテクノロジー なのてくのろじー
本文 22, 127, 129

結晶の大きさや粒子の大きさなどの物質の構造がnmによって表現される物質を創製すること、またはそれらの物質を組み合わせて、コンピュータや通信・医療・遺伝子の研究・開発に寄与しようとする技術を指す。トップダウン型とボトムアップ型に大別される。

ナノメートル なのめーとる **本文** 22

10億分の1m=10^{-9}m。記号はnm。他に長さを表す単位は以下の通り。
ピコメートル(pm)=10^{-12}m、マイクロメートル(μm)=10^{-6}m、ミリメートル(mm)=10^{-3}m、キロメートル(km)=10^3m、メガメートル(Mm)=10^6m。

能動輸送 のうどうゆそう **本文** 72

小腸などで、半透膜である細胞膜の内と外における濃度勾配に逆らって、物質が輸送されるこ

用語解説

と。能動輸送を行う際は、エネルギーが必要である。反対に、濃度勾配にしたがって、担体を必要とせずエネルギー消費も伴わない生体膜の通過を受動輸送という。

ノロウイルス のろういるす 本文 65
牡蠣などの二枚貝に多く含まれ、食中毒として急性胃腸炎を起こす小型球形ウイルス。表面をカップ状のくぼみを持つ構造タンパクで覆われ、多くの遺伝子の型がある。少量でも感染し、食べ物だけでなく、人や調理器具からも感染する恐れがある。

ハ

バイオマスエネルギー ばいおますえねるぎー 本文 100
森林の樹木や落葉、家畜の糞や尿など、生物体を構成する有機物をエネルギー資源として利用すること。そもそも生態学では、バイオマスとはある時点である地点に存在する生物量を、質量またはエネルギー量として表現したものだったが、これが転じて、生物を構成する物質から生じる資源を指すようになった。二酸化炭素(CO_2)の削減や、循環型社会の構築などの取り組みを通じて、脚光を浴びるようになっている。

発光ダイオード はっこうだいおーど 本文 12,91
LED(light emitting diode)ともいう。接合部に電気が流れると光を放射する半導体素子。白熱電球に比べて低電力で高輝度の発光が得られ、また寿命もかなり長い。材料によって発光色が異なり、赤・緑・青の3原色が実現されている。これらを組み合わせた白色の発光ダイオードは、未来の照明として注目されている。

半導体 はんどうたい 本文 10,22,88,100,119
電気抵抗の値が、導体(金属)と絶縁体の中間である物質。低温では絶縁体に近いが、温度が上がるにつれて電気伝導性が増大する。トランジスタや集積回路などに利用される。ゲルマニウム(Ge)・セレン(Se)・ケイ素(Si)など。

BOD／COD びーおーでぃー／しーおーでぃー 本文 149
BOD(biochemical oxigen demand:生物化学的酸素要求量)は、水中の有機物を好気性微生物が酸化分解するのに要する酸素量。河川の水質指標として用いられる。COD(chemical oxygen demand:化学的酸素要求量)は、水中の有機物を、過マンガン酸カリウム($KMnO_4$)酸化剤によって酸化する際に消費する酸素量。海域や湖沼の水質指標として用いられる。ともに、値が高いほど、有機物が多量に含まれており、汚濁度が高いことを示す。

光の3原色 ひかりのさんげんしょく 本文 9,13
混ぜ合わせることで、広い範囲の色をあらわすことができる基本的な3つの色。赤(R)・緑(G)・青(B)を指す。なお、絵の具などの「色の3原色」は、青緑(C:シアン)・赤紫(M:マゼンタ)・黄(Y:イエロー)の3色を指す。

PCB ぴーしーびー 本文 65
ポリ塩化ビフェニル(polychlorinated biphenyl)。2つのフェニル基が結合したビフェニルに塩素が多く付加している化合物の総称。化学的に安定で、絶縁油・熱媒体・可塑剤・潤滑油などに広く使われたが、生体に蓄積され有害であるため、現在は使用が禁止されている。

ビタミンC びたみんしー 本文 21,46,55,62,86,128
水溶性ビタミンの一つで、「抗壊血病効果を有する酸」の意味からアスコルビン酸とも呼ばれる、強い還元性を持つ抗酸化ビタミン。野菜・果物のビタミンCには還元型(アスコルビン酸)と酸化型(デヒドロアスコルビン酸)とがあり、還元型の含量が多い。

ヒトゲノム ひとげのむ 本文 85
ヒトの細胞の核の中にある染色体をつくっている、二重らせん構造を持ったDNAの遺伝情報のこと。遺伝情報はアデニン(A)・グアニン(G)・シトシン(C)・チミン(T)の4つの塩基の配列によってあらわされる。ヒトでは28億6000万文字にも及び、その全細胞について塩基の配列を解読しようとするヒトゲノム計画が、日本・アメリカ・イギリス・フランス・ドイツ・中国の6ヶ国の共同研究として推進され、2003年4月に解読が完了した。

ピリミジン ぴりみじん 本文 78
ベンゼンの炭素(C)を一つおきに2個の窒素(N)で置き換えた芳香族分子。化学式は$C_4H_4N_2$。核酸やヌクレオチドを構成する塩基の基本骨格。核酸を構成する成分では、ウラシル(U)・チミン(T)・シトシン(C)がこの骨格を持つ。

ファイトケミカル ふぁいとけみかる 本文 46
野菜や果物に含まれる植物化学成分のうち、5大栄養素(糖質・脂質・タンパク質・ビタミン・ミネラル)及び食物繊維を除いたもの。ポリフェノールやリコピンをはじめ、1万種に及ぶと考えられている。その名は、ギリシャ語で野菜を意味するファイト(phyto)に由来している。

フィブロイン ふぃぶろいん 本文 125
絹糸を構成している不溶性のタンパク質。カイコガの繭繊維に含まれる。表面はなめらかで、断面は三角形である。近年、紫外線を吸収する繊維として見なおされている。

フェノール類 ふぇのーるるい 本文 168
特異な臭いを持ち、水によく溶ける針状の結晶。化学式はC_6H_5OH。防腐剤・消毒殺菌剤をはじめとして、合成樹脂や染料・爆薬など、さまざまな製品に用いられている、化学工業の重要原料。

不飽和脂肪酸 ふほうわしぼうさん 本文 48
分子構造中に、二重結合及び三重結合の不飽和結合を持つ脂肪酸。化学反応性が高い。オレイン酸・リノール酸・リノレン酸などが含まれる。反対に、不飽和結合を含まない脂肪酸を飽和脂肪酸といい、過剰に摂取するとコレステロールや中性脂肪が増加し、動脈硬化の原因となる可能性がある。

プラズマ ぷらずま 本文 9,119
正負の荷電粒子が共存し、電気的に中性となっている物質の状態。物質を加熱すると、固体→液体→気体へと変化するが、さらに高温になると気体分子が解離して、正イオンと電子とが共存するプラズマが発生する。物質の第4の状態と呼ばれる。工業的にプラズマテレビなどとして応用されている他、オーロラや稲妻などとして自然界にも存在する現象である。

プリン ぷりん 本文 78
化学式は$C_5H_4N_4$。核酸やヌクレオチドを構成する塩基の基本骨格として、多くの生物中に存在し、核酸を構成する成分では、アデニン(A)とグアニン(G)がこの骨格を持つ。

プレートテクトニクス ぷれーとてくとにくす 本文 163
地震・火山活動・造山運動などの地球表面の大きな変動の原因として、プレートの動きに着目し、地震現象や山脈・海溝の成因などを全地球的規模で統一的に理解しようとする学説。プレート理論ともいう。大陸移動説(ウェゲナー、1912年)や海洋底拡大説(ディーツ・ヘスら、1960年代初め)を体系化した理論で、1960年代後半から急速に発展した。

フロン ふろん 本文 18,140
炭化水素のクロロフルオロカーボンの総称。1930年、デュポン社から市販され、冷媒・エアロゾル噴霧剤・洗浄剤・発泡剤など、広い用途に使用された。分解されにくいため成層圏で拡散し、成層圏のオゾン層を破壊し、皮膚がんの増大や気候の変動をもたらす危険性が指摘されている。

ペプチド結合 ぺぷちどけつごう 本文 74
2つ以上のアミノ酸分子の間で、アミノ基(―NH_2)とカルボキシル基(―COOH)とが脱水縮合してできる―CO―NH―の形の結合。多数のアミノ酸からなるものをポリペプチドといい、タンパク質は1つまたは数個のポリペプチドから成る。

ベロ毒素 べろどくそ 本文 65
O-157をはじめとする、食中毒を起こす腸管出血性大腸菌によって産出される毒素。腎臓を障害し、溶血性尿毒症症候群を発症させる。1型ベロ毒素(VT1)と2型ベロ毒素(VT2)の2種類に分けられる。VT1の分子構造及び遺伝子の塩基配列は、赤痢菌がつくる毒素と同じである。VT2は、VT1と分子構造上約55%の相同性があるものの、性質が異なる。

芳香族 ほうこうぞく 本文 28,106
ベンゼン環を持つ有機化合物の総称。芳香を持つ。これに属する炭化水素は、骨格構造が安定しているため付加反応が起こりにくく、置換反応を起こしやすい。芳香族化合物には、トルエン($C_6H_5CH_3$)やナフタレン($C_{10}H_8$)などがある。

放射性物質 ほうしゃせいぶっしつ 本文 99,108
原子核から、電子や陽子などの粒子や電磁波が放出され、他の原子核に転換する性質を持つ物質の総称。ウラン(U)・トリウム(Th)・ラジウム(Ra)などの元素が含まれる。

包接化合物 ほうせつかごうぶつ 本文 50
一つの化合物の結晶構造に生じた網目状やトンネル状のすき間に、他の化合物のイオン・分子・原子が入り込んでできる付加化合物。

用語解説

ポリエステル ぽりえすてる
本文 112,115,124,127,133,144,147,154
多価アルコールと多塩基酸とが重縮合して得られる高分子化合物の総称。アルキド樹脂・ポリエステル系合成繊維などを指し、弾力性に富み、しわになりにくく、型くずれしにくい。また、他の繊維との混紡交織性に優れ、吸湿性が少なく洗ってすぐ乾くなど、多くの長所を備えており、産業用途として広く用いられている。

ポリフェノール ぽりふぇのーる 本文 47,59
分子内に数個のフェノール性ヒドロキシル基(芳香族に縮合したヒドロキシル基)を持つ植物成分の総称。ほとんどの植物に含まれており、色素や苦味の成分であるとともに、植物細胞の生成を助ける働きも持つ。フラボノイド類やフェノール酸類などの種類がある。

ホルムアルデヒド ほるむあるでひど 本文 83,137
メタノールの酸化によって生じる、刺激臭の強いアルデヒド。化学式はHCHO。水素原子と縮合する性質があり、プラスチックをはじめ、接着剤など、工業原料として重要である。ただし、毒性を有し、大量に吸入すると目・皮膚・呼吸器に刺激を感じることがある。なお、水に溶けたものをホルマリンと呼び、これをさらに薄く希釈したものは、病院などの消毒用に用いられる。

ホルモン ほるもん 本文 66,73,75
動植物の特定の器官や細胞で産生され、細胞膜や細胞内部にある受容体に結合することによって、生体機能を調節する生理活性物質。特定の標的器官を刺激したり、代謝に関係したりするホルモンと、ホルモンの分泌を促進させる刺激ホルモンとに分けられる。

マ

ミオグロビン みおぐろびん 本文 68
筋肉中に存在し、鉄(Fe)を含む、赤色の色素タンパク質。酸素ミオグロビン(MbO_2)として酸素(O_2)と結合しており、筋細胞の活動時(筋収縮)のエネルギー代謝に必要な酸素をもたらす。

ミー散乱 みーさんらん 本文 167
電磁波が、その波長と同じまたはそれ以上の半径を持つ大気中のチリやエアロゾル(液体または固体の微粒子)などにぶつかって、散乱すること。雲が白く見える理由として知られる。

ミトコンドリア みとこんどりあ 本文 68,165
動物・植物の真核細胞内に存在する、棒状または粒状の細胞小器官。二重の膜に包まれ、クリスタと呼ばれるひだが内部にある。ADPと無機リン酸とからATPを合成するなど、呼吸及びエネルギー生成の場として重要な役割を果たしている。

メラニン色素 めらにんしきそ 本文 46,122
特にチロシンなどのフェノール化合物から、皮膚中の細胞であるメラノサイトにおいて生合成される、黒または黒褐色の色素。その量によって、毛髪や皮膚及び目の網膜の色が決定する。

ラ

ラマン光 らまんこう 本文 167
光を物質に照射するとき、入射光と物質との間でエネルギーの授受が行われ、原子・分子の振動状態が変化して、散乱光の中に振動数の異なる光が混じる現象。インド人物理学者ラマン(1888〜1970)によって発見された。

リチウムイオン電池 りちうむいおんでんち
本文 90,103
正極にコバルト酸リチウム($LiCoO_2$)、負極に炭素(C)を用いた電池。ニカド電池やニッケル水素電池に比べ、軽量で、3倍近い電圧を得られる。二次電池では、一度に蓄えられる電気の量も多く、小型化・軽量化に適しており、携帯電話やノートパソコンに多く用いられている。

ルミネセンス るみねせんす 本文 13,28
物質が、光や熱・電子線・化学反応などのエネルギーを吸収して、高エネルギー(励起)状態となり、そのエネルギーを光エネルギーとして放射する現象。放電中の電子が原子や分子に衝突するエネルギーを受けた発光をエレクトロルミネセンス(EL:electroluminescence)、光エネルギーを受けた発光をフォトルミネセンス(PL:photoluminescence)と呼ぶ。

レイリー散乱 れいりーさんらん 本文 167
電磁波が、その波長よりも短い分子・原子にぶつかって散乱すること。散乱の量は、波長の4乗に反比例する。空が青く見える理由として知られる。

元素の周期表

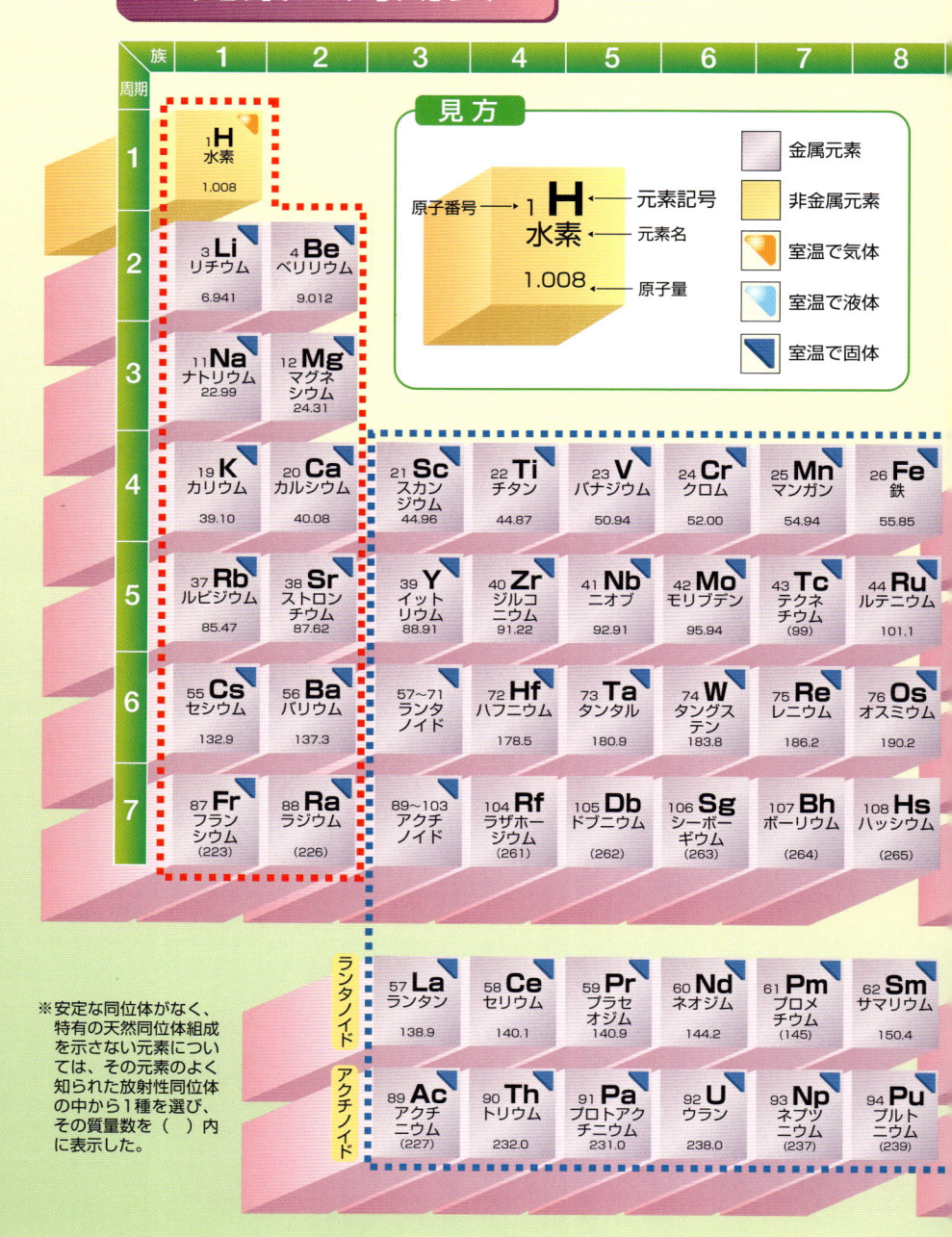

族	1	2	3	4	5	6	7	8
周期								
1	₁H 水素 1.008							
2	₃Li リチウム 6.941	₄Be ベリリウム 9.012						
3	₁₁Na ナトリウム 22.99	₁₂Mg マグネシウム 24.31						
4	₁₉K カリウム 39.10	₂₀Ca カルシウム 40.08	₂₁Sc スカンジウム 44.96	₂₂Ti チタン 44.87	₂₃V バナジウム 50.94	₂₄Cr クロム 52.00	₂₅Mn マンガン 54.94	₂₆Fe 鉄 55.85
5	₃₇Rb ルビジウム 85.47	₃₈Sr ストロンチウム 87.62	₃₉Y イットリウム 88.91	₄₀Zr ジルコニウム 91.22	₄₁Nb ニオブ 92.91	₄₂Mo モリブデン 95.94	₄₃Tc テクネチウム (99)	₄₄Ru ルテニウム 101.1
6	₅₅Cs セシウム 132.9	₅₆Ba バリウム 137.3	57~71 ランタノイド	₇₂Hf ハフニウム 178.5	₇₃Ta タンタル 180.9	₇₄W タングステン 183.8	₇₅Re レニウム 186.2	₇₆Os オスミウム 190.2
7	₈₇Fr フランシウム (223)	₈₈Ra ラジウム (226)	89~103 アクチノイド	₁₀₄Rf ラザホージウム (261)	₁₀₅Db ドブニウム (262)	₁₀₆Sg シーボーギウム (263)	107Bh ボーリウム (264)	₁₀₈Hs ハッシウム (265)

見方

原子番号 → ₁H ← 元素記号
水素 ← 元素名
1.008 ← 原子量

- 金属元素
- 非金属元素
- 室温で気体
- 室温で液体
- 室温で固体

ランタノイド

| ₅₇La ランタン 138.9 | ₅₈Ce セリウム 140.1 | ₅₉Pr プラセオジム 140.9 | ₆₀Nd ネオジム 144.2 | ₆₁Pm プロメチウム (145) | ₆₂Sm サマリウム 150.4 |

アクチノイド

| ₈₉Ac アクチニウム (227) | ₉₀Th トリウム 232.0 | ₉₁Pa プロトアクチニウム 231.0 | ₉₂U ウラン 238.0 | ₉₃Np ネプツニウム (237) | ₉₄Pu プルトニウム (239) |

※安定な同位体がなく、特有の天然同位体組成を示さない元素については、その元素のよく知られた放射性同位体の中から1種を選び、その質量数を( )内に表示した。

元素を原子番号の順に並べ、性質の似た元素が縦に並ぶように配列した表。縦の列は「族」、横の列は「周期」をあらわす。

| 9 | 10 | 11 | 12 | 13 | 14 | 15 | 16 | 17 | 18 |

- 典型元素(1、2族と12〜18族の元素。同族元素の原子の価電子数は等しく、化学的性質が似る)
- 遷移元素(3〜11族の元素。同一周期の元素の性質が似る)

$_2$He ヘリウム 4.003

$_5$B ホウ素 10.81 / $_6$C 炭素 12.01 / $_7$N 窒素 14.01 / $_8$O 酸素 16.00 / $_9$F フッ素 19.00 / $_{10}$Ne ネオン 20.18

$_{13}$Aℓ アルミニウム 26.98 / $_{14}$Si ケイ素 28.09 / $_{15}$P リン 30.97 / $_{16}$S 硫黄 32.07 / $_{17}$Cℓ 塩素 35.45 / $_{18}$Ar アルゴン 39.95

$_{27}$Co コバルト 58.93 / $_{28}$Ni ニッケル 58.69 / $_{29}$Cu 銅 63.55 / $_{30}$Zn 亜鉛 65.39 / $_{31}$Ga ガリウム 69.72 / $_{32}$Ge ゲルマニウム 72.64 / $_{33}$As ヒ素 74.92 / $_{34}$Se セレン 78.96 / $_{35}$Br 臭素 79.90 / $_{36}$Kr クリプトン 83.80

$_{45}$Rh ロジウム 102.9 / $_{46}$Pd パラジウム 106.4 / $_{47}$Ag 銀 107.9 / $_{48}$Cd カドミウム 112.4 / $_{49}$In インジウム 114.8 / $_{50}$Sn スズ 118.7 / $_{51}$Sb アンチモン 121.8 / $_{52}$Te テルル 127.6 / $_{53}$I ヨウ素 126.9 / $_{54}$Xe キセノン 131.3

$_{77}$Ir イリジウム 192.2 / $_{78}$Pt 白金 195.1 / $_{79}$Au 金 197.0 / $_{80}$Hg 水銀 200.6 / $_{81}$Tℓ タリウム 204.4 / $_{82}$Pb 鉛 207.2 / $_{83}$Bi ビスマス 209.0 / $_{84}$Po ポロニウム (210) / $_{85}$At アスタチン (210) / $_{86}$Rn ラドン (222)

$_{109}$Mt マイトネリウム (268) / $_{110}$Uun ウンウンニリウム (269) / $_{111}$Uuu ウンウンウニウム (272) / $_{112}$Uub ウンウンビウム (277)

$_{63}$Eu ユウロピウム 152.0 / $_{64}$Gd ガドリニウム 157.3 / $_{65}$Tb テルビウム 158.9 / $_{66}$Dy ジスプロシウム 162.5 / $_{67}$Ho ホルミウム 164.9 / $_{68}$Er エルビウム 167.3 / $_{69}$Tm ツリウム 168.9 / $_{70}$Yb イッテルビウム 173.0 / $_{71}$Lu ルテチウム 175.0

$_{95}$Am アメリシウム (243) / $_{96}$Cm キュリウム (247) / $_{97}$Bk バークリウム (247) / $_{98}$Cf カリホルニウム (252) / $_{99}$Es アインスタイニウム (252) / $_{100}$Fm フェルミウム (257) / $_{101}$Md メンデレビウム (258) / $_{102}$No ノーベリウム (259) / $_{103}$Lr ローレンシウム (262)

※原子番号110〜112の元素は系統名(学術名)で呼ばれている。

索引

この索引では、化学的に重要な語句から本文に入れるように、重要語句と掲載頁を示した。

ア

亜鉛 …………………… 86,102
アスパラギン ………… 71,78
アセテート …………………… 125
アドレナリン ………………… 66
アミノ酸 ………………
43,45,54,70,74,86,129,160,164,176
アミロース ………………… 50
アミロペクチン …………… 50
アモルファス(非結晶) 11,39,91
RNA …………………………… 78
アルカリ …………… 103,142,157
アルカリ電池 ……………… 102
αグルコース ……………… 50
アルミニウム 39,93,110,134,170
アレルゲン …………………… 76
アンモニア ………… 83,127,164
硫黄 ………… 25,46,106,117,134
イソブタン …………………… 18
イソフラボン ………………… 86
一酸化炭素 ………… 82,137,159
一酸化窒素 ………… 138,153
遺伝子 ……………… 74,79,85,141
イレブンナイン ……………… 88
インスリン ………………… 73,80
隕鉄 …………………………… 173
ウラン …………………… 99,172
液化天然ガス(LNG) …… 99,107
液晶 ………………………… 8,91
エコツーリズム …………… 160
エタノール ………………… 101,108

エチレン …………………… 106
X線 ……………… 21,28,175
FRP／FRTP …………… 94
塩化ナトリウム ……………… 40
塩化ビニル樹脂 ……… 133,145
塩素 ………………… 18,140,154
O-157 …………………………… 64
オゾンホール ………………… 140

カ

可視光線 ………………
12,21,28,122,129,130,166,174
化石燃料(化石資源) ……
95,99,101,105,148
活性炭 ………………………… 37
カテキン ……………………… 55
果糖(フルクトース) …… 41,54
カフェイン ………… 54,58,155
カーボンナノチューブ ‥ 22,111
カーボンニュートラル …… 101
火薬 ……………………………… 117
ガラス ………………… 8,38,131
カリウム ……………… 46,54,151
火力発電 ……………………… 98
カルシウム …………………… 54,
86,117,134,143,151,156,160,170
がん …………………………… 47,
55,59,78,80,82,122,129,141,154,
γ線 ………………………… 21,175
カンピロバクター …………… 65
気化熱 ……………………… 17,18

キシリトール …………………… 61
キシレン ……………… 137,139
共役二重結合 ………………… 28
金 …………………………… 172
筋肉 ……… 65,66,68,70,73,75,80,86
銀面層 ………………………… 133
グルコース …………… 41,47,55
グルタミン酸ナトリウム 42,71
クロロベンゼン …………… 154
蛍光 ……………… 8,12,28,91
ケイ素 ……… 22,39,88,151,160
結晶 ……… 9,11,39,40,67,91,118,173
ゲルマニウム ………… 10,151
原子核 …………………… 89,172
原子力発電 …………………… 98
光化学スモッグ ……… 136,138
抗がん剤 ……………………… 78
交感神経 …………………… 67,83
光合成 ………… 101,140,148,168
酵素 ……… 29,41,75,78,81,132,147
酵母 ………………………… 43,56
コエンザイムQ10 …… 86,129
黒鉛 ……………………… 22,24,119
コバルト …………………… 103
コレステロール ……… 48,80,169
コンクリート ………… 153,156

サ

細胞膜 ……………………… 72,78
酢酸 ………………………… 62,108
砂糖(スクロース) …… 40,42,60

サプリメント …………… 71,86	ストロンチウム …………… 117	地球温暖化 …………… 99,105
サリン ……………………… 154	炭 ………………………… 150	窒素
サルファーフリー ………… 107	青酸カリウム ……………… 155	70,106,142,151,159,160,164,166
サルモネラ菌 ……………… 65	生分解性プラスチック …… 147	中性 …………………… 142,157
酸化鉄 ………… 38,96,129,173	赤外線 ……… 21,122,151,166,174	中性脂肪 ………………… 48,81
酸化反応 ………………… 36,55	石炭 …………… 98,107,108,125	テアニン ……………………… 55
酸性 …………………… 56,142	石油 ……… 98,105,106,108,146,152	DNA ………… 75,78,123,165
酸性雨 ……………………… 142	絶縁 ………………… 89,90,119	鉄 ……………… 36,38,46,86,
酸素	赤血球 ………………… 76,83,159	103,108,110,134,151,157,160,172
17,21,36,38,66,68,75,80,83,86,104,	繊維	テルペン類 ………………… 168
117,131,134,138,140,142,148,151,	14,27,33,34,115,124,126,132,150	電子 ……………… 12,20,28,
154,158,160,164,167,168,172	染料 ………………… 26,133	30,88,90,100,102,104,119,139,172
紫外線 …………8,12,28,59,119,		電池 …………………… 90,102,104
122,128,136,138,140,146,164,174	**タ**	デンプン … 31,50,57,101,147,148
磁気 ………………………… 96		銅 ………………… 86,90,103,116
脂肪 ……………… 46,48,58,69,81	ダイオキシン …………… 147,154	導体 ………………………… 22,89
硝酸 ……………… 108,143,152	ダイオード ……………… 89,91,93	糖尿病 …………………… 47,73,80
硝石(硝酸カリウム) ……… 116	ダイナマイト ……………… 152	動脈硬化 ………………… 48,80
鍾乳石 ……………………… 171	ダイヤモンド …………… 22,118	トランジスタ ……………… 89,91,92
食物繊維 ………………… 46,55	太陽電池 ……………… 100,102	トルエン ………… 33,106,137,139
シリコン ………… 33,88,91,92,119	タール ……………………… 82	
親水基 ……………………… 15	炭化水素 ……… 15,18,106,134,137	**ナ**
真皮 …………………… 123,128	炭酸カルシウム ………… 61,171	
水銀 …………… 12,64,119,129	炭酸水素カルシウム ……… 171	ナトリウム ……… 15,40,54,89,134
水酸化カリウム …………… 103	炭酸水素ナトリウム ……… 159	ニコチン ……………… 59,83,155
水酸化カルシウム ………… 156	炭酸ナトリウム …………… 39	二酸化硫黄 ……………… 137,163
水酸化ナトリウム ………… 32	炭水化物 ………… 46,57,164,168	二酸化ケイ素 …………… 38,173
水蒸気 ……………………… 19,	炭素 ……22,24,49,94,101,107,118,	二酸化炭素 ……………… 17,62,69,
99,120,134,139,143,163,164,167	146,149,151,154,159,160,164,172	95,99,105,107,134,137,139,140,
水素 ………18,21,22,39,102,104,	タンパク質	146,148,157,158,163,165,108,171
108,119,151,160,164,172,174	44,46,48,52,62,64,69,70,72,74,76,	二酸化窒素 ……………… 137,138
水力発電 …………………… 98	78,85,86,123,125,132,164,176	

189

索引

ニッケル ……………………… 173
ニトログリセリン ……………… 152
乳酸菌 ……………………… 52,54
乳糖(ラクトース) ……………… 53
二硫化炭素 …………………… 32
ヌクレオチド ………………… 75,79
燃料電池 …………………… 95,104

ハ

発酵 …………… 42,52,56,101,148
発電 …………… 98,100,104,107
ＢＳＥ(牛海綿状脳症) ………… 75
光エネルギー ………… 12,28,101
ビスコース …………………… 32
ヒスタミン …………………… 77
ヒ素 ………………………… 65
ビタミン … 21,46,48,55,62,86,128
ヒートポンプ ………………… 17
皮膚 … 67,86,123,128,132,134,154
肥満細胞 …………………… 77
フィトンチッド ……………… 168
ブタジエン ………………… 106
ブドウ糖
　　　　　　41,50,56,60,81,148
浮遊粒子状物質 …………… 137
プラスチック ………… 10,25,
30,36,94,106,117,131,145,146,176
プリズム …………………… 166
プリント基板 ……………… 90,92
プロパン ………………… 107,148
分岐鎖アミノ酸(BCAA) 54,71

PETボトル ……………… 144,154
ペニシリン …………………… 85
ヘモグロビン ………… 75,155,159
ヘリウム …………… 108,160,174
ベンゼン …………… 106,129,137
ベンゼン環 ……………… 28,154
飽和脂肪酸 ………………… 48
ポリアセチレン …………… 176
ポリウレタン … 112,125,133,147
ポリエチレン ………… 95,144,154
ポリ塩化ビフェニル ………… 65

マ

マグネシウム …… 54,86,134,151
マグネトロン ………………… 20
マグマ ……………………… 163
マンガン ………………… 103,151
マントル ……………………… 162
水 …………………………… 14,
19,21,26,30,35,36,38,41,46,50,
54,61,72,98,101,102,104,112,123,
125,127,129,134,147,148,150,
156,158,162,164,166,168,171,173
ミネラル ………… 46,48,54,86,151
無機物 …………… 147,148,160,164
メタノール ………………… 105
メタボリックシンドローム 80
メタン ……… 101,106,119,139,164
メチル水銀 ………………… 65
免疫 ……………… 76,143,154
モルヒネ …………………… 59

ヤ

有機ＥＬ ……………………… 12
有機物(有機化合物)
13,29,30,106,129,136,140,146,148,
　　　　　　　　150,154,160,164
ヨウ素 ……………………… 50
葉緑素 …………………… 165,168

ラ

硫化ナトリウム ……………… 32
硫酸 …… 32,103,134,141,143,165
リン ………………… 46,151,155
燐光 ………………………… 28
ルシフェリン ………………… 29
励起 ……………………… 13,28
冷媒 ……………………… 16,18
レーヨン …………………… 124
錬金術 …………………… 134
レンズ ……………………… 130
レンネット ………………… 53

参考文献一覧

『化学辞典』(東京化学同人)
『標準 化学用語辞典』日本化学会編(丸善)
『理化学辞典』(岩波書店)
『理科年表 平成18年度』国立天文台編(丸善)
『新・医学ユーモア辞典』長谷川栄一(エルゼビア・サイエンスミクス)
『一目でわかる内分泌学』ベン・グリーンスタイン(メディカル・サイエンス・インターナショナル)
『高峰譲吉の生涯』飯沼和正・菅野富夫(朝日新聞社)
『ナーシング・グラフィカ[1] 解剖生理学』林正健二(メディカ出版)
『知っているときっと役に立つスポーツとからだの話33』船橋明男・橋本名正・小西文子(黎明書房)
『スポーツ生理学の基礎知識』チームO2編(山海堂)
『解剖生理学──人体の構造と機能[1]』荒木英爾編著(建帛社)
『スポーツ選手なら知っておきたい「からだ」のこと』小田伸午(大修館書店)
『やさしくわかる半導体』菊池正典(日本実業出版社)
『トコトンやさしい超微細加工の本』麻蒔立男(日刊工業新聞社)
『図解雑学 半導体』燦ミアキ(ナツメ社)
『簡易炭化法と炭化生産物の新しい利用』谷田貝光克・山家義人(林業科学技術振興所)
『理工系学生のための化学』荻野一善・妹尾学(東京化学同人)
『知のビジュアル百科 1 岩石・鉱物図鑑』(あすなろ書房)
『サイエンスNOW 7 物質の世界』(平凡社)
『理科室から生まれたノーベル賞 田中耕一ものがたり』国松俊英(岩崎書店)
『化学 意表を突かれる身近な疑問』日本化学会編(講談社ブルーバックス)
『面白いほどよくわかる 化学』大宮信光(日本文芸社)
『化学ってそういうこと!』日本化学会編(化学同人)
『知っておきたい化学の豆知識』日本分析化学専門学校編(化学同人)
『ビジュアルワイド 図説化学』(東京書籍)
『新しい科学の教科書』左巻健男編著(文一総合出版)
『子どものどうして? に答える本』コスモピア(丸善メイツ)
『身近なモノの100不思議』左巻健男編著(東京書籍)
『図解雑学 ダイオキシン』左巻健男・露本伊佐男(ナツメ出版)
『マンガで化学がますます身近になる本』白石拓・北原裕一(宝島社)

● 監修／満田 深雪（みつだ みゆき）

1999年東京大学大学院医学研究科医学博士課程単位取得。理学修士。東芝電池株式会社研究開発部、スズキ株式会社技術研究所主任を経て、現在、武蔵工業大学、アポロ美容理容専門学校などにて講師。科学の楽しさや生活への応用についての啓発・普及活動を、教育及び書籍・インターネットの執筆を通じて行っている。

- 企画・編集／成美堂出版編集部
- 執筆／満田 深雪、谷口 亜樹子、西山 喜代司、堀 美穂
- 編集制作／株式会社キャデック
- 編集協力／吉田 勇一郎
- 本文DTP／株式会社キャデック
- 本文デザイン・図版制作／吉久 裕、平田 顕、井上 登志子
- カバーデザイン／スーパーシステム(菊谷 美緒)

化学の不思議がわかる本

監　修　満田深雪(みつだ みゆき)
発行者　深見悦司
発行所　成美堂出版
　　　　〒162-8445　東京都新宿区新小川町1-7
　　　　電話(03)5206-8151　FAX(03)5206-8159
印　刷　株式会社 東京印書館

©SEIBIDO SHUPPAN 2006　PRINTED IN JAPAN
ISBN4-415-03127-7
落丁・乱丁などの不良本はお取り替えします
定価はカバーに表示してあります

・本書および本書の付属物は、著作権法上の保護を受けています。
・本書の一部あるいは全部を、無断で複写、複製、転載することは禁じられております。